普通高等教育"十三五"规划教材

电气控制
与PLC技术

主编 蒋小辉 韩宏亮

www.waterpub.com.cn
·北京·

内 容 提 要

本书从教学与工程实际出发,在介绍常用低压电器的结构、动作原理及基于接触器、继电器的控制系统设计基础上,系统的介绍西门子 S7 - 200 PLC 系统的机构、工作原理、编程指令及设计方法。本书中结合大量应用实例详细介绍 S7 - 200 PLC 的基本指令、功能指令等的用法和 S7 - 300 PLC 硬件与软件设计、PLC 控制系统的应用设计等。本书内容深入浅出、贴近工程实际、实用性强,符合高校教育面向应用型的发展要求。

本书可作为普通高等院校电气工程及其自动化、自动化、机械设计制造及其自动化、机电一体化等相关专业及高职、高专相关专业的教材,也可作为电气技术人员的参考书及培训教材。

图书在版编目(CIP)数据

电气控制与PLC技术 / 蒋小辉, 韩宏亮主编. -- 北京 : 中国水利水电出版社, 2017.1(2022.4重印)
普通高等教育"十三五"规划教材
ISBN 978-7-5170-4939-5

Ⅰ.①电… Ⅱ.①蒋… ②韩… Ⅲ.①电气控制—高等学校—教材②PLC技术—高等学校—教材 Ⅳ.①TM571

中国版本图书馆CIP数据核字(2017)第025125号

书 名	普通高等教育"十三五"规划教材 **电气控制与 PLC 技术** DIANQI KONGZHI YU PLC JISHU
作 者	主编 蒋小辉 韩宏亮
出版发行	中国水利水电出版社 (北京市海淀区玉渊潭南路 1 号 D 座 100038) 网址:www.waterpub.com.cn E - mail:sales@mwr.gov.cn 电话:(010) 68545888(营销中心)
经 售	北京科水图书销售有限公司 电话:(010) 68545874、63202643 全国各地新华书店和相关出版物销售网点
排 版	中国水利水电出版社微机排版中心
印 刷	清淞永业(天津)印刷有限公司
规 格	184mm×260mm 16 开本 21 印张 498 千字
版 次	2017 年 1 月第 1 版 2022 年 4 月第 4 次印刷
印 数	6501—8000 册
定 价	48.00 元

前　言

　　普通应用型本科高校是我国高等教育的发展方向。对于电气工程类专业而言，应用型本科教育首先在于教学内容的改革。但是，目前大多《电气控制与 PLC 技术》教材编写仍然存在注重理论教学、淡化实践教学等问题，因此造成学生运用技术能力得不到足够的培养。然而恰恰"电气控制与 PLC 技术"是一门实用性比较强、应用比较广泛的课程，因此本书在编写上切合高校转型发展的方向，强化实践教学，注重同时培养学生的理论知识与实践动手能力。

　　可编程控制器（Programmable Logic Controller，PLC）自引入到国内以来，先后在冶金、化工、机械等领域被大量应用。随着智能电网、数字化电站的建设，电力系统对自动化控制程度要求的提高，PLC 被逐渐应用到电力系统中。目前国内应用的 PLC 有：西门子（SIEMENS）公司生产的 LOGO、S7 - 200、S7 - 300、S7 - 400、S7 - 1200 等系列；施耐德公司生产的 Quantum、Premium、Micro、M340 等系列；三菱公司生产的 Q、FX3G 系列等；欧姆龙公司生产的紧凑型 PLC。随着日系 PLC 退出中国市场，西门子公司 PLC 在国内市场份额以及在电力系统应用比例的增加，需要以电力系统自动化控制为基础结合西门子 PLC 的教材。但是目前关于"电气控制与可编程控制器"类教材的内容大多以三菱的 FX3G 系列为基础结合机床控制。本书正是基于此种目的编写。

　　本书内容主要分为 4 大部分，第 1 部分包括第 1~3 章，主要介绍常用低压电器、电气控制的基本知识及设计；第 2 部分包括 4~8 章，主要介绍西门子 S7 - 200 系列 PLC 的基本结构、工作原理、I/O 扩展模块及功能模块、数据类型、寻址方式、基本指令、功能指令及 STEP 7 编程软件的使用等内容；第 3 部分包括第 9 章，主要介绍西门子 S7 - 300 系列 PLC 的组态、编程、网络技术及应用等内容；第 4 部分包括第 10 章，主要介绍 PLC 系统的应用实例及系统设计方法。

　　本书实例丰富，附录中含有大量的应用实例，具有很强的实用性和参考性，各个章节均配有相应的习题，便于读者掌握和巩固所学知识。本书不仅适用于初学者入门学习，也可满足对 PLC 控制系统设计有更高要求的读者深入研究的需要。

　　本书由蒋小辉、三峡电力职业学院韩宏亮任主编，并由蒋小辉统稿，朱新春、杨洲、张昌胜、郑晓东、郑业爽任副主编，参编人员有何煌、李陈及三峡电力职业学院李莉，主审由黄敬尧担任。

　　我们力求精益求精，但由于编者的水平有限，书中难免有错误和不足之处，敬请读者指正。

编者

2016 年 9 月

目　录

第1章 电气控制常用低压电器

主要内容

本章主要讲述了常用低压电器的功能、机构、动作原理及文字符号。

学习要求

1. 掌握常用低压电器的功能、机构。

2. 掌握常用低压电器的动作原理及文字符号。

3. 能够简单识别及分析工业领域及家用低压电器的功能与结构。

电气控制是以各类电动机为动力的传动装置，以系统为对象，利用各种电气元件（特别是低压电器）的逻辑组合来实现生产过程的自动化控制。低压电器（Low – voltage Apparatus）是电气控制系统的基本元件，对电气控制系统起着通断、控制、保护和调节的作用。本章主要介绍常见的接触器、继电器、低压断路器、万能转换开关、熔断器等低压电气设备的基本结构、功能及工作原理。

1.1 电 器 概 述

电器是指能根据特定的信号和要求，自动或手动地接通或断开电路，断续或连续地改变电路参数，实现对电路或非电对象的切换、控制、保护、检测、变换和调节的电气设备。电器的用途广泛，功能多样，种类繁多，结构各异，工作原理也各有不同。

1.1.1 电器的作用

电器是构成控制系统的最基本元件，它的性能将直接影响电气控制系统工作的可靠性与稳定性。电器的作用在于依据操作信号、实际测量信号的要求，自动或手动地改变系统的状态、参数，实现对电路或被控对象的控制、保护、测量、指示、调节。它的工作过程是将一些电量信号或非电信号转变为开关信号或模拟量信号，实现对被控对象的控制。其主要作用如下。

（1）控制与调节作用。通过切换电路的通断、电流的大小，实现对执行机械的启停、正反转及加速、减速等状态转换的作用，如泵的启停、阀门的开关、加热器的功率增加与减小。

（2）保护作用。能根据设备的特点，对设备、环境以及人身安全实行自动保护，如电动机的过热保护、电网的短路保护、漏电保护等。

（3）测量作用。利用仪表、仪器对实际工作待测物理量（包括电量与非电量）转化与测量，如电流、电压、功率、转速、温度、压力、位移物理量的测量等。

（4）指示作用。显示检测出的电气设备运行状况与电气电路工作情况，如显示电动机的工作、故障等状态。

（5）转换作用。在用电设备之间转换或对低压电器、控制电路分时投入运行，以实现功能切换，如被控装置操作的手动与自动的转换、供电系统的市电与自备电源的切换等。

1.1.2　电器的分类

（1）按电压等级分，可分为高压电器（High - voltage Apparatus）、低压电器（Low - voltage Apparatus）。常用低压电器是按照电器的工作电压等级进行划分的。通常将工作电压直流 1500V、交流 1200V 以下的电气元件称为低压电器。低压电器被广泛地应用于工业电气和建筑电气控制系统中，它是实现继电—接触器控制的主要电气元件。高于直流 1500V、交流 1200V 的电气元件称为高压电器。

（2）按用途分可以分为以下 5 种。

1）执行电器。执行电器主要用于执行某种动作和传动功能。这类低压电器有电磁铁、电磁离合器等。随着电子技术和计算机技术的进步，近几年又出现了利用集成电路或电子元件构成的电子式电器，利用单片机构成的智能化电器，以及可直接与现场总线连接的具有通信功能的电器。

2）控制电器。控制电器主要用于各种控制电路和控制系统。这类电器有接触器、继电器、转换开关、电磁阀等。对这类电器的主要技术要求是有一定的通断能力，操作频率要高，电器和机械寿命要长。

3）主令电器。主令电器主要用于发送控制指令。这类电器有按钮、主令开关、行程开关和万能转换开关等。对这类电器的主要技术要求是操作频率要高，抗冲击，电器和机械寿命要长。

4）保护电器。保护电器主要用于对电路和电气设备进行安全保护。这类低压电器有熔断器、热继电器、安全继电器、电压继电器、电流继电器和避雷器等。对这类电器的主要技术要求是有一定的通断能力，反应要灵敏，可靠性要高。

5）配电电器。配电电器主要用于供、配电系统中，进行电能输送和分配。这类电器有刀开关、自动开关、隔离开关、转换开关及熔断器等。对这类电器的主要技术要求是分断能力强、限流效果好、动稳定及热稳定性能好。

（3）按工作方式分，可分为手动操作电器、自动控制电器、手/自混合电器。

（4）按电器组合分，可分为单个电器、成套电器与自动化装置。

（5）按有无触点分，可分为有触点电器、无触点电器、混合式电器。

（6）按使用场合分，可分为一般工业用电器、特殊工矿用电器、农用电器、其他场合（如航空、船舶、热带、高原）用电器。

常用低压电器的主要种类及主要用途见表 1.1。

表 1.1　　　　　　　　　　常用低压电器的主要种类及主要用途

序号	类别	主要种类	主　要　用　途
1	断路器	框架式断路器	主要用于电路的过负载、短路、欠电压、漏电保护，也可用于不需要频繁接通和断开的电路
		塑料外壳式断路器	
		快速直流断路器	
		限流式断路器	
		漏电保护式断路器	

序号	类别	主要种类	主要用途
2	接触器	交流接触器	主要用于远距离频繁控制负载，切断带负荷电路
		直流接触器	
3	继电器	电磁式继电器	主要用于控制电路中，将被控量转换成控制电路所需电量或开关信号
		时间继电器	
		温度继电器	
		热继电器	
		速度继电器	
		干簧继电器	
4	熔断器	瓷插式熔断器	主要用于电路短路保护，也用于电路的过载保护
		螺旋式熔断器	
		有填料封闭管式熔断器	
		无填料封闭管式熔断器	
		快速熔断器	
		自复式熔断器	
5	主令电器	控制按钮	主要用于发布控制命令，改变控制系统的工作状态
		位置开关	
		万能转换开关	
		主令控制器	
6	刀开关	胶盖闸刀开关	主要用于不频繁接通和分断电路
		封闭式负荷开关	
		熔断器式刀开关	
7	转换开关	组合开关	主要用于电源切换，也可用于负荷通断或电路切换
		换向开关	
8	控制器	凸轮控制器	主要用于控制回路的切换
		平面控制器	
9	起动器	电磁起动器	主要用于电动机的启动
		星/三角起动器	
		自耦减压起动器	
10	电磁铁	制动电磁铁	主要用于起重、牵引、制动等场合
		起重电磁铁	
		牵引电磁铁	

1.2 电磁式低压电器

电磁式低压电器是电气控制系统中最典型、应用最广泛、类型众多的一种电器。它的工作原理和构造基本相同。就结构而言，电磁式低压电器一般都具有两个基本组成部分，即感测部分和执行部分。感测部分接收外界输入的信号，并通过转换、放大、判断，做出有规律的反应，使执行部分动作，输出相应的指令，实现控制的目的。执行部分则是触点。对于有触点的电磁式电器，感测部分大都是电磁机构。对于非电磁式的自动电器，感测部分因其工作原理不同而各有差异，但执行部分仍是触点。

1.2.1　电磁机构及原理

1. 电磁机构

电磁机构是电磁式低压电器的感测元件，其主要作用是通过电磁感应原理将电能转换成机械能，带动触点动作，完成回路的接通或分断。一般而言，电磁机构由线圈、铁芯和衔铁组成，根据衔铁相对铁芯的运动方式，电磁机构可分为直动式和拍合式两种，如图1.1 及图 1.2 所示。在图 1.2 中，拍合式又分为衔铁沿棱角转动和衔铁沿轴转动两种。

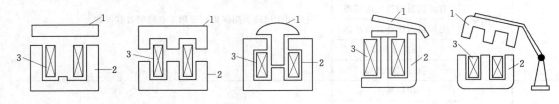

图 1.1　直动式电磁机构　　　　　　　　　　图 1.2　拍合式电磁机构
1—衔铁；2—铁芯；3—吸引线圈　　　　　　1—衔铁；2—铁芯；3—吸引线圈

直动式电磁机构多用于交流接触器、继电器中。衔铁沿棱角转动的拍合式电磁机构广泛应用于直流电器中。

电磁式电器分为直流和交流两类，都是利用电磁铁的原理制成。通常，直流电磁铁的铁芯是用整块钢材或工程纯铁制成，而交流电磁铁为了防止产生过大的涡流，其铁芯则是用硅钢片叠铆而成。

2. 吸引线圈

吸引线圈的作用是将电能转换为电磁能，即产生磁通。按通入电流种类不同可分为直流型线圈和交流型线圈。直流型线圈一般做成无骨架、高而薄的瘦高型，使线圈与铁芯直接接触，易于散热；交流型线圈由于铁芯存在磁滞和涡流损耗，铁芯会发热。为了改善线圈和铁芯的散热情况，线圈设有骨架，使铁芯与线圈隔离，并将线圈制成短而厚的矮胖型。根据线圈在电路中的连接形式，可分为串联线圈和并联线圈。串联线圈主要用于电流检测类电磁式电器中（如低压断路器中电磁脱扣器的线圈），然而大多数电磁式电器线圈都按照并联接入方式设计。为减少对电路电压分配的影响，串联线圈采用粗导线制造，匝数少，线圈的阻抗较小。并联线圈为减少电路的分流作用，需要较大的阻抗，一般线圈的导线细，匝数多。

3. 灭弧系统

触点分断电路时，由于热电子发射和强电场的作用，使气体游离，从而在分断瞬间产生电弧。电弧的高温能将触点烧损，缩短电气的使用寿命，又延长了电路的分断时间。因此，应采用适当措施迅速熄灭电弧。

低压控制电器常用的灭弧方法有以下几种。

（1）电动力灭弧。

电动力灭弧示意图如图 1.3 所示，桥式触点在分断时本身具有电动力灭弧功能，不用任何附加装置，便可使电弧迅速熄灭。这种灭弧方法多用于小容量交流接触器中。

（2）磁吹灭弧。

在触点电路中串入灭弧线圈，如图 1.4 所示，该线圈产生的磁场由导磁夹板引向触点周围，其方向由右手定则确定（如图 1.4 中的 ×，所示），触点间的电弧所产生的磁场，其方向用 ⊗、⊙ 表示。这两个磁场在电弧下方方向相同（叠加），在弧柱上方方向相反（相减），所以弧柱下方的磁场强于上方的磁场。在下方磁场作用下，电弧受力的方向为力 F 所指的方向，在力 F 的作用下，电弧被吹离触点，经引弧角引进灭弧罩，使电弧熄灭。

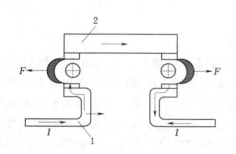

图 1.3　电动力灭弧示意图
1—静触点；2—动触点

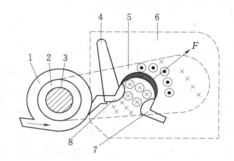

图 1.4　磁吹灭弧示意图
1—磁吹线圈；2—绝缘套；3—铁芯；4—引弧角；
5—导磁夹板；6—灭弧罩；7—动触点；8—静触点

（3）栅片灭弧。

灭弧栅片是一组薄铜片，它们彼此间相互绝缘，如图 1.5 所示。当电弧进入栅片时被分割成一段段串联的短弧，而栅片就是这些短弧的电极。每两片电弧之间都有 $150 \sim 250\text{V}$ 的绝缘强度，使整个灭弧栅的绝缘强度大大加强，以致外电压无法维持，电弧迅速熄灭。由于栅片灭弧效应在交流时要比直流强得多，所以交流电器常常采用栅片灭弧。

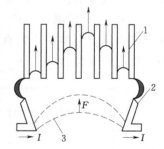

图 1.5　灭弧栅片灭弧示意图
1—灭弧栅片；2—触点；3—电弧

1.2.2　电磁吸力及其特性

电磁机构工作时，线圈得电产生的磁通作用于衔铁，产生电磁吸力，并使衔铁产生机械位移；线圈失电，磁通消失，电磁力消失，衔铁在复位弹簧的作用下回到原位。因此作用在衔铁的力有两个，即电磁吸力和弹簧反力。电磁吸力由电磁机构产生，弹簧反力由复位弹簧和触点产生。铁芯吸合时要求电磁吸力大于反力，即衔铁位移的方向与电磁吸力方向相同，衔铁复位时情况则相反（此时线圈断电，只有剩磁产生的电磁吸力）。

电磁式电器是根据电磁铁的基本原理设计的，电磁吸力是决定其能否可靠工作的一个重要参数。

电磁吸力 F 大小为

$$F \propto B^2 S \tag{1.1}$$

式中　B——气隙磁感应强度。

1. 直流电磁机构（图 1.6）的电磁吸力特性

$$F = \frac{\mu_0 S}{2\delta^2} I^2 N^2 \tag{1.2}$$

式中　I——线圈中通过的电流，A；

　　　N——线圈的匝数，匝；

　　　S——气隙截面积，m^2；

　　　δ——气隙宽度，m；

　　　F——电磁吸力，N；

　　　μ_0——真空磁导率，$\mu_0 = 4\pi \times 10^{-7}\text{H/m}$。

从式（1.2）可以看出，对于固定线圈通以恒定直流电流时，其电磁力 F 仅与 δ^2 成反比。吸力特性曲线如图 1.7 中曲线 1 所示。由此看出曲线 1 比较陡，衔铁闭合前后吸力很大，气隙越小，吸力越大。衔铁吸合前后吸引线圈励磁电流不变，故直流电磁机构适用于运动频繁的场合，且衔铁吸合后电磁吸力大，工作可靠。但是直流电磁机构的吸引线圈失电时，磁动势急速减小为零，电磁机构的磁通发生相应的急剧变化，励磁线圈中产生极大的感应电动势，此感应电动势一般是线圈额定励磁电压的 $10 \sim 20$ 倍，容易使线圈过压而烧坏。通常，直流线圈采用反并联二极管与限流电阻来消除这类危害。同时，对于依靠弹簧复位的电磁铁来说，在线圈断电时，由于剩磁产生吸力，使复位比较困难，会造成一些保护用继电器的性能不能满足要求。在吸力较小的直流电压型电器中，衔铁上一般都装有一片 0.1mm 厚非磁性磷钢片，增加在吸合时的空气间隙，使衔铁易于复位。在吸力较大的直流电压型电器中，如直流接触器，铁芯的端面上加有极靴，减小在闭合状态下的吸力，使衔铁复位自如。

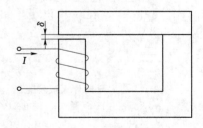

图 1.6　直流电磁机构

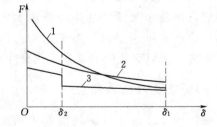

图 1.7　电磁吸力特性曲线

1—直流电磁机构；2—交流电磁机构；3—反力特性

2. 交流电磁机构的电磁吸力特性

交流电磁机构与直流电磁机构相比，其吸力特性有较大的不同。交流电磁机构在电路中通常并联使用，当外加电压 U 及频率 f 为常数时，忽略线圈电阻压降，有

$$U \approx E = 4.44 f \Phi N \tag{1.3}$$

$$\Phi \approx \frac{U}{4.44fN} = BS \tag{1.4}$$

$$B = B_\mathrm{m}\sin\omega t \tag{1.5}$$

式中　U——线圈电压，V；

　　　E——线圈感应电动势，V；

　　　f——线圈电压的频率，Hz；

　　　N——线圈匝数；

　　　Φ——气隙磁通，Wb。

当外加电压 U、频率 f 和线圈匝数 N 为常数时，则气隙磁通 Φ 也为常数，由式（1.1）可知，电磁吸力 $F \propto B^2 S$ 也为常数，即交流电磁机构的吸力特性为一条与气隙长度无关的直线。但实际上，考虑衔铁吸合前后漏磁的变化时，F 随 δ 的变大而略有减小。对于并联电磁机构，由磁路欧姆定律 $NI = \Phi R_\mathrm{m}$ 可知（R_m 为气隙磁阻，随 δ 的变化成正比变化），在线圈通电而衔铁尚未吸合瞬间，吸合电流随 δ 的变化成正比变化，为衔铁吸合后的额定电流的很多倍，U 形电磁机构可达 5～6 倍，E 形电磁机构可达 10～15 倍。若衔铁卡住不能吸合，或衔铁频繁动作，交流励磁线圈很可能因电流过大而烧毁。所以，在可靠性要求较高或要求频繁动作的控制系统中，一般采用直流电磁机构而不采用交流电磁机构。电磁机构的复位是依靠弹簧的弹力实现的，因此在吸合过程中，电磁吸力必须克服弹簧的弹力 F_r。电磁吸力 F 与弹簧弹力 F_r 相比应大一些，但不宜相差太大。由于交流电磁铁的磁通是交变的，线圈磁场对衔铁的作用力随着交流电的变化而变化，所以当 50Hz 的电源加在线圈上时，吸力为 100Hz 的脉动吸力，如图 1.8 所示。当脉动的吸力 F 小于弹簧弹力 F_r 时，衔铁将在弹簧的作用下移动，而当吸力 F 大于弹簧弹力 F_r 时，衔铁将克服弹簧力而吸合，从而产生振动和噪声。当交流电流过零时，线圈磁通为零，对衔铁的吸引力也为零，衔铁在复位弹簧作用下将产生释放趋势，这就使动、静铁芯之间的吸引力加速动、静铁芯接触面积的磨损，引起结合不良，严重时还会使触点烧蚀。为了消除这一弊端，在铁芯柱面的一部分嵌入一只铜环，名为短路环，如图 1.9 所示。当励磁线圈通入交流电后，在短路环中就有感应电流产生，该感应电流又会产生一个磁通。短路环把铁芯中的磁通分为两部分，即不穿过短路环的 Φ_1 和穿过短路环的中 Φ_2，Φ_1 与 Φ_2 之间存在相位差，不同时为零，使合成吸力始终大于反作用力，从而消除振动和噪声。

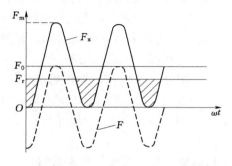

图 1.8　交流电磁机构实际吸力曲线

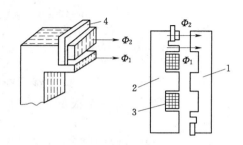

图 1.9　交流电磁铁的短路环

1—衔铁；2—铁芯；3—线圈；4—短路环

3. 反力特性

电磁系统的反作用力与气隙的关系曲线称为反力特性。反作用力包括弹簧力、衔铁自身重力、摩擦阻力等。图 1.7 所示的曲线 3 即为反力特性曲线。为了保证使衔铁能牢牢吸合，反作用力特性必须与吸力特性配合好，如图 1.7 所示。在整个吸合过程中，吸力都必须大于反作用力，但不能过大或过小。吸力过大，动、静触点接触时以及衔铁与铁芯接触时的冲击力也大，会使触点和衔铁发生弹跳，导致触点熔焊或烧毁，影响电器的机械寿命；吸力过小，会使衔铁运动速度降低，难以满足高操作频率的要求。因此，吸力特性与反力特性必须配合得当。在实际应用中，可调整反力弹簧或触点初压力以改变反力特性，使之与吸力特性有良好配合。

1.3 接 触 器

接触器是一种自动的电磁式电器，适用于远距离频繁接通或断开交直流主电路及大容量控制电路。其主要控制对象是电动机，也可用于控制其他负载，如电焊机、电容器、电阻炉等。它不仅能实现远距离自动操作和欠电压释放保护及零电压保护功能，而且控制容量大，工作可靠，操作频率高，使用寿命长。常用的接触器分为交流接触器和直流接触器两类。

1.3.1 接触器结构和工作原理

图 1.10 所示为交流接触器结构，交流接触器由以下 4 个部分组成。

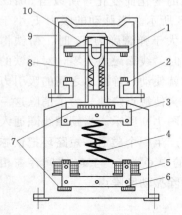

图 1.10 CJ20 交流接触器结构示意图
1—动桥；2—静触点；3—衔铁；4—缓冲弹簧；5—电磁线圈；6—静铁芯；7—垫毡；8—触点弹簧；9—灭弧罩；10—触点压力筑片

1. 电磁机构
电磁机构由电磁线圈、铁芯和衔铁组成，其功能是操作触点的闭合和断开。

2. 触点系统
触点系统包括主触点和辅助触点。主触点用在通断电流较大的主电路中，一般由 3 对常开触点组成，体积较大。辅助触点用以通断小电流的控制电路，体积较小，它有"常开""常闭"触点（"常开""常闭"是指电磁系统未通电动作前触点的状态）。常开触点（又称动合触点）是指线圈未通电时，其动、静触点是处于断开状态的，当线圈通电后就闭合。常闭触点（又称动断触点）是指在线圈未通电时，其动、静触点是处于闭合状态的，当线圈通电后，则断开。

线圈通电时，常闭触点先断开，常开触点后闭合；线圈断电时，常开触点先复位（断开），常闭触点后复位（闭合），其中间存在一个很短的时间间隔。分析电路时，应注意这个时间间隔。

3. 灭弧系统
容量在 10A 以上的接触器都有灭弧装置，常采用纵缝灭弧罩及栅片灭弧结构。

4. 其他部分
其他部分包括弹簧、传动机构、接线柱及外壳等。

当交流接触器线圈通电后，在铁芯中产生磁通，由此在衔铁气隙处产生吸力，使衔铁向下运动（产生闭合作用），在衔铁带动下，使动断（常闭）触点断开，动合（常开）触点闭合。当线圈断电或电压显著降低时，吸力消失或减弱，衔铁在弹簧的作用下释放，各触点恢复原来位置。这就是接触器的工作原理。

接触器的图形符号如图 1.11 所示，文字符号为 KM。

直流接触器的结构和工作原理与交流接触器基本相同，仅有电磁机构方面不同。

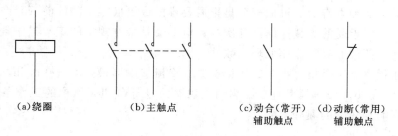

(a)绕圈　　　　(b)主触点　　　　(c)动合（常开）　(d)动断（常用）
　　　　　　　　　　　　　　　　　辅助触点　　　　辅助触点

图 1.11　接触器图形符号

1.3.2　接触器的型号及主要技术参数

目前我国常用的交流接触器主要有 CJ20、CJX1、CJX2、CJ12 和 CJ10 等系列，引进产品应用较多的有引进德国 ABB 公司制造技术生产的 B 系列、德国西门子公司的 3TB 系列、法国 TE 公司的 LC1 系列等；常用的直流接触器有 CZ18、CZ21、CZ22、和 CZ10、CZ2 等系列，CZ18 系列是取代 CZ0 系列的新产品。

1. 型号含义

交流、直流接触器型号的含义如图 1.12 和图 1.13 所示。

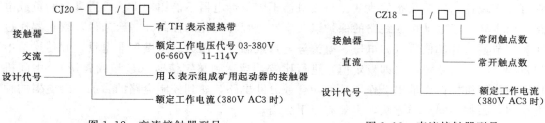

图 1.12　交流接触器型号　　　　　　　　图 1.13　直流接触器型号

2. 主要技术参数

（1）额定电压，是指主触点的额定工作电压。

（2）额定电流，是指主触点的额定电流。表 1.2 列出了交、直流接触器的电压、电流额定值。

表 1.2　　　　　　　　接触器的额定电压和额定电流的等级表

项目	直 流 接 触 器	交 流 接 触 器
额定电压/V	110、220、440、660	220、380、500、660
额定电流/A	5、10、20、40、60、100、150、250、400、600	5、10、20、40、60、100、150、250、400、600

表 1.3　接触器线圈的额定电压等级表

直流线圈/V	交流线圈/V
24、48、110、220、440	36、110、220、380

（3）线圈额定电压。常用的额定电压等级见表 1.3。

（4）接通和分断能力。接触器在规定条件下，能在给定电压下接通或分断的预期电流值。在此电流值下接通或分断时，不应发生熔焊、飞弧和过分磨损等。在低压电器标准中，按接触器的用途分类，规定了它的接通和分断能力，可查阅相关手册获得。

（5）机械寿命和电寿命。机械寿命是指需要维修或更换零、部件前（允许正常维护包括更换触点）所能承受的无载操作循环次数；电寿命是指在规定的正常工作条件下，不需修理或更换零、部件的有载操作循环次数。

（6）操作频率。它是指每小时的操作次数。交流接触器最高为 600 次/h，而直流接触器最高为 1200 次/h。操作频率直接影响到接触器的电寿命和灭弧罩的工作条件，对于交流接触器还影响到线圈的温升。

3．接触器的选用

应根据以下原则选用接触器。

（1）根据被接通或分断的电流种类选择接触器的类型。

（2）根据被控电路中电流大小和使用类别选择接触器的额定电流。

（3）根据被控电路电压等级选择接触器的额定电压。

（4）根据控制电路的电压等级选择接触器线圈的额定电压。

1.4　电磁式继电器

继电器是一种通过监测各种电量或非电量信号，接通或断开小电流控制电路的电器。它可以实现控制电路状态的改变。与接触器不同，继电器不能用来直接接通和分断负载电路，而主要用于电动机或线路的保护以及生产过程自动化的控制。一般来说，继电器通过测量环节输入外部信号（如电压、电流等电量或温度、压力、速度等非电量）并传递给中间机构，将它与整定值（即设定值）进行比较，当达到整定值时（过量或欠量），中间机构就使执行机构产生输出动作，从而闭合或分断电路，达到控制电路的目的。继电器的种类很多，根据不同分类方法，主要有以下分类。

（1）按用途分，可分为控制继电器、保护继电器。

（2）按动作原理分，可分为电磁式继电器、感应式继电器、热继电器、机械式继电器、电动式继电器、电子继电器。

（3）按输入信号分，可分为电压继电器、电流继电器、时间继电器、速度继电器、压力继电器、温度继电器。

（4）按动作时间分，可分为瞬时继电器、延时继电器。

在控制系统中，使用最多的是电磁式继电器。本节主要介绍电磁式电压、电流继电器、时间继电器、中间继电器。继电器的主要技术参数包括额定参数、吸合时间和释放时间、整定参数（继电器的动作值，大部分控制继电器的动作值是可调的）、灵敏度（一般指继电器对信号的反应能力）、触头的接通和分断能力及使用寿命等。

1. 结构与工作原理

电磁式继电器的结构和工作原理与电磁式接触器相似，也是由电磁系统、触点系统和释放弹簧等组成，电磁式继电器原理如图 1.14 所示。由于继电器用于控制电路，流过触点的电流比较小（一般在 5A 以下），故不需要灭弧装置。电磁式继电器的图形和文字符号如图 1.15 所示。常用的电磁式继电器有电压继电器、中间继电器和电流继电器。

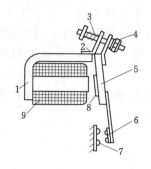

图 1.14　电磁式继电器原理

1—铁芯；2—旋转棱角；3—释放弹簧；4—调节
螺母；5—衔铁；6—动触点；7—静触点；
8—非磁性垫片；9—线圈

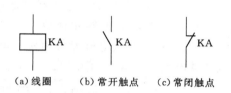

(a)线圈　　(b)常开触点　　(c)常闭触点

图 1.15　电磁式继电器的图形和文字符号

2. 电磁式继电器的特性

继电器的主要特性是输入—输出特性，又称继电特性，继电特性曲线如图 1.16 所示。当继电器输入量 X 由 0 增至 X_2 以前，继电器输出量 Y 为 0。当输入量增加到 X_2 时，继电器吸合，输出量为 Y_1，若再增大 X，Y 保持不变。当 X 小到 X_1，继电器释放，输出量由 Y_1 到 0，X 再减小，Y 值均为 0。在图 1.16 中，X_2 称为继电器吸合值，欲使继电器吸合，输入量不得小于 X_2；X_1 称为继电器释放值，欲使继电器释放，输入量不得大于 X_1。

$K_f = X_1/X_2$ 称为继电器的返回系数，它是继电器重要参数之一。K_f 值是可以调节的，可通过调节释放弹簧的松紧程度（拧紧时，X_1 与 X_2 同时增大，K_f 也随之增大；放松时，K_f 减小）或调整铁芯与衔铁间非磁性垫片的厚度（增厚时 X_1 增大、K_f 增大；减薄时 K_f 减小）来达到。不同场合要求不同的 K_f 值。例如，一般继电器要求低的返回系数，K_f 值应在 0.1～0.4 之间，这样当继电器吸合后，输入量波动较大时不致引起误动作；

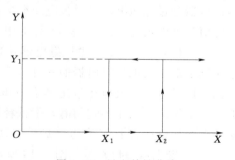

图 1.16　继电特性曲线

欠电压继电器则要求高的返回系数，K_f 值在 0.6 以上。设某继电器 $K_f = 0.66$，吸合电压为额定电压的 90%，则电压低于额定电压的 50% 时，继电器释放，起到欠电压保护作用。另一个重要参数是吸合时间和释放时间。吸合时间是指从线圈接收电信号到衔铁完全吸合所需的时间；释放时间是指从线圈失电到衔铁完全释放所需的时间。一般继电器的吸合时间与释放时间为 0.05～0.15s，快速继电器为 0.005～0.05s，它的大小影响继电器的操作频率。

11

1.4.1　电流继电器和电压继电器

1. 电流继电器

根据线圈中电流的大小而接通和断开电路的继电器称为电流继电器。使用时电流继电器的线圈与负载串联，其线圈的匝数少而线径粗。当线圈电流高于整定值动作的继电器时称为过电流继电器；低于整定值时动作的继电器称为欠电流继电器。过电流继电器线圈通过小于整定电流时继电器不动作，只有超过整定电流时继电器才动作。过电流继电器的动作电流整定范围是：交流过电流继电器为（110%～400%）I_N，直流过电流继电器为（70%～300%）I_N。欠电流继电器线圈通过的电流不小于额定电流时，继电器吸合，只有电流低于整定值时，继电器才释放。欠电流继电器动作电流整定范围是：吸合电流为（30%～65%）I_N，释放电流为（10%～20%）I_N。

电流继电器型号含义如图 1.17 所示。

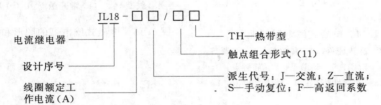

图 1.17　电流继电器型号含义

图 1.18 所示为过电流、欠电流继电器图形符号，其文字符号为 KA。

2. 电压继电器

电压继电器检测对象为线圈两端的电压变化信号。根据线圈两端电压的大小而接通或断开电路，实际工作中，电压继电器的线圈并联于被测电路中。根据实际应用的要求，电压继电器分过电压继电器、欠电压继电器和零电压继电器。过电压继电器是当电压大于其整定值时动作的电压继电器，主要用于对电路或设备进行过电压保护，其整定值为（105%～120%）U_N。欠电压继电器是当电压降至某一规定范围时动作的电压继电器；零电压继电器是欠电压继电器的一种特殊形式，是当继电器的端电压降至或接近消失时才动作的电压继电器。欠电压继电器和零电压继电器在线路正常工作时，铁芯与衔铁是吸合的，当电压降至低于整定值时，衔铁释放，带动触点动作，对电路实现欠电压或零电压保护。欠电压继电器整定值为（40%～70%）U_N，零电压继电器整定值为（10%～35%）U_N。电压继电器图形符号如图 1.19 所示，文字符号为 KV。

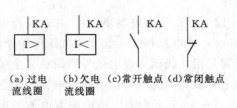

图 1.18　过电流、欠电流继电器图形符号

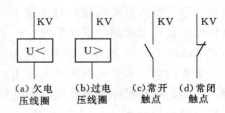

图 1.19　电压继电器图形符号

1.4.2 中间继电器

中间继电器在控制电路中主要用来传递信号、扩大信号功率以及将一个输入信号变换成多个输出信号等。中间继电器的基本结构及工作原理与接触器完全相同。但中间继电器的触点对数多，且没有主辅之分，各对触点允许通过的电流大小相同，多数为5A。因此，对工作电流小于5A的电气控制线路，可用中间继电器代替接触器实施控制。

中间继电器的图形符号如图1.20所示，文字符号为KA。

目前，国内常用中间继电器有JZ7、JZ8（交流）、JZ14、JZ15、JZ17（交、直流）等系列。引进的产品有德国西门子公司的3TH系列和ABB公司的K系列等。

JZ15系列中间继电器型号含义如图1.21所示。

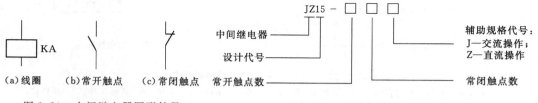

图1.20　中间继电器图形符号　　　　图1.21　中间继电器型号含义

1.4.3 时间继电器

从得到输入信号（线圈的通电或断电）开始，经过一定的延时后才输出信号（触点的闭合或断开）的继电器，称为时间继电器。时间继电器延时方式有两种，即通电延时和断电延时。通电延时：接收输入信号后延迟一定时间，输出信号才发生变化；当输入信号消失后，输出瞬时复原。断电延时：接收输入信号时，瞬时产生相应的输出信号；当输入信号消失后，延迟一定时间，输出才复原。常用的时间继电器主要有电磁式、电动式、空气阻尼式、晶体管式等。其中，电磁式时间继电器的结构简单，价格低廉，但体积和重量较大，延时较短（如JT3型只有0.3~5.5s），且只能用于直流断电延时；电动式时间继电器的延时精度高，延时可调范围大（由几分钟到几小时），但结构复杂，价格贵。目前在电力拖动线路中，应用较多的是空气阻尼式时间继电器。近年来，晶体管式时间继电器的应用日益广泛。空气阻尼式时间继电器是利用空气阻尼作用而达到延时的目的。它由电磁机构、延时机构和触点组成。空气阻尼式时间继电器的电磁机构有交流、直流两种。延时方式有通电延时型和断电延时型（改变电磁机构位置、将电磁铁翻转180°安装）。当动铁芯（衔铁）位于静铁芯和延时机构之间位置时为通电延时型；当静铁芯位于动铁芯和延时机构之间位置时为断电延时型。

JS7-A系列时间继电器结构如图1.22所示。

现以通电延时型为例说明其工作原理。当线圈得电后，衔铁（动铁芯）吸合，活塞杆在塔形弹簧作用下带动活塞及橡皮膜向上移动，橡皮膜下方空气室空气变得稀薄，形成负压，活塞杆只能缓慢移动，其移动速度由进气孔气隙大小来决定。经一段时间延时后，活塞杆通过杠杆压动微动开关15，使其触点动作，起到通电延时作用。

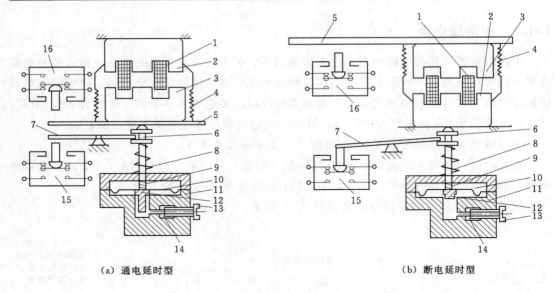

（a）通电延时型　　　　　　　　　　　（b）断电延时型

图 1.22　JS7 - A 系列时间继电器结构

1—线圈；2—铁芯；3—衔铁；4—反力弹簧；5—推板；6—活塞杆；7—杠杆；8—塔形弹簧；9—弱弹簧；
10—橡皮膜；11—空气室壁；12—活塞；13—调节螺钉；14—进气口；15、16—微动开关

当线圈断电时，衔铁释放，橡皮膜下方空气室内的空气通过活塞肩部所形成的单向阀迅速地排出，使活塞杆、杠杆、微动开关等迅速复位。由线圈得电到触点动作的一段时间即为时间继电器的延时时间，其大小可以通过调节螺钉调节进气孔气隙的大小来改变。断电时间继电器的结构、工作原理与通电延时继电器相似，只是电磁铁安装方向不同，即当衔铁吸合时推动活塞复位，排出空气。当衔铁释放时活塞杆在弹簧作用下使活塞向下移动，实现断电延时。在线圈通电和断电时，微动开关 16 在推板的作用下瞬时动作，其触点即为时间继电器的瞬时触点。时间继电器的图形符号如图 1.23 所示，文字符号为 KT。

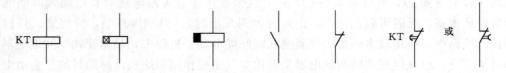

（a）线圈一般符号 （b）通电延时线圈　（c）断电延时线圈 （d）常开触点 （e）常闭触点　（f）延时断开瞬时闭合常闭触点

（g）瞬时断开延时闭合常闭触点　　（h）延时闭合瞬时断开常开触点　　　　（i）瞬时闭合延时断开常开触点

图 1.23　时间继电器图形及文字符号

空气阻尼式时间继电器结构简单，价格低廉，延时范围为 0.4～180s，但是延时误差较大，难以精确地整定延时时间，常用于延时精度要求不高的交流控制电路中。

1.5 热 继 电 器

热继电器是利用电流的热效应原理工作的保护电器。热继电器主要用于电动机的过载保护和断相保护。

1. 热继电器结构及工作原理

热继电器主要由热元件、双金属片、动作机构、触点、调整装置及手动复位装置等组成,如图 1.24 所示。

热继电器的热元件串接在电动机定子绕组中,一对常闭触点串接在电动机的控制电路中,当电动机正常运行时,热元件中流过电流小,热元件产生的热量虽能使金属片弯曲,但不能使触点动作。当电动机过载时,流过热元件的电流加大,产生的热量增加,使双金属片产生弯曲位移增大,经过一定时间后,通过导板推动热继电器的触点

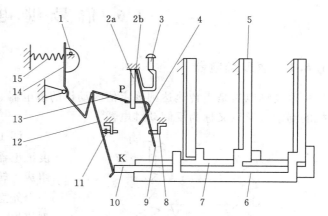

图 1.24 热继电器工作原理示意图
1—凸轮;2a,2b—簧片;3—手动复位按钮;4—弓簧;5—主双金属片;6—外导板;7—内导板;8—静触点;9—动触点;10—杠杆;11—调节螺钉;12—补偿双金属片;13—推杆;14—连杆;15—压簧

动作,使常闭触点断开,切断电动机控制电路,使电动机主电路失电,电动机得到保护。当故障排除后,按下手动复位按钮,使常闭触点重新闭合(复位),可以重新启动电动机。

由于热继电器主双金属片受热膨胀的热惯性及动作机构传递信号的惰性原因,热继电器从电动机过载到触点动作需要一定时间,也就是说,即使电动机严重过载甚至短路,热继电器也不会瞬时动作,因此热继电器不能用于短路保护。但也正是这个热惯性和机械惰性,保证了热继电器在电动机启动或短时过载时不会动作,从而满足了电动机的运行要求。热继电器的文字符号为 FR,图形符号如图 1.25 所示。

图 1.25 热继电器图形符号

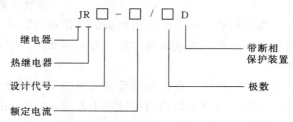

图 1.26 热继电器型号含义

2. 热继电器型号及主要参数

热继电器的型号含义如图 1.26 所示。

其主要参数如下。

（1）热继电器额定电流：热继电器中可以安装的热元件的最大整定电流值。

（2）热元件额定电流：热元件整定电流调节范围的最大值。

（3）整定电流：热元件能够长期通过而不致引起热继电器动作的最大电流值。通常热继电器的整定电流与电动机的额定电流相当，一般取（95%～105%）I_N。

1.6　信　号　继　电　器

1.6.1　速度继电器

速度继电器是当转速达到规定值时动作的继电器，其作用是与接触器配合实现对电动机的制动，所以又称为反制动继电器。

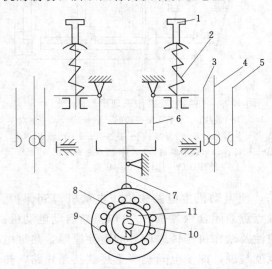

图 1.27　速度继电器的结构原理

1—螺钉；2—反力弹簧；3—常闭触点；4—动触点；
5—常开触点；6—返回杠杆；7—杠杆；8—定子
导体；9—定子；10—转轴；11—转子

图 1.27 是速度继电器的结构原理。速度继电器主要由转子、定子和触点 3 个部分组成。转子是一个圆柱形永久磁铁，定子是一个笼型空心圆环，由矽钢片叠成并装有笼型绕组，速度继电器转子的轴与被控制电动机的轴相连，而定子空套在转子上。当电动机转动时，速度继电器的转子随之转动，这样，永久磁铁的静磁场就成了旋转磁场，定子内的短路导体因切割磁场而感应电动势并产生电流，带电导体在旋转磁场的作用下产生电磁转矩，于是定子随转子旋转方向转动，但由于有返回杠杆挡位，故定子只能随转子转动一定角度，定子的转动经杠杆作用使相应的触点动作，并在杠杆推动触点动作的同时，压缩弹簧，其反作用力也阻止定子转动。当被控电动机转速下降时，速度继电器转子转速也随之下降，于是定子的电磁转矩减小，当电磁转矩小于反作用弹簧的反作用力矩时，定子返回原来位置，对应触点恢复到原来状态。同理，当电动机向相反方向转动时，定子做反向转动，使速度继电器的反向触点动作。

调节螺钉的位置，可以调节反力弹簧的反作用力大小，从而调节触点动作时所需转子的转速。一般速度继电器的动作转速不低于 120r/min，复位转速约在 100r/min 以下。速度继电器图形符号如图 1.28 所示，文字符号为 KS。

1.6.2　液位继电器

有些锅炉和水柜需根据液位的高低变化来控制水泵电动机的启停，这一控制可由液位继电器来完成。

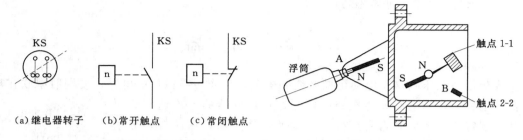

（a）继电器转子　　（b）常开触点　　（c）常闭触点

图 1.28　速度继电器图形符号　　　　图 1.29　JYF-02 液位继电器

图 1.29 所示为液位继电器的结构示意图。浮筒置于被控锅炉和水柜内，浮筒的一端有一根磁钢，锅炉外壁装有一对触点，动触点的一端也有一根磁钢，它与浮筒一端的磁钢相对应。当锅炉或水柜内的水位降低到极限值时，浮筒下落使磁钢端绕支点 A 上翘。由于磁钢同性相斥的作用，使动触点的磁钢端被斥下落，通过支点 B 使触点 1-1 接通，触点 2-2 断开；反之，水位升高到上限位置时，浮筒上浮使触点 2-2 接通，触点 1-1 断开。显然，液位继电器的安装位置决定了被控的液位。

1.6.3　干簧继电器

干簧继电器由于其结构小巧、动作迅速、工作稳定、灵敏度高等优点，近年来得到广泛的应用。

干簧继电器的主要部分是干簧管，它由一组或几组导磁簧片封装在惰性气体（如氦、氮等）的玻璃管中组成开关元件。导磁簧片又兼作接触簧片，即控制触点，也就是说，一组簧片起开关电路和磁路双重作用。图 1.30 所示为干簧继电器的结构原理，其中图 1.30（a）表示利用线圈内磁场驱动继电器动作，图 1.30（b）表示利用外磁场驱动继电器。在磁场作用下，干簧管中的两根簧片分别被磁化而相互吸引，接通电路。磁场消失后，簧片靠本身的弹性分开。

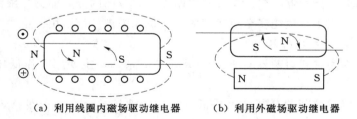

（a）利用线圈内磁场驱动继电器　　（b）利用外磁场驱动继电器

图 1.30　干簧继电器的结构原理

干簧继电器特点如下。

（1）接触点与空气隔绝，可有效地防止老化和污染，也不会因触点产生火花而引起附近易燃物的燃烧。

（2）触点采用金、钯的合金镀层，接触电阻稳定，寿命长，为 100 万～1000 万次。

（3）动作速度快，为 1～3ms，比一般继电器快 5～10 倍。

（4）与永久磁铁配合使用方便、灵活，可与晶体管配套使用。

（5）承受电压低，通常不超过 250V。

1.7　熔　　断　　器

熔断器是低压电路及电动机控制线路中主要用作短路保护的电器。使用时串联在被保护的电路中，当电路发生短路故障，通过熔断器的电流达到或超过某一规定值时，以其自身产生的热量使熔体熔断，从而自动分断电路，起到保护作用。它具有结构简单、价格便宜、动作可靠、使用维护方便等优点，因此得到广泛应用。其图形符号和文字符号如图 1.31 所示。

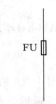

图 1.31　熔断器
图形符号

1.7.1　熔断器的分类

熔断器种类很多，常用的有以下几种。

1. 插入式熔断器（无填料式）

常用的有 RC1A 系列，主要用于低压分支路及中小容量的控制系统的短路保护，也可用于民用照明电路的短路保护。

RC1A 系列结构简单，它由瓷盖、底座、触点、熔丝等组成，其价格低，熔体更换方便，但它的分断能力低。

2. 螺旋式熔断器

有 RL1、RL2、RL6、RL7 等系列，其中 RL6、RL7 系列熔断器分别取代 RL1、RL2 系列，常用于配电线路及机床控制线路中作短路保护。螺旋式快速熔断器有 RLS2 等系列，常用作半导体元器件的保护。

螺旋式熔断器由瓷底座、熔管、瓷帽等组成。瓷管内装有熔体，并装满石英砂，将熔管置入底座内，旋紧瓷帽，电路就可以接通。瓷帽顶部有玻璃圆孔，其内部有熔断指示器，当熔体熔断时，指示器跳出。螺旋式熔断器具有较高的分断能力，限流性好，有明显的熔断指示，可不用工具就能安全更换熔体，在机床中被广泛采用。

3. 无填料封闭管式熔断器

常用无填料封闭管式熔断器有 RM1、RM10 等系列，主要用于作低压配电线路的过载和短路保护。

无填料封闭管式熔断器分断能力较低，限流特性较差，适合于线路容量不大的电网中，其最大优点是熔体可很方便拆换。

4. 有填料封闭管式熔断器

常用有填料封闭管式熔断器有 RT0、RT12、RT14、RT15 等系列，引进产品有德国 AEG 公司的 NT 系列。有填料封闭管式熔断器主要作为工业电气装置、配电设备的过载和短路保护，也可配套使用于熔断器组合电器中。有填料快速熔断器 RS0、RS3 系列，用作硅整流元件和晶闸管元件及其所组成的成套装置的过载和短路保护。

有填料封闭管式熔断器具有高的分断能力，保护特性稳定，限流特性好，使用安全，可用于各种电路和电气设备的过载和短路保护。

1.7.2 熔断器型号及主要性能参数

1. 熔断器型号的含义

熔断器型号含义如图 1.32 所示。

2. 主要性能参数

（1）额定电压。保证熔断器能长期正常工作的电压。

（2）额定电流。保证熔断器能长期正常工作的电流。是由熔断器各部分长期工作时允许温升决定的，它与熔体的额定电流是两个不同的概念。熔体的额定电流是指在规定的工作条件下，长时间通过熔体而熔体不熔断时的最大电流值。通常一个额定电流等级的熔断器可以配用若干个额定电流等级的熔体，但熔体的额定电流不能大于熔断器的额定电流值。

（3）极限分断电流。它是指熔断器在额定电压下所能断开的最大短路电流。

（4）时间—电流特性。在规定工作条件下，表征流过熔体的电流与熔体熔断时间关系的函数曲线，也称保护特性或熔断特性，如图 1.33 所示。

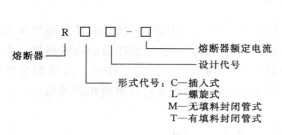

图 1.32 熔断器型号含义

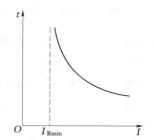

图 1.33 熔断器的时间—电流特性

1.8 低 压 开 关 电 器

1.8.1 低压断路器

低压断路器可用来分配电能，不频繁地启动异步电动机，对电源线路及电动机等实行保护，当它们发生严重的过载或短路及欠电压等故障时能自动切断电路，其功能相当于熔断器式断流器与过流、欠压、热继电器的组合，而且在分断故障电流后一般不需要更换零部件，因而获得了广泛的应用。

1. 低压断路器结构及工作原理

低压断路器由操作机构、触点、保护装置（各种脱扣器）、灭弧系统等组成。低压断路器工作原理如图 1.34 所示。

低压断路器的主触点是靠手动操作或电动合闸的，主触点闭合后，自由脱扣机构将主触点锁在合闸位置上。过电流脱扣器的线圈和热脱扣器的热元件与主电路串联，欠电压脱扣器的线圈和电源并联。当电路发生短路或严重过载时，过电流继电器的衔铁闭合，使自

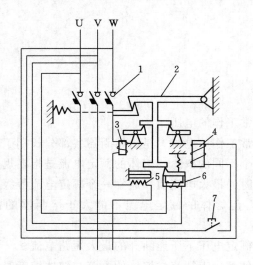

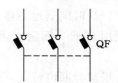

图 1.34　低压断路器的工作原理示意图　　　　图 1.35　低压断路器的图形符号

1—主触点；2—自由脱扣机构；3—过电流脱扣器；4—分磁

脱扣器；5—热脱扣器；6—欠压脱扣器；7—按钮

由脱扣器机构动作，主触点断开主电路。当电路过载时，热脱扣器的热元件发热使双金属片向上弯曲，推动自由脱扣机构动作。当电路欠电压时，欠电压脱扣器的衔铁释放，也使自由脱扣器机构动作。分磁脱扣器则作为远距离控制用，在正常工作时，其线圈是断电的，在需远距离控制时，按下启动按钮，使线圈得电，衔铁带动自由脱扣器机构动作，使主触点断开。

低压断路器的图形符号如图 1.35 所示，文字符号为 QF。

2. 低压断路器类型及主要参数

（1）万能式断路器。具有绝缘衬垫的框架结构底座将所有的构件组装在一起，用于配电网络的保护。主要型号有 DW10、DW15 两个系列。

（2）塑料外壳式断路器。具有用模压绝缘材料制成封闭外壳将所有构件组装在一起。用作配电网络的保护和电动机、照明电路及电热器等控制开关。主要型号有 DZ5、DZ10、DZ20 等系列。

（3）模块化小型断路器。模块化小型断路器由操作机构、热脱扣器、电磁脱扣器、触点系统、灭弧室等部件组成，所有部件都置于一个绝缘壳中。在结构上具有外形尺寸模块化（9mm 的倍数）和安装导轨化的特点，该系列断路器可作为线路和交流电动机等的电源控制开关及过载、短路等保护用。常用型号有 C45、DZ47、S、DZ187、XA、MC 等系列。

（4）智能化断路器。传统断路器的保护功能是利用了热磁效应原理，通过机械系统的动作来实现的。智能化断路器的特征是采用了以微处理器或单片机为核心的智能控制器（智能脱扣器）。它不仅具备普通断路器的各种保护功能，同时还具有实时显示电路中的各种电参数（电流、电压、功率因数等），对电路进行在线监视、测量、试验、自诊断、通信等功能；能够对各种保护功能的动作参数进行显示、设定和修改。将电路动作时的故障参数存储在非易失存储器中以便查询。智能化断路器原理框图如图1.36 所示。

目前国内生产的智能化断路器主要型号有 DW45、DW40、DW914（AH）、DW18（AE—S）、DW48、DW19（3WZ）、DW17（ME）等。

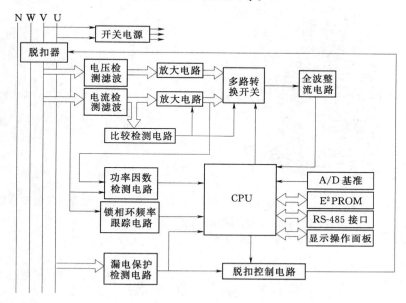

图 1.36　智能化断路器原理框图

1.8.2　刀开关

刀开关是一种手动配电电器，主要用来手动接通或断开交、直流电路，通常只作为隔离开关使用，也可用于不频繁地接通与分断额定电流以下的负载，如小容量电动机、电阻炉等。

刀开关按极数可分为单极、双极、三极，其结构主要由操作手柄、触刀、触点座和底座组成。依靠手动来实现触刀插入触点座与脱离触点座的控制。

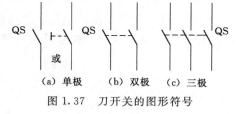

（a）单极　　（b）双极　　（c）三极

图 1.37　刀开关的图形符号

刀开关安装时，手柄要向上，不得倒装或平装，避免由于重力自由下落而引起误动作和合闸。接线时电源线接上端，负载线接下端。刀开关文字符号为 QS，图形符号如图 1.37 所示。

1.8.3　组合开关

组合开关是一种多触点、多位置式、可控制多个回路的电器。一般用于电气设备中非频繁地通断电路、换接电源和负载，测量三相电压以及控制小容量电动机。

组合开关由动触点（动触片）、静触点（静触片）、转轴、手柄、定位机构及外壳等部分组成。其动、静触点分别叠装于数层绝缘壳内，图 1.38 所示为 HZ10 组合开关结构示意图。当转动手柄时，每层的动触点随方形转轴一起转动，从而实现对电路的通、断控制。其图形符号如图 1.39 所示，文字符号为 QS。

组合开关的主要参数有额定电压、额定电流、极数，常用型号有 HZ10、HZ15 系列。

1
2
3
4
5
6
7
8
9

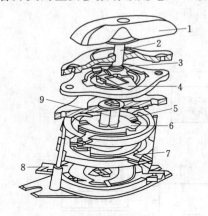

图 1.38　HZ10 组合开关结构

1—手柄；2—转轴；3—弹簧；4—凸轮；5—绝缘垫板；6—动触点；7—静触点；8—接线柱；9—绝缘方轴

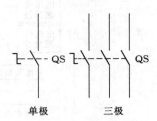

QS
QS
单极
三极

图 1.39　组合开关的图形符号

1.9　主　令　器

主令器是用来接通和分断控制电路以发号施令的电器。主令器用于控制电路，不能直接分合主电路。主令器应用广泛，种类很多，本节介绍几种常用的主令器。

1.9.1　按钮

按钮是一种手动且可以自动复位的主令器，其结构简单，使用广泛，在控制电路中用于手动发出控制信号以控制接触器、继电器等。

按钮是由按钮帽、复位弹簧、桥式触点和外壳等组成。触点额定电流在 5A 以下，其结构如图 1.40 所示，图形符号及文字符号如图 1.41 所示。

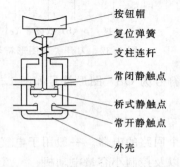

按钮帽
复位弹簧
支柱连杆
常闭静触点
桥式静触点
常开静触点
外壳

图 1.40　控制按钮结构示意图

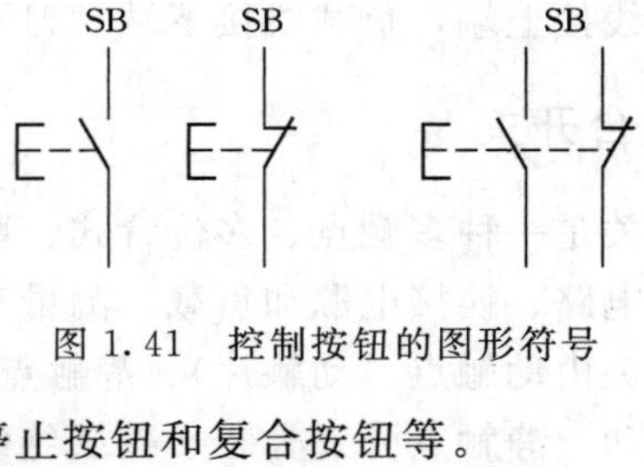

SB
SB
SB

图 1.41　控制按钮的图形符号

按钮按用途和结构不同，分为启动按钮、停止按钮和复合按钮等。

启动按钮带有常开触点，手指按下按钮帽，常开触点闭合；手指松开，常开触点复位。启动按钮的按钮帽一般采用绿色。停止按钮带有常闭触点，手指按下按钮帽，常闭触点断开；手指松开，常闭触点复位。停止按钮的按钮帽一般采用红色。复合按钮带有常开触点和常闭触点，手指按下按钮帽，常闭触点先断开，常开触点后闭合；手指松开时，常开触点先复位，常闭触点后复位。

控制按钮可做成单式（一个按钮）、复式（两个按钮）和三联式（有 3 个按钮）的形式。为便于识别各个按钮的作用，避免误操作，通常将按钮帽做成不同颜色，以示区别，其颜色有红、绿、黄、蓝、白、黑等。

1.9.2 行程开关与接近开关

1. 行程开关

依照生产机械的行程发出命令以控制其运行方向或行程长短的主令电器，称为行程开关。若将行程开关安装于生产机械行程终点处，以限制其行程，则称为限位开关或终点开关。

行程开关结构分为直动式（如 LX1、JLXK1 系列）、滚轮式（如 LX2、JLXK2 系列）和微动式（如 LXW‒11、JLXK1‒11 系列）3 种。

行程开关的工作原理和按钮相同，区别在于它不靠手的按压，而是利用生产机械运动部件的挡铁碰压而使触点动作。其图形符号如图 1.42 所示，文字符号为 SQ。

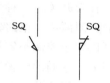

图 1.42　行程开关的图形符号

常用的行程开关有 LX19、LXW5、LXK3、LX32、LX33 等系列。

2. 接近开关

接近开关又称无触点行程开关，是当运动的金属与开关接近到一定距离时发出接近信号，以不直接接触方式进行控制。接近开关不仅用于行程控制、限位保护等，还可用于高速计数、测速、检测零件尺寸、液面控制、检测金属体的存在等。

按工作原理分，接近开关有高频振荡型、电容型、电磁感应型、永磁型与磁敏元件型等，其中高频振荡型最常用。图 1.43 所示为 LJ2 系列电子式接近开关原理，它主要由振荡器、放大器和输出三部分组成。其基本工作原理是，当有金属物体接近高频振荡器的线圈时，使振荡回路参数变化，振荡减弱直至终止而产生输出信号。图中三极管 VT1，振

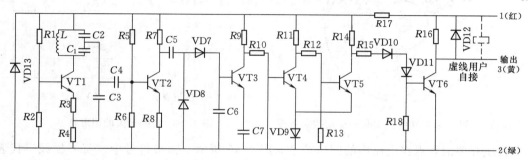

图 1.43　LJ2 系列电子式接近开关原理

荡线圈 L 及电容 C1、C2、C3 组成电容三点式高频振荡器，其输出由三极管 VT2 放大，经二极管 VD7、VD8 整流成直流信号，加至三极管 VT3 基极，使 VT3 导通，三极管 VT4 截止，从而使三极管 VT5 导通，三极管 VT6 截止，无输出信号。

当金属物体靠近开关感应头时，振荡器减弱直至终止，此时 VD7、VD8 构成整流电路无输出信号，则 VT3 截止，VT4 导通，VT5 截止，VT6 导通，有信号输出。

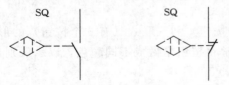

图 1.44 接近开关的图形符号

接近开关的图形符号及文字符号如图 1.44 所示。

接近开关的特点是工作稳定可靠，寿命长，重复定位精度高。其主要参数有动作行程、工作电压、动作频率、响应时间、输出形式以及触点电流容量等。常用的国产接近开关的型号有 3SG、LJ、CJ、SJ、AB 和 LXJO 等系列。

1.9.3　转换开关

转换开关是一种多挡位、多触点、能够控制多回路的主令器。广泛应用于各种配电装置的电源隔离、电路转换、电动机远距离控制等，也常作为电压表、电流表的换相开关，还可以用于控制小容量的电动机。转换开关目前主要有两大类，即万能转换开关和组合转换开关。它们的结构和工作原理相似，转换开关按结构分为普通型、开启型、防护型和组合型。按用途分为主令控制和控制电动机两种。转换开关一般采用组合式结构设计，由操作机构、定位装置和触点系统组成，并由各自的凸轮控制其通断；定位装置采用棘轮棘爪式结构。不同的棘轮和凸轮可组成不同的定位模式，即手柄在不同的转换角度时，触点的状态是不同的。转换开关是由多组相同结构的触点组件叠装而成，图 1.45 所示为 LW12 系列转换开关某一层的结构示意图。LW12 系列转换开关由操作机构、面板、手柄和数个触点底座等主要部件组成，用螺栓组成为一个整体。每层触点底座里装有最多 4 对触点，并由底座中间的凸轮进行控制。操作时手柄带动转轴和凸轮一起旋转，由于每层凸轮形状不同，当手柄转到不同位置时，通过凸轮的作用，可使触点按所需要的规律接通和分断。

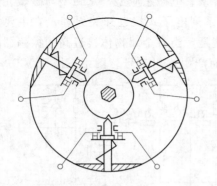

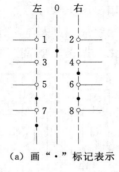

触点	位置		
一	左	0	右
1—2	×		
3—4			×
5—6	×		×
7—8	×		

（a）画"·"标记表示　　　（b）接通表表示

图 1.45　LW12 系列转换开关某一层结构示意图　　　图 1.46　转换开关的图形符号

转换开关的触点在电路中的图形符号如图 1.46 所示。图形符号中"每一横线"代表一对触点，而用 3 条竖线分别代表手柄位置。哪一对触点接通就在代表该位置虚线上的触点下面用黑点"."表示。触点的通断也可用接通表来表示，表中的"×"表示触点闭合，空白表示触点断开。

常用的转换开关有 LW5、LW6、LW8、LW9、LW12、VK、HZ 等系列。有关参数可查看相关手册或说明书。

1.10 电磁执行元件

随着国民经济和科学技术的发展，各种起重施工机械、磁选机械、升降机械、机床等设备的自动化程度越来越高，而这些机械设备执行机构主要以液压、气压和电磁式元件和机构为主，常见的有电磁阀、电磁铁、电磁离合器、电磁抱闸等。

机械设备执行机构的作用是驱动受控对象，其中以电磁式电气为主，常见的有电磁铁、电磁阀、电磁离合器、电磁抱闸等，电磁铁等已发展成为一种新的电器产品系列，并已经成为成套设备中的重要元件。

1.10.1 电磁阀

电磁阀是指安装在气体或液体管路中的阀门，它的开闭受电磁力控制。电磁阀大量应用在液压机械、空调系统、组合机床、自动机床及自动生产线中，是工业自动化的一种重要元件。其结构示意图如图 1.47 所示。

电磁阀的工作原理可简述如下：当吸引线圈不通电时，衔铁由于受弹簧作用，而与铁芯脱离，阀门处于关闭状态；当线圈通电时，衔铁克服弹簧的弹力而与铁芯吸合，阀门处于打开状态。从而控制了液体或气体的流动，推动液压或汽缸运动。

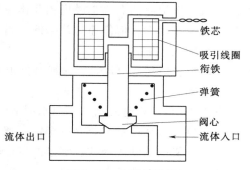

图 1.47 电磁阀结构

1.10.2 电磁铁

电磁铁由励磁线圈、铁芯和衔铁 3 个基本组成部分构成，衔铁也称为动铁芯，是牵动主轴或触点支架动作的部分，其工作原理与本章 1.2.1 小节叙述相同。当励磁线圈通以电流后便产生磁场和电磁力，衔铁被吸合，并带动机械装置完成一定的动作。根据励磁电流的性质，电磁铁分为直流电磁铁和交流电磁铁。直流电磁铁的铁芯根据不同的剩磁要求选用整块的铸钢或工程纯铁制成，交流电磁铁的铁芯则用相互绝缘的硅钢片叠成。电磁铁的结构形式多种多样，直流电磁铁常用拍合式与螺管式两种结构（图 1.1）。交流电磁铁的结构形式主要有 U 形和 E 形两种，其工作原理与交流接触器的电磁机构一样。直流电磁铁和交流电磁铁具有各自不同的机电特性，因此适用于不同场合。选用电磁铁时，应考虑用电类型（交流或直流）、额定行程、额定吸力及额定电压等技术参数。此外，在实际应用中要根据机械设计上的特点，考虑直流电磁铁和交流电磁铁具有的特点，能否满足工艺要求、安全要求等。

1.10.3　电磁制动器

电磁制动器是现代工业中一种理想的自动化执行元件，在机械传动系统中主要起传递动力和控制运动等作用，具有结构紧凑、示操作简单、响应灵敏、寿命长久、使用可靠、易于实现远距离控制等优点。电磁制动器是应用电磁铁原理使衔铁产生位移，在各种运动机构中吸收旋转运动惯性能量，从而达到制动的目的，它被广泛应用于起重机、卷扬机、碾压机等类型的升降机械设备中。

电磁制动器主要由制动器、电磁铁或电力液压推动器、摩擦片、制动轮（盘）或闸瓦等组成。利用电磁效应实现制动的制动器，分为电磁粉末制动器、电磁涡流制动器、电磁摩擦式制动器等多种形式。

（1）电磁粉末制动器。励磁线圈通电时形成磁场，磁粉在磁场作用下磁化形成磁粉链，并在固定的导磁体与转子间聚合，靠磁粉的结合力和摩擦力实现制动。励磁电流消失时磁粉处于自由松散状态，制动作用解除。这种制动器体积小，重量轻，励磁功率小，而且制动力矩与转动件转速无关，但磁粉会引起零件磨损。它便于自动控制，适用于各种机器的驱动系统。

（2）电磁涡流制动器。励磁线圈通电时形成磁场，制动轴上的电枢旋转切割磁力线而产生涡流，电枢内的涡流与磁场相互作用形成制动力矩。电磁涡流制动器坚固耐用，维修方便，调速范围大；但低速时效率低，温升高，必须采取散热措施。这种制动器常用于有垂直载荷的机械中。

（3）电磁摩擦式制动器。励磁线圈通电产生磁场，通过磁轭吸合衔铁，衔铁通过连接件实现制动。

图 1.48 是盘式电磁制动器的原理结构，它属于电磁摩擦式制动器。由图可见，盘式电磁制动器在电动机轴端装着一个钢制圆盘，它靠制动钳块与圆盘表面（径向）的离合，实现对电动机的制动和释放。圆盘的直径越大，制动力矩也越大，可以根据所需的制动力矩选择与之相匹配的圆盘。

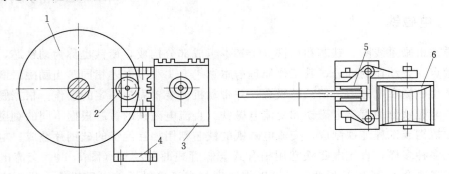

图 1.48　盘式电磁制动器的原理结构

1—圆盘；2—铁芯；3—壳体；4—支架；5—摩擦片；6—衔铁

盘式电磁制动器的供电方式采用桥式整流装置，其电磁系统是在直流状态下工作的。它的工作电流很小，整流装置是与盘式电磁制动器装在一起的，其吸引线圈用环氧树脂密封于壳体内，这样适宜于在露天或多尘埃等各种恶劣的环境中工作。

本 章 小 结

（1）低压电器的种类繁多，本章主要介绍了接触器、继电器、开关电器、熔断器、主令器等常用低压电器的用途、基本结构、工作原理及其主要技术参数和图形符号，为正确使用它们打下基础。

（2）保护电器（如断路器、熔断器、热继电器等）及某些控制电器（如时间继电器、液位继电器等）的使用，除了要根据保护要求、控制要求正确选用电器的类型外，还要根据被保护、被控制电路的具体条件，进行必要的调整整定动作值，同时还要考虑各保护电器之间的配合特性要求。

（3）每一种电器都有它一定的使用范围，要根据使用的具体条件正确选用。在选用电器时，其技术参数是主要的依据，其详细内容可参阅电器产品的技术手册及产品说明书。

（4）随着电器技术的发展，各种新型及引进电器不断出现。为优化系统，提高系统可靠性，应尽量选用新型电器元件。

（5）PLC控制系统的执行机构很多是以液压传动的方式进行的，了解液压传动的元件符号和工作基本原理十分必要，本章简单介绍了液压的动力元件、执行元件、控制元件等。

习　　题

1.1　什么是电磁式电器的吸力特性与反力特性？

1.2　交流电磁系统中短路环的作用是什么？三相交流电磁铁有无短路环？为什么？

1.3　电弧是如何产生的？有哪些危害？低压电器中常用的灭弧方式有哪些？

1.4　接触器的主要结构有哪些？交流接触器和直流接触器如何区分？

1.5　中间继电器的作用是什么？中间继电器与接触器有何异同？

1.6　交流电磁线圈误接入直流电源，直流电磁线圈误接入交流电源，会发生什么问题？为什么？

1.7　说明熔断器和热继电器保护功能的不同之处。

1.8　行程开关、转换开关及主令控制器在电路中各起什么作用？

1.9　低压断路器具有哪些脱扣装置？分别说明其功能。

1.10　熔断器的额定电流、熔体的额定电流、熔断器的极限分断电流三者有何区别？

1.11　常见的电磁执行元件有哪些？各有什么功能？

第2章 继电接触器控制系统的基本电路

主要内容

本章主要讲述了电气控制线路的图形、文字符号及绘制原则和基本的控制电路。

学习要求

1. 掌握电气控制线路的图形、符号和绘制原则。
2. 掌握基本电气控制电路的特点和各电器触点间的逻辑关系。
3. 能够分析复杂的电气控制线路图，能根据控制要求设计出简单的控制线路。

在工业领域使用的电气设备和生产机械中，其常规的自动控制线路大多以各类电动机或其他执行电器为被控对象，以继电器、接触器、按钮、行程开关、保护元件等器件组成的自动控制线路，通常称为电气控制线路。

各种生产机械的电气控制设备有着各种各样的电气控制线路，这些控制线路无论是简单还是复杂，一般均是由一些基本控制环节组成，在分析线路原理和判断其故障时，一般都是从这些基本控制环节入手。因此，掌握基本电气控制线路，对生产机械整个电气控制线路的工作原理分析及维修有着重要的意义。

2.1 电气控制线路的图形、文字符号及绘制原则

电气控制线路是用导线将电动机、电器、仪表等电器元件按一定的要求和方式联系起来，并能实现某种功能的电气线路。为表达电气控制线路的组成、工作原理及安装、调试、维修等技术要求，需要用统一的工程语言即用图的形式来表示。在图上用不同的图形符号来表示各种电器元件，用不同的文字符号来进一步说明图形符号所代表的电器元件的基本名称、用途、主要特征及编号等。因此，电气控制线路应根据简单易懂的原则，采用统一规定的图形符号、文字符号和标准画法来进行绘制。

2.1.1 常用电气设备图形符号及文字符号

1. 图形符号和文字符号

电气控制系统图中，各种电气元件的图形符号和文字符号必须符合统一的国家标准。为便于掌握引进的先进技术和先进设备，加强国际间交流，国家标准局颁布了《电气图用符号》（GB 4728—1984）及《电气制图》（GB 6988—1987）和《电气技术中的文字符号制订通则》（GB 7159—1987），规定从 1990 年 1 月 1 日起，电气控制电路中的图形和文字符号必须符合最新的国家标准。一些常用电气图形符号和文字符号见表 2.1。

表 2.1   电气控制电路中常用图形符号和文字符号

名 称	图形称号 (GB 4728—1984)	文字符号 (GB 7159—1987)	名 称	图形称号 (GB 4728—1984)	文字符号 (GB 7159—1987)
交流发电机	Ⓖ	GA	做双向机械操作的位置开关		SQ
交流电动机	Ⓜ	MA	常开按钮	E-\	SB
三相笼型 异步电动机	Ⓜ 3~	MC	常闭按钮	E--\	SB
三相绕线型 异步电动机	Ⓜ 3~	MW	复合按钮	E-\ \	SB
直流发电机	Ⓖ	GD	交流接触器线圈		KM
直流电动机	Ⓜ	MD	接触器常开触点		KM
直流伺服电动机	Ⓢ M	SM	接触器常闭触点		KM
交流伺服电动机	Ⓢ M~	SM	中间继电器线圈		KA
直流测速发电机	Ⓣ G	TG	中间继电器 常开触点		KA
交流测速发电机	Ⓣ G~	TG	中间继电器 常闭触点		KA
步进电动机	Ⓣ M	TG	过流继电器线圈	I>	KA
双绕组变压器	或	T	电流表	Ⓐ	PA
位置开关常开触点		SQ	电压表	Ⓥ	PV
位置开关 常闭触点		SQ	电度表	kWh	PJ

名　称	图形称号 (GB 4728—1984)	文字符号 (GB 7159—1987)	名　称	图形称号 (GB 4728—1984)	文字符号 (GB 7159—1987)
晶闸管		V	三极隔离开关		QS
可拆卸端子		X	负荷开关		QL
电流互感器	或	TA	三极负荷开关		QL
电阻器		R	断路器		QF
电位器		RP	三极断路器		QF
压敏电阻		RV	电压互感器线圈	或	TV
电容器一般符号	或	C	欠压继电器线圈	U<	KV
电铃		B	通电延时 （缓吸）线圈		KT
接地的一般符号		E	断电延时 （缓放）线圈		KT
保护接地		PE	延时闭合 常开触点	或	KT
接机壳或接地板	或	PU	延时断开 常开触点	或	KT
单极控制开关		SA	延时闭合 常闭触点	或	KT
三极控制开关		SA	延时断开 常闭触点	或	KT
隔离开关		QS	热继电器热元件		FR

名　　称	图形称号 (GB 4728—1984)	文字符号 (GB 7159—1987)	名　　称	图形称号 (GB 4728—1984)	文字符号 (GB 7159—1987)
热继电器 常闭触点	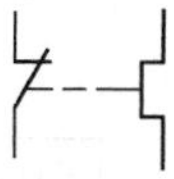	FR	PNP 晶体管	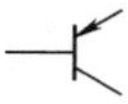	V
熔断器		FU	端子		X
电磁铁	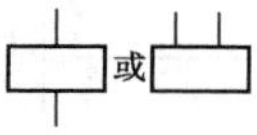	YA	控制电路用 电源整流器	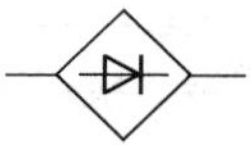	VC
电磁制动器	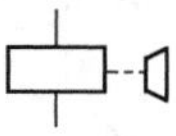	YB	电抗器		L
电磁离合器	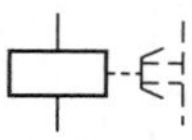	YC			
照明灯		EL	极性电容器		C
信号灯		HL			
二极管		V	蜂鸣器	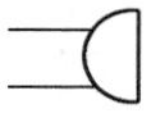	B
NPN 晶体管	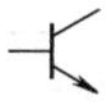	V			

2. 接线端子标记

电气控制系统图中各电器接线端子用字母数字符号标记，符合国家标准《电器接线端子的识别和用字母数字符号标记接线端子的通则》（GB 4026—1983）规定。

三相交流电源引入线用 L1、L2、L3、N、PE 标记。直流系统的电源正、负、中间线分别用 L+、L−、M 标记。三相动力电器引出线分别按 U、V、W 顺序标记。

三相感应电动机的绕组首端分别用 U1、V1、W1 标记，绕组尾端分别用 U2、V2、W2 标记，电动机绕组中间抽头分别用 U3、V3、W3 标记。

对于数台电动机，其三相绕组接线端标记以 1U、1V、1W；2U、2V、2W；…来区别。三相供电系统的导线与三相负荷之间有中间单元时，其相互连接线用字母 U、V、W 后面加数字来表示，且用从上至下由小到大的数字表示。

控制电路各线号采用 3 位或 3 位以下的数字标记，其顺序一般为从左到右、从上到下，凡是被线圈、触点、电阻、电容等元件所间隔的接线端点，都应标以不同的线号。

2.1.2　电气控制图绘制原则

电气控制系统图一般有 3 种，即电气原理图、电气元件布置图和电气安装接线图。

2.1.3　电气原理图

电气原理图是根据控制线路原理绘制的，具有结构简单、层次分明、便于研究和分析线路工作原理的特性。在电气原理图中只包括所有电气元件的导电部件和接线端点之间的相互关系，不按各电气元件的实际位置和实际接线情况来绘制，也不反映元件的大小。现以图 2.1 所示 CW6132 型车床的电气原理图为例，来说明电气原理图绘制的基本规则和应注意的事项。

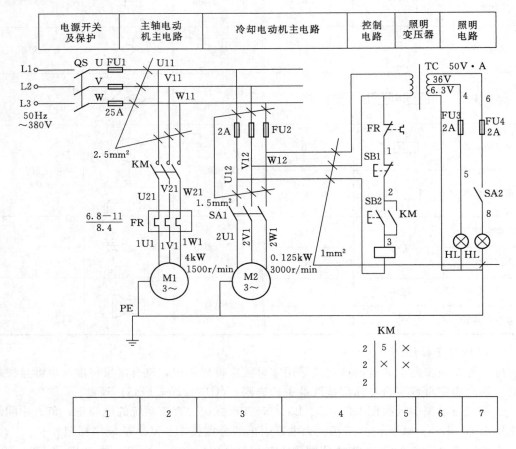

图 2.1 CW6132 型车床电气原理图

1. 绘制电气原理图的基本规则

（1）原理图一般分主电路和辅助电路两部分画出。主电路指从电源到电动机绕组的大电流通过的路径。辅助电路包括控制电路、照明电路、信号电路及保护电路等，由继电器的线圈和触点，接触器的线圈和触点、按钮、照明灯、控制变压器等元件组成。通常主电路用粗实线表示，画在左边（或上部）；辅助电路用细实线表示，画在右边（或下部）。

（2）各电气元件不画实际的外形图，采用国家规定的统一标准来画，文字符号也采用国家标准。属于同一电器的线圈和触点，都要采用同一文字符号表示。对同类型的电器，在同一电路中的表示可在文字符号后加注阿拉伯数字符号来区分。

（3）各电气元件和部件在控制线路中的位置，应根据便于阅读的原则安排。同一电气元件的各部件根据需要可不画在一起，但文字符号要相同。

（4）所有电器的触点状态，都应按没有通电和没有外力作用时的初始开、关状态画出。例如，继电器、接触器的触点，按吸引线圈不通电时状态画出，控制器手柄处于零位时状态画出，按钮、行程开关触点按不受外力作用时状态画出等。

（5）无论是主电路还是控制电路，各电气元件一般按动作顺序从上到下、从左到右依次排列，可水平布置或垂直布置。

（6）有直接电联系的交叉导线的连接点，要用黑圆点表示，无直接电联系的交叉导线，交叉处不能画黑圆点。

2. 图面区域的划分

电气原理图上方的1、2、3、…是图区编号（图区编号也可以设置在图的下方），是为了便于检索电气线路、方便阅读分析、避免遗漏而设置的。

图区编号下方的"电源开关及保护……"等字样，表明对应区域下方元件或电路的功能，使读者能清楚地知道某个元件或某部分电路的功能，以利于理解整个电路的工作原理。

3. 符号位置的索引

符号位置的索引用图号、页次和图区编号的组合索引法，索引代号的组成如图2.2所示。

图2.2 索引代号的组成	图2.3 KM 相应触点的位置索引

当某图仅有一页图样时，只写图号和图区的行、列号，在只有一个图号多页图样时，则图号可省略，而元件的相关触点只出现在一张图样上时，只标出图区号（无行号时只写列号）。电气原理图中，接触器和继电器线圈与触点的从属关系应用附图表示，即在原理图中相应线圈的下方，给出触点的图形符号，并在其下面注明相应触点的索引代号，对未使用的触点用"×"标明，有时也可采用省去触点图形符号的表示法。图2.1中图区4中KM的线圈下是接触器 KM 相应触点的位置索引，如图2.3所示。

在接触器的位置索引中，左栏为主触点所在的图区号（3个触点都在图区2），中栏为辅助常开触点（一个在图区5中，另一个没有使用），右栏为辅助常闭触点（两个均没有使用）。

4. 电气原理图中技术数据的标注

电气元件的技术数据，除在电气元件明细表中标明外，也可用小号字体注在其图形符号的旁边，如图2.1中 FU1 额定电流为 25A。

2.1.4 电气元件布置图

电气元件布置图主要用来表明各种电气设备在机械设备和电气控制柜中的实际安装位置，为机械电气控制设备的制造、安装、维修提供必要的资料。各电气元件的安装位置是由机床的结构和工作要求决定的，如电动机要和被拖动的机械部件在一起，行程开关应放在要取得信号的地方，操作元件要放在操纵箱等操作方便的地方，一般元件应放在控制柜内。

机床电气元件布置主要由机床电气设备布置图、控制柜及控制板电气设备布置图、操作台及悬挂操纵箱电气设备布置图等组成。图2.4所示为 CW6132 型车床电气位置图。

2.1.5　电气安装接线图

为了进行装置设备或成套装置的布线或布缆，必须提供其中各个项目（包括元件、器件、组件、设备等）之间的电气连接的详细信息，包括连接关系、线缆种类和敷设路线等。用电气图的方式表达的图称为接线图。

安装接线图是检查电路和维修电路不可缺少的技术文件，根据表达对象和用途不同，接线图有单元接线图、互连接线图和端子接线图等。国家标准《电气制图、接线图和接线表》（GB 6988.5—1986）详细规定了安装接线图的编制规则。主要如下。

（1）在接线图中，一般都应标出项目的相对位置、项目代号、端子间的电连接关系、端子号、等线号、等线类型、截面积等。

（2）同一控制盘上的电气元件可直接连接，而盘内元器件与外部元器件连接时必须绕接线端子板进行。

（3）接线图中各电气元件图形符号与文字符号均应以原理图为准，并保持一致。

（4）互连接线图中的互连关系可用连续线、中断线或线束表示，连接导线应注明导线根数、导线截面积等。一般不表示导线实际走线途径，施工时由操作者根据实际情况选择最佳走线方式。图 2.5 所示为 CW6132 型车床电气互连接线图。

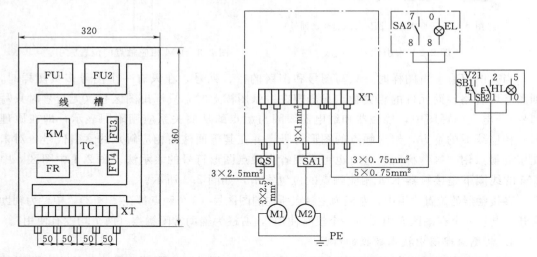

图 2.4　CW6132 型车床电气位置图　　　　图 2.5　CW6132 型车床电气互连接线图

2.2　并励直流电动机的基本控制电路

直流电动机虽不如三相交流电动机那样结构简单、价格便宜、制造方便、维护容易，但它具有启动性能好、调速范围大、调速平滑性好、适宜于频繁启动等一系列优点。因此，在要求大范围无级调速或要求大启动转矩的场合常采用直流电动机。

2.2.1　启动控制电路

直流电动机启动要求：在满足启动转矩要求的前提下，尽可能减小启动电流。

直流电动机的电枢绕组一般很小，直接启动会产生很大的冲击电流，一般可达额定电流的几倍至几十倍。这样大的启动电流，一方面使电动机换向不利，甚至会损坏电刷和换向器；另一方面将产生较大的启动转矩和加速度，对它所带机械部件产生很大的冲击，故在直流电动机启动时，必须限制启动电流。

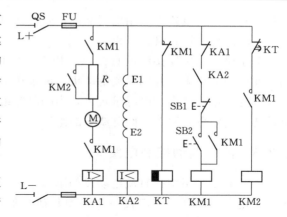

图 2.6 并励直流电动机启动控制电路

限制启动电流的方法有减小电枢电压和在电枢回路串接电阻两种。随着晶闸管变电流技术的发展，采用减小电枢电压来限制启动电流的方法正日趋广泛。但在没有可调直流电源的场合，多采用电枢回路串接电阻的启动方法。

图 2.6 所示是并励电动机电枢串接电阻启动控制电路，图中 KA1 为过电流继电器，做直流电动机的短路保护和过载保护。KA2 为欠电流继电器，做励磁绕组的失磁保护。

启动时先合上电源开关 QS，励磁绕组得电励磁，欠电流继电器 KA2 线圈得电，KA2 常开触点闭合，接通控制电路电源；同时时间继电器 KT 线圈得电，KT 常闭触点瞬时断开。然后按下启动按钮 SB2，接触器 KM1 线圈得电，KM1 主触点闭合，电动机串电阻器 R 启动；KM1 的常闭触点断开，KT 线圈断电，KT 常闭触点延时闭合，接触器 KM2 线圈得电，KM2 主触点闭合将电阻器 R 短接，电动机在全压下运行。

2.2.2 正、反转控制电路

实际应用中，常要求电动机既能正转又能反转。直流电动机的转向取决于电磁转矩 M 的方向，而 $M = C_m \Phi I_a$，其中 C_m 为转矩常数，Φ 为主磁通，I_a 为电枢电流，因此，改变直流电动机转动方向的方法有两种：一是电枢反接法，即保持励磁磁场方向不变，而改变电枢电流方向；二是励磁绕组反接法，即保持电枢电流方向不变，改变励磁绕组电流的方向。图 2.7 所示为保持励磁磁场方向不变，改变电枢电流方向使电动机反转。

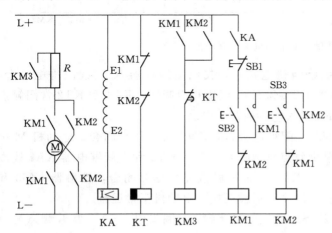

图 2.7 并励直流电动机正、反转控制电路

启动时按下启动按钮 SB2，接触器 KM1 线圈得电，KM1 常开触点闭合，电动机正转。若要反转，则需先按下 SB1，使 KM1 断电，KM1 互锁触点闭合。这时再按下反转按钮 SB3，接触器 KM2 线圈得电，KM2 常开触点闭合，使电枢电流反向，电

动机反转。控制电路中采用电气互锁，防止 KM1、KM2 因误操作同时得电而造成电源短路。工作过程请读者自行分析。

关于励磁绕组反接法的直流电动机正、反转控制与电枢反接法基本相同，但需要指出，在实际应用中，并励直流电动机一般采用电枢反接法，而不宜采用励磁绕组反接法。因为励磁绕组匝数多，电感量较大，当励磁绕组反接时，在励磁绕组中会产生很大的感应电动势，它将危及开关和励磁绕组的绝缘。

2.2.3　能耗制动控制电路

能耗制动是指维持直流电动机的励磁电源不变的情况下，把正在作电动运行的电动机电枢从电源上断开，再串接一个外加制动电阻组成制动回路，将机械能（高速旋转的动能）转变为电能，并以热能的形式消耗在电枢和制动电阻上。由于电动机因惯性而继续旋转，直流电动机此时变为发电机状态，则产生的电磁转矩与转速方向相反，为制动转矩，从而实现制动。

并励直流电动机能耗制动控制线路如图 2.8 所示。

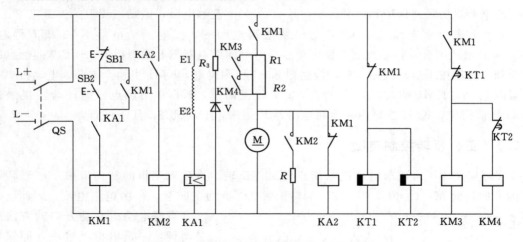

图 2.8　并励直流电动机能耗制动控制电路

启动时合上电源开关 QS，励磁绕组得电励磁，欠电流继电器 KA1 线圈得电吸合，KA1 常开触点闭合；同时时间继电器 KT1 和 KT2 线圈得电吸合，KT1 和 KT2 常闭触点瞬时断开，保证启动电阻器 R1 和 R2 串入电枢回路中启动。

按下启动按钮 SB2，接触器 KM1 线圈得电吸合，KM1 常开触点闭合，电动机 M 串电阻器 R1 和 R2 启动，KM1 两个常闭触点分别断开 KT1、KT2 和中间继电器 KA2 线圈电路；经过一定的整定时间，KT1 和 KT2 的常闭触点先后延时闭合，接触器 KM3 和 KM4 线圈先后得电吸合，电阻器 R1 和 R2 先后被短接，电动机正常运行。

进行能耗制动时，按下停止按钮 SB1，接触器 KM1 线圈失电，KM1 常开触点复位（开），使电枢回路断电，而 KM1 常闭触点复位（闭），由于惯性运转的电枢切割磁力线（励磁绕组仍接至电源上），在电枢绕组中产生感应电动势，使并联在电枢两端的中间继电器 KA2 线圈得电吸合，KA2 常开触点闭合，接触器 KM2 得电吸合，KM2 常开触点闭合，接通制动电阻器 R 回路，这时电枢的感应电流方向与原来方向相反，电枢产生的电磁转矩与原来反向而成为制动转矩，使电枢迅速停转。

当电动机转速降低到一定值时，电枢绕组的感应电动势降低，中间继电器 KA2 线圈释放，接触器 KM2 线圈和制动回路先后断开，能耗制动结束。

2.2.4 调速控制电路

直流电动机调速，是指在电动机机械负载不变的条件下，改变电动机的转速。根据直流电动机的转速公式 $n=(U-I_aR_a)/C_e\Phi$ 可知，在并励直流电动机的电枢回路中，串接调速变阻器 RP 进行调速（图 2.9），也可以改变并励电动机励磁进行调速，为此，在励磁电路中串接调速变阻器 RP，如图 2.10 所示。

直流电动机另一种改变电枢电压的调速方法，不能用于并励直流电动机，因为这种方法是在励磁保持一定的条件下进行调速的。而在并励直流电动机中改变电枢电压时，它的励磁也会随着改变，不能保持一定。

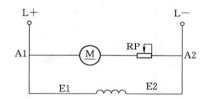
图 2.9 并励直流电动机电枢串电阻调速

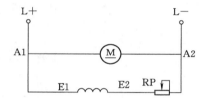
图 2.10 并励直流电动机改变励磁调速

2.3 三相笼型异步电动机的控制电路

三相笼型异步电动机具有结构简单、价格便宜、坚固耐用、运行维护方便等优点，获得广泛应用。在生产实际中，笼型异步电动机的数量占电力拖动设备总台数的 85% 左右。三相笼型异步电动机的控制电路大多由按钮、接触器、继电器等有触点的电器组成。本节介绍其基本电路。

2.3.1 三相异步电动机的基本控制电路

2.3.1.1 直接启停控制电路

1. 点动控制

点动即手动按下按钮时，电动机运转工作；手动松开按钮时，电动机停止工作。某些生产过程中，如张紧器、电动葫芦等机械电机常要求此类实时控制，它能实现电动机短时转动，整个运行过程完全由操作人员决定。如图 2.11 所示。主电路由隔离开关 QS、熔断器 FU、交流接触器 KM 的主触点、热继电器 FR 的发热元件及笼型电动机 M 组成；控制电路由启

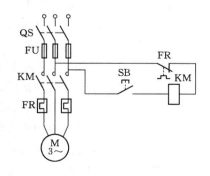
图 2.11 三相异步电动机点动控制图

动按钮 SB、热继电器 FR 的常闭触点及交流接触器线圈 KM 组成。

　　线路的启动过程如下：先合上隔离开关 QS→按下启动按钮 SB→接触器 KM 线圈通电→KM 主触点闭合→电动机 M 通电直接启动。

　　停机过程如下：松开 SB→KM 线圈断电→KM 主触点断开→M 断电停转。

　　2. 连续运行

　　电动机接通电源后，由静止状态逐渐加速到稳定运行状态的过程称为电动机的启动。全压启动，即是将额定电压直接加在电动机的定子绕组上使电动机运转。在变压器容量允许的情况下，电动机应尽可能采用全压启动。这样，控制电路简单，提高了电路的可靠性，且减少了电气维修工作量。图 2.12 所示为三相笼型异步电动机连续运行示意图，图 2.13 所示为单向全压启动控制电路。

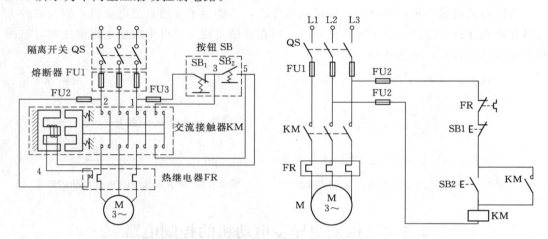

图 2.12　三相异步电动机连续运行示意图　　　　　图 2.13　单向全压启动控制电路

　　(1) 控制电路工作过程。启动时，合上刀开关 QS，主电路引入三相电源。按下启动按钮 SB2，KM 线圈得电，主触点闭合，电动机接通电源开始全压启动，同时 KM 辅助触点闭合。当松开启动按钮 SB2 后，KM 线圈仍能通过其辅助触点通电并保持吸合状态。这种依靠接触器本身辅助触点使其线圈保持通电的现象称为自锁。起自锁作用的触点称为自锁触点。

　　按下 SB1 按钮，KM 线圈失电，主触点复位（开），切断电动机电源，电动机自动停车。同时 KM 自锁触点复位（开），控制电路回到启动前的状态。

　　启动环节主要完成电动机由静止状态到转动状态的控制实现，在点动控制中，例如图 2.11 中，按钮 SB 就是启动环节。在连续运转控制中，例如图 2.12 中，SB2 和 KM 为启动环节。保护环节分为两个方面：一是控制回路的保护，即每个运转状态的控制回路中的熔断器 FU；二是主回路的保护，包括空气开关、热继电器等对电路的限流保护。停止环节完成电动机由运转到停止的转换，主要由停止按钮来实现。若点动控制回路，启动按钮也同时起停止作用。当保护环节起保护作用时，它也可认为是一个停止环节，只不过是非正常停止环节。

　　(2) 控制电路的保护环节。电气控制的保护环节非常多，在电气控制线路中，最为常用的是熔断器及断路器，应用方法是串联在回路中，其分断作用和当线路电流超过其允许最大电流时熔断或跳保护。第二类较常用的保护环节是电动机保护，即热保护继电器，当电动机过流时跳保护。电气控制线路常设有以下保护环节。

1) 短路保护。当控制电路发生短路故障时，控制电路应能迅速断开电源，熔断器 FU1 是作为主电路短路保护。熔断器 FU2 为控制电路的短路保护，熔断器仅做短路保护而不能起过载保护，这是因为，一方面熔断器的规格必须根据电动机启动电流大小做适当选择，另一方面还要考虑熔断器保护特性的反时限保护特性。

2) 过载保护。热继电器 FR 作电动机的过载保护之用。当电动机过载、堵转或断相等都会引起定子绕组电流过大，热继电器根据电流的热效应，而使热继电器 FR 动作，即 FR 的常闭触点断开，则使 KM 线圈断电，从而使 KM 主触点断开，切断电动机电源。由于热惯性，热继电器不会受电动机短时过载、冲击电流或短路电流的影响而瞬时动作，所以在使用热继电器做过载保护的同时还必须设有短路保护，并且选做短路保护的熔断器熔体的额定电流不应超过 4 倍热继电器发热元件的额定电流。

3) 欠压和失压保护。欠压和失压保护是依靠启动按钮复位功能和接触器本身的电磁机构来实现的。当电动机正在运行时，如果电源电压因某种原因过分地降低或消失时，接触器 KM 衔铁自行释放，电动机停止，同时 KM 自锁触点断开。当电源电压恢复正常时，接触器 KM 线圈也不可能自行通电，即电动机不会自行启动，要使电动机启动，操作者必须再次按下启动按钮。

控制电路具有欠压和失压保护功能以后，有以下 3 个方面的好处：①防止电压严重下降时电动机低压运行；②避免电动机同时启动造成电压严重下降；③防止电源电压恢复正常时，电动机突然启动造成设备和人身事故。

4) 点动＋连续运行。在很多生产实际中，要求对电动机的控制既要有连续运行，又要有点动控制（很多时候点动作为设备试车用），所以在设计中既要存在连续运行，又必须满足点动功能，图 2.14 利用复合按钮 SB3 实现连续运行及点动功能，按下启动按钮 SB2、KM 得电，电动机连续运行，按下停止按钮 SB1，KM 失电，电动机停止运行；按下点动按钮 SB3，KM 得电，且自锁回路断开，电动机点动运行。用复合按钮实现连续运行及点动控制功能，存在一个缺陷，即复合按钮 SB3 两对触点的竞争，如果松开按钮时，常闭触点先合，常开触点后断，则点动功能消失。

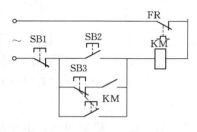

图 2.14　三相异步电动机点动＋
连续运行方案一控制图

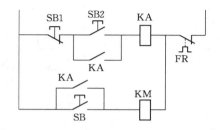

图 2.15　三相异步电动机电动＋
连续运行方案二控制图

由于用复合按钮实现连续运行及点动控制功能时，存在触点竞争的缺陷，所以设计改进后的控制回路如图 2.15 所示。按下启动按钮 SB2，中间继电器 KA 得电并自锁，KA

触点闭合致 KM 得电，电动机连续运行，按下停止按钮 SB1，KA 失电，KA 触点断开致 KM 失电，KM 失电，电动机停止运行；按下点动按钮 SB，KM 得电，松开按钮 SB，KM 失电，电动机点动运行。

2.3.1.2 正/反转控制电路

生产实践中，许多生产机械要求电动机能正/反转，从而实现可逆运行，如机床主轴的正向和反向运动、工作台的前后运动、起重机吊钩的上升和下降等。由电动机原理可知，三相异步电动机的三相电源进线中任意两相对调，电动机即可反向运转。实际运用中，通过两个接触器改变定子绕组相序来实现正/反转，其电路如图 2.16 所示。

在主电路中［图 2.16（a）］，采用两个接触器，即正转用接触器 KM1 和反转用接触器 KM2，当接触器 KM1 的主触点闭合，三相电源的相序按 L1、L2、L3 接入电动机，电动机正转；而当 KM2 的主触点闭合时，三相电源按 L3、L2、L1 接入电动机，电动机反转。

由主电路可知，若 KM1 和 KM2 的主触点同时闭合，将造成短路故障，如图 2.16 中虚线所示，图 2.16（b）中当误操作同时按下 SB2 和 SB3 时，会造成短路故障。因此，要使电路安全可靠地工作，最多只允许一个接触器工作，要实现这种控制要求，在正/反向间要有一种联锁关系。通常采用图 2.16（c）所示的电路，将其中一个接触器的常闭触点串入另一个接触器线圈电路中，则任一接触器线圈先得电后，即使按下相反方向按钮，另一个接触器也无法得电，这种联锁通常称为互锁，即两者存在相互制约的关系。而把 KM1、KM2 的常闭触点称为互锁触点。由 KM1、KM2 常闭触点实现的互锁称为"电气互锁"。

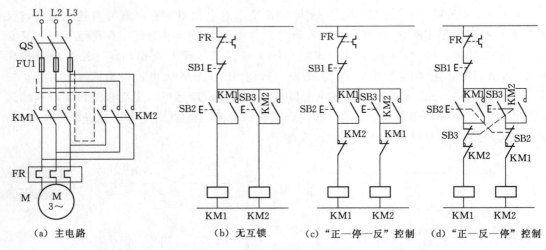

图 2.16 正/反向工作的控制电路

图 2.16（c）所示的控制电路中，若按正向按钮 SB2，KM1 线圈得电，电动机正转。要使电动机反转，必须按下停止按钮 SB1 后，再按反转启动按钮 SB3，电动机方可反转，这个电路称为"正—停—反"控制。显然这种电路的缺点是操作不方便。

图 2.16（d）所示的控制电路中，正/反向启动按钮 SB2、SB3 采用复合按钮。直接按反向按钮就能使电动机反向工作。这个电路称为"正—反—停"控制。

该电路由复合按钮 SB2、SB3 常闭触点实现的互锁称为"机械互锁"。

2.3.1.3 多地控制电路

有些生产设备和机械，由于种种原因，常要在两地或两个以上的地点进行操作，如 X62W 型万能铣床在操作台的正面及侧面均能对铣床的工作状态进行操作控制。

要在两地进行控制，就应该有两组按钮，而且这两组按钮的连接原则必须是：常开按钮要并联，常闭按钮要串联。图 2.17 所示为实现两地控制的电路图。这一原则同样适用于三地或多地控制。

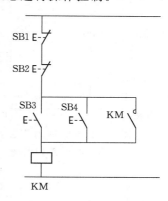

图 2.17 实现两地控制电路

2.3.1.4 顺序控制

在多机拖动系统中，各电动机所起的作用是不同的，有时需按一定的顺序启动，才能保证操作过程的合理性和工作的安全可靠。

例如，在图 2.18 中，机床中要求 M1 先启动后 M2 才允许启动。将控制电动机 M1 的接触器 KM1 的常开触点串入控制电动机 M2 的接触器 KM2 的线圈电路中，可实现按顺序工作的联锁要求。

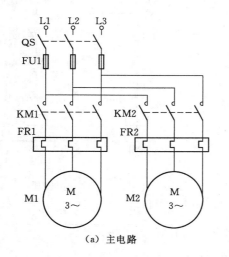
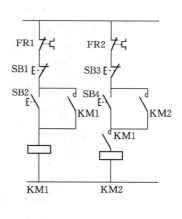

（a）主电路　　　　　　　　　　　（b）控制电路

图 2.18 按顺序工作时的控制电路

图 2.19 所示为采用时间继电器，按时间顺序启动的控制线路。主电路与图 2.14 主电路相同，电路要求 M1 启动 50s 后，M2 自动启动。可利用时间继电器的延时闭合常开触点来实现。按启动按钮 SB2，KM1 线圈得电并自锁，电动机 M1 启动，同时 KT 线圈得电。定时 50s 到，时间继电器延时闭合的常开触点 KT 闭合，接触器 KM2 线圈得电并自锁，电动机 M2 启动，同时 KM2 常闭触点断开，切断 KT 线圈的电源。

2.3.1.5 循环控制

有些生产机械，如龙门刨床、导轨磨床等，要求工作台在一定距离内能自动往复，不断循环，以使工件能连续加工，其控制电路如图 2.20 所示。

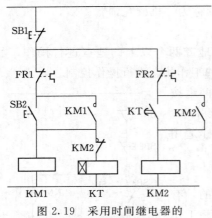

图 2.19　采用时间继电器的
顺序启动控制电路

电路工作过程是：合上 QS，按下 SB2，KM1 线圈得电并自锁，电动机 M 正转，通过机械传动装置拖动工作台向左移动，当工作台运动到一定位置时，挡铁碰撞行程开关 SQ1，使其常闭触点断开，KM1 线圈失电，主触点复位（开），电动机停，自锁触点复位（开）。随后 SQ1 常开触点闭合，KM2 线圈得电并自锁，电动机反转，拖动工作台向右移动，行程开关 SQ1 复位，为下次正转做准备。由于 KM2 已自锁，电动机继续拖动工作台向右移动，当工作台向右移动到一定位置时，另一个挡铁碰撞 SQ2，SQ2 常闭触点断开，使 KM2 线圈失电，KM2 主触点复位（开），电动机停，KM2

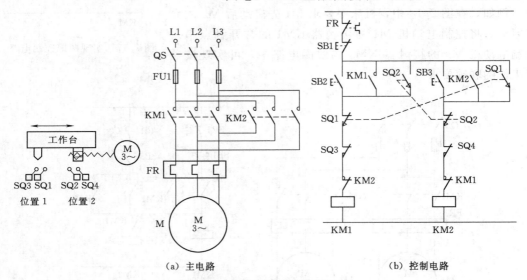

（a）主电路　　　　　　　　　　　　　　　（b）控制电路

图 2.20　自动循环往复控制电路

自锁触点复位（开）。随后 SQ2 常开触点闭合，使 KM1 再次得电，电动机又开始正转。如此往复循环，使工作台在预定的行程内自动往复移动。

图 2.21 中 SQ3、SQ4 分别为左、右超极限限位保护用的行程开关。

2.3.2　三相异步电动机的降压启停控制电路

较大容量（大于 10kW）的电动机直接启动时，其启动电流大，为 4～7 倍的额定电流。过大的启动电流，会对电网产生巨大冲击，影响同一电网中其他设备的正常工作，所以一般采用降压方式来启动。即启动时降低

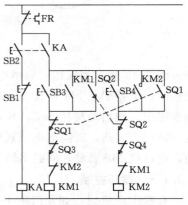

图 2.21　任意停位自动循环
往复控制电路图

加在电动机定子绕组上的电压，启动后再将电压恢复到额定值，使之全压运行。

2.3.2.1 三相笼型异步电动机星形—三角形（Y—△）启动控制电路

正常运行时定子绕组接成三角形的笼型异步电动机，可采用 Y—△降压启动方式来限制启动电流。启动时定子绕组先连成 Y 形，接入三相交流电源，待转速接近额定转速时，将电动机定子绕组连接成△形，电动机进入正常运行状态。功率在 4kW 以上的三相笼型异步电动机定子绕组在正常工作时都接成△。对这种电动机就可采用 Y—△启动控制，如图 2.22 所示。

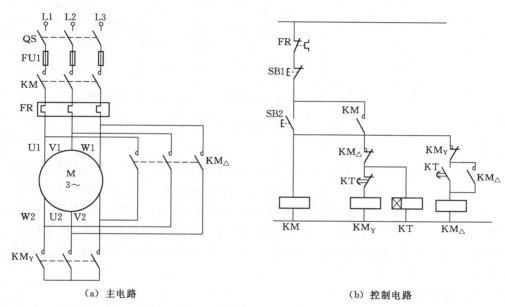

（a）主电路 （b）控制电路

图 2.22 Y—△启动控制电路

当启动电动机时，合上开关 QS，按启动按钮 SB2，接触器 KM、KM_Y、KT 线圈同时得电，KM_Y 的主触点闭合，将电动机接成星形并经过 KM 的主触点接至电源，电动机降压启动。当 KT 延时时间到，KM_Y 线圈失电，$KM_△$ 线圈得电，电动机主回路接成三角形，电动机进入正常运行。

1. 定子绕组串电阻减压启动控制

控制线路按时间原则实现控制，依靠时间继电器延时动作来控制各电气元件的先后顺序动作。控制线路如图 2.23 所示。启动时，在三相定子绕组中串入电阻 R，通过电阻上的分压作用减小了定子绕组上的电压，待电机启动后，再将电阻 R 排除，使电动机在额定电压下正常运行。

启动过程如下：合上隔离开关 QS，按下启动按钮 SB2，接触器 KM1 线圈通电，KM1 主触点闭合，定子绕组串电阻减压启动，同时时间继电器开始计时（计时时间的长短根据现场负载大小及电动机功率等实际情况确定）。当时间继电器计时时间到，触点动作，常开触点吸合，接触器 KM2 线圈得电，KM2 主触点闭合，电动机工作在全压运行状态 [图 2.23 （a）]。但该种设计在运行中存在 KM1、KM2 及 KT 线圈同时得电，造成

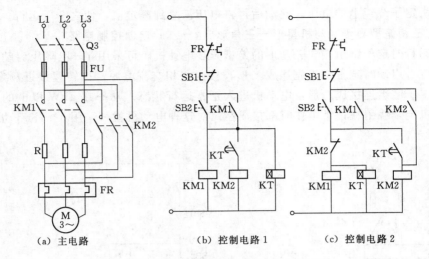

(a) 主电路　　　　　(b) 控制电路 1　　　　(c) 控制电路 2

图 2.23　定子绕组串电阻减压启动控制电路

很大的能耗。

　　对于图 2.23（b）而言，合上隔离开关 QS，按下启动按钮 SB2，接触器 KM1 线圈通电，KM1 主触点闭合，定子绕组串电阻减压启动，同时时间继电器开始计时（计时时间的长短根据现场负载大小及电动机功率等实际情况确定）。当时间继电器计时时间到，触点动作，常开触点吸合，接触器 KM2 线圈得电，KM2 主触点闭合，电动机工作在全压运行状态，同时 KM2 辅助常闭触点断开 KM1 线圈回路，电动机工作在全压运行状态，串电阻减压启动过程结束。

　　2. 自耦变压器减压启动的控制

　　启动时电动机定子串入自耦变压器，定子绕组得到的电压为自耦变压器的二次电压，启动完毕后自耦变压器被排除，额定电压加于绕组，电动机以全电压投入运行。控制线路如图 2.24 所示。读者可自己分析其过程。

　　该控制线路对电网的电流冲击小，损耗功率也小，但是自耦变压器价格较贵，主要用于启动较大容量的电动机。综合以上介绍的几种启动控制线路，均按时间原则采用时间继电器实现减压启动，这种控制方式线路工作可靠，受外界因素如负载、飞轮惯性以及电网波动的影响较小，结构比较简单，因而被广泛采用。

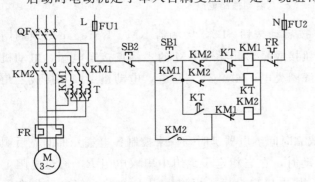

图 2.24　自耦变压器减压启动控制电路

2.3.2.2　绕线式异步电动机转子绕组串电阻启动控制电路

　　由电机原理可知，转子回路外接一定的电阻既可减小启动电流，又可以提高转子回路功率因数和启动转矩。在启动要求转矩较高的场合（如卷扬机、起重机等设备中），绕线式异步电动机得到广泛应用。

　　串接于三相转子回路中的电阻，一般都连接成星形。在启动前，启动电阻全部接入电路中，在启动过程中，启动电阻被逐级地短接切除，正常运行时所有外接启动电阻全部切除。

　　图2.25所示为时间原则控制的电路，KM1～KM3为短接转子电阻接触器，KM4为电源接触器，KT1～KT3为时间继电器。启动完毕正常运行时，线路仅KM3、KM4通电工作，其他电器全部停止工作，这样既节省电能，又能延长电器使用寿命，提高电路工作可靠性。为防止由于机械卡阻等原因使KM1～KM3不能正常工作，使得启动时带部分电阻或不带电阻，造成冲击电流过大，损坏电动机，采用KM1～KM3这3个辅助常闭触点串接于启动回路来消除这种故障的影响。

　　图2.25所示控制电路存在两个问题：一是时间继电器损坏，线路将无法实现电动机正常启动和运行；二是电阻分级切除过程中，电流及转矩突然增大，产生不必要的机械冲击。图2.25所示控制电路工作过程请读者自行分析。

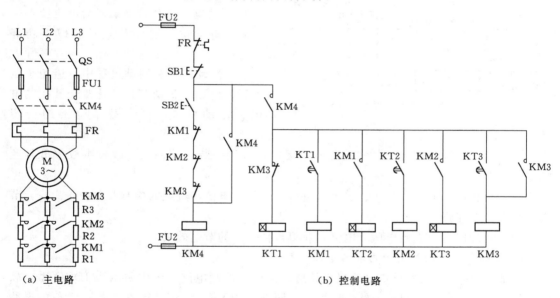

图2.25　时间原则控制绕线式异步电动机转子串电阻启动控制电路

2.3.3　软启动器及调速控制电路

1. 软启动器基本概述

　　传统的降压启动，电动机在切换过程中会产生很高的电流尖峰，产生破坏性的动态转矩，引起的机械震动对电动机转子、联轴器以及负载都是有害的，因此出现了电子启动器，即软启动器。

　　交流异步电动机软启动技术成功地解决了交流异步电动机启动时电流大、线路电压降大、电力损耗大以及对传动机械带来破坏性冲击力等问题。交流电动机软启动装置对被控电动机既能起到软启动，又能起到软制动作用。

交流电动机软启动是指电动机在启动过程中，装置输出电压按一定规律上升，被控电动机电压由起始电压平滑地升到全电压，其转速随控制电压变化而发生相应的软性变化，即由零平滑地加速至额定转速的全过程，称为交流电动机软启动。

交流电动机软制动是指电动机在制动过程中，装置输出电压按一定规律下降，被控电动机电压由全电压平滑地降到零，其转速相应地由额定值平滑地减至零的全过程。

2. 软启动器的工作原理

图 2.26 所示为软启动器原理示意图。它的功率部分由 3 对正/反向并联的晶闸管组成，利用晶闸管的移相控制原理，通过控制晶闸管的导通角，改变其输出电压，使加在电动机上的电压按某一规律慢慢达到全电压。由于软启动器为电子调压，并对电流进行检测，因此还具有对电动机和软启动器本身的热保护，限制转矩和电流冲击，三相电源不平衡、缺相、断相等保护功能，可实时检测并显示如电流、电压、功率因数等参数。

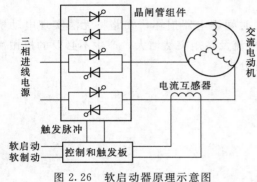

图 2.26 软启动器原理示意图

3. 交流电动机软启动装置的功能特点

交流电动机软启动装置具有以下功能特点。

（1）启动过程和制动过程中，避免了运行电压、电流的急剧变化，有益于被控制电动机和传动机械，更有益于电网的稳定运行。

（2）启动和制动过程中，实施晶闸管无触点控制，装置使用长，故障事故率低且免检修。

（3）集相序、缺相、过热、启动过电流、运行过电流和过载的检测及保护于一身，节电、安全、功能强。

（4）实现以最小起始电压（电流）获得最佳转矩的节电效果。

4. 三相异步电动机用软启动器启动控制电路

图 2.27 所示为三相异步电动机用软启动器启动控制电路。图中所示为 JDRQ 系列软启动器，其中 L1、L2、L3 为软启动器主电源进线端子，U、V、W 为连接电动机的出线端子。当相对应端子短接时，将软启动器内部晶闸管短接，但此时软启动器内部的电流检测环节仍起作用，即此时软启动器对电动机保护功能仍起作用。

RL1、RL2 和 RL3 为输出继电器接点。RL1 为软启动器上升到顶部输出继电器接点，当软启动器完成启动过程后，RL1 闭合，输出信号控制旁路接触器 KM2，正常启动后直接给电动机供电；RL2 为运行继电器接点，软启动器正常运行时闭合，当启动结束后，由 KM1 的辅助接点闭合，提供信号；RL3 设置为过热动作继电器接点，当软启动器因过载发热时断开，停止软启动器工作。软启动器还有故障继电器接点、斜坡下降按钮、故障复位按钮等没有在图中表示出来。

图 2.27 中，当开关 QS 合上，按下启动按钮 SB0，则 K1 触点闭合，KM1 线圈得电，使其主触点闭合，主电源加入软启动器。电动机按设定的启动方式启动，当启动完成后，

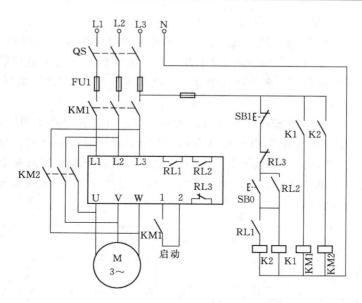

图 2.27 三相异步电动机用软启动器启动控制电路

内部继电器 RL2 常开触点闭合，KM2 接触器线圈得电，主触点闭合，电动机运转由旁路接触器 KM2 触点供电，同时将软启动器内部的功率晶闸管短接，电动机通过接触器由电网直接供电。但此时过载、过流等保护仍起作用，RL3 相当于保护继电器的触点。若发生过载、过流，则切断接触器 KM1 电源，软启动器进线电源切除。因此，电动机不需要额外增加过载保护电路。正常停车时，按停车按钮 SB1，停止指令使 RL2 触点断开，旁路接触器 KM2 跳闸，使电动机软停车，软停车结束后，RL1 触点断开。

由于带有旁路接触器，该电路有以下优点：在电动机运行时可以避免软启动器产生的谐波；软启动器仅在启动和停车时工作，可以避免长期运行使晶闸管发热，延长了使用寿命。

2.3.4 异步电动机的制动控制电路

交流异步电动机定子绕组脱离电源后，由于系统惯性作用，转子需经一段时间才能停止转动，这往往不能满足某些机械的工艺要求，也影响生产效率的提高，并造成运动部件停位不准、工作不安全，因此应对拖动电动机采取有效的制动措施。制动控制的方法一般有两大类，即机械制动和电气制动。机械制动比较简单，下面主要介绍电气制动。

1. 反接制动电路

反接制动是利用改变电动机电源的相序，使定子绕组产生相反方向的旋转磁场，因而产生制动转矩的一种方法。

上述制动过程中，当制动到转子转速接近零时，如不及时切断电源，则电动机将会反向旋转。为此，必须在反接制动中采取一定的措施，保证当电动机的转速被制动到接近零值时迅速切断电源，防止反向旋转。在一般的反接制动控制线路中常用速度继电器来检测电动机的速度变化。在转速在 120～3000r/mim 范围内时，速度继电器触点动作，当速度低于 100r/min 时，其触点恢复原位。

（1）单向运行反接制动控制电路。图 2.28 所示为单向反接制动控制电路。启动时，按下启动按钮 SB2，接触器 KM1 线圈得电并自锁，电动机接通电源直接启动。在电动机正常运转时，速度继电器 KS 常开触点闭合，为制动做准备。因 KM1 常闭触点已经断开，这时 KM2 线圈不会得电。

停车时，按下停止按钮 SB1 到底，其常闭触点先断开，接触器 KM1 线圈失电，电动机脱离电源。同时 KM1 常闭触点复位（合），当 SB1 常开触点闭合时，反接制动接触器 KM2 线圈得电并自锁，其主触点闭合，电动机便串入限流电阻进行反接制动。当电动机转速低于速度继电器动作值时，速度继电器常开触点复位（开），接触器 KM2 线圈失电，KM2 触点复位，制动结束。

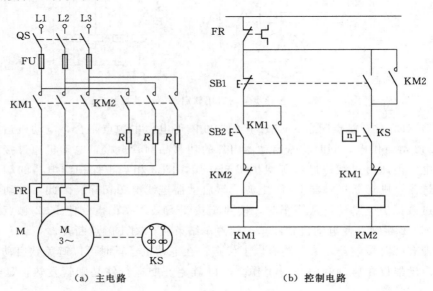

（a）主电路　　　　　　　　（b）控制电路

图 2.28　单向反接制动控制电路

反接制动时，旋转磁场与转子的相对速度很高，感应电动势很大，所以转子电流比直接启动时的电流还大。反接制动电流一般为电动机额定电流的 10 倍左右，故在电路中串联电阻 R 以限制反接制动电流。一般制动电阻采用对称接法，即三相分别串接相同的制动电阻。

（2）双向启动反接制动控制电路。图 2.29 所示为双向启动反接制动控制电路。图中 R 既是反接制动电阻，又起限流作用。KS1 和 KS2 分别为速度继电器 KS 的正转和反转常开触点。

按下正转启动按钮 SB2，中间继电器 KA3 得电并自锁，其常闭触点断开，KA4 线圈不能得电，KA3 常开触点闭合，KM1 线圈得电，KM1 主触点闭合，电动机串电阻降压启动。当电动机转速达到一定值时，KS1 闭合，KA1 得电自锁。这时由于 KA1、KA3 的常开触点闭合，KM3 得电，KM3 主触点闭合，电阻 R 被短接，定子绕组直接加额定电压，在电动机正常运转过程中，若按停止按钮 SB1，则 KA3、KM1、KM3 的线圈相继失

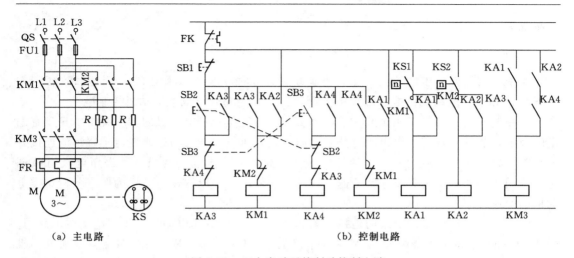

(a) 主电路	(b) 控制电路

图 2.29 双向启动反接制动控制电路

电，由于惯性，这时 KS1 仍处于闭合状态（尚未复位），KA1 线圈仍处于得电状态，所以在 KM1 常闭触点复位后，KM2 线圈便得电，其常开触点闭合，使定子绕组经电阻 R 获得反相序三相交流电源，对电动机进行反接制动，电动机转速迅速下降。当电动机转速低于速度继电器动作值时，速度继电器常开触点复位，KA1 线圈失电，KM2 释放，反接制动结束。

2. 能耗制动控制电路

能耗制动就是在电动机脱离三相电源后，在定子绕组上加一个直流电压，即通入直流电流，利用转子感应电流受静止磁场的作用以达到制动的目的。当速度降至零时，再切除直流电源。图 2.30 所示是以时间原则控制的单向能耗制动电路

设电动机正常运行，若按下停止按钮 SB1，KM1 线圈失电释放，电动机脱离三相电源，KM2 线圈得电自锁，KT 同时得电，KM2 主触点闭合，直流电源加入定子绕组，电动机进入能耗制动。当电动机速度接近于零时，时间继电器延时打开的常闭触点断开，KM2 线圈失电，KM2 常开辅助触点复位（开），KT 失电，电动机能耗制动结束。图中 KT 的瞬时常开触点的作用是当出现 KT 断线或机械卡住故障时，即使按下 SB1 后，接触器 KM2

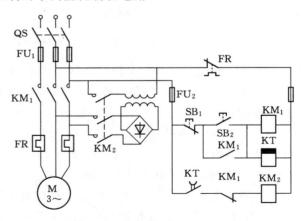

图 2.30 以时间原则控制的单向能耗制动电路

不能自锁长期得电，避免了出现电动机定子绕组中长期流过直流电流的现象。

2.3.5 异步电动机的调速控制电路

由电动机原理可知，三相异步电动机的转子的转速 n 与电网电压频率 f_1、定子的磁

极对数 P 及转差率 S 的关系为

$$n = (1-S)n_1 = (1-S)60\frac{f_1}{P} \tag{2.1}$$

对于三相笼型异步电动机而言，调速方法有 3 种：改变磁极对数 P 调速、改变转差率 S 调速和改变电动机供电电源频率 f 调速。这里主要介绍双速电动机控制电路。

变极调速仅适用于三相笼型异步电动机。因为笼型异步电动机的转子绕组本身没有固定的极数，能够随着定子绕组的极数变化而变化，所以一般可通过改变定子绕组的连接方式来改变磁极对数，从而实现对转速的调节。笼型异步电动机变极调速属于电气有级调速，常用的多速电动机有双速、三速、四速电动机，下面以双速电动机为例来分析这类电动机的变速控制。

（1）双速电动机定子绕组的连接。图 2.31 是 4/2 极双速电动机定子线组接线示意图。图 2.31（a）中将定子绕组 U1、V1、W1 接电源，U3、V3、W3 接线端悬空，则电动机定子绕组接成三角形，此时电动机磁极为 4 极（二对磁极对数），形成低速运行。每相绕组中的两个线圈串联，电流参考方向如图 2.31（a）中箭头所示。

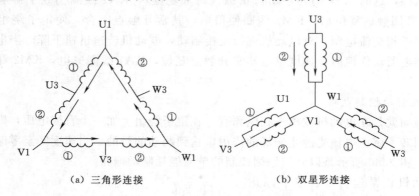

(a) 三角形连接　　　　　　　　(b) 双星形连接

图 2.31　4/2 极双速电动机定子绕组接线示意图

由原来 4 极电动机改为 2 极电动机，如电源频率为 50Hz，则同步转速由 1500r/min 变为 3000r/nim。注意：电动机从低速转为高速时，为保证电动机旋转方向不变，应把电源相序改变。

图 2.31（b）中将接线端 U1、V1、W1 连在一起，U3、V3、W3 接电源，则电动机定子绕组接成双星形，此时电动机磁极为 2 极（一对磁极对数），形成高速运行。每相绕组中的两个线圈并联，电流参考方向如图 2.31（b）中箭头所示。

（2）双速电动机控制电路。双速电动机调速控制电路如图 2.32 所示。图中接触器 KM1 工作时，电动机为低速运行；KM2、KM3 工作时，电动机为高速运行，注意变换后相序已改变。SB2、SB3 分别为低速和高速启动按钮，按低速按钮 SB2，接触器 KM1 得电自锁，电动机接成三角形，低速运转；若按高速启动按钮 SB3，KM1 线圈得电自锁，KT 线圈得电自锁，电动机先低速运转，当 KT 延时时间到，KT 常闭触点断开，KM1 线圈失电，然后接触器 KM2、KM3 得电自锁，KM3 得电使时间继电器 KT 线圈断电，故自动切换使 KM2、KM3 工作，电动机高速运转，这样先低速后高速的控制，目的是限制

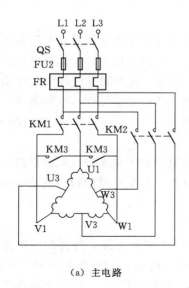

（a）主电路

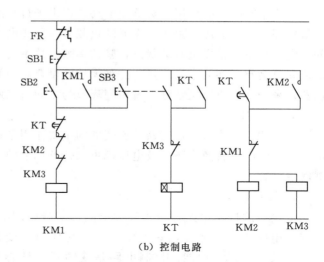

（b）控制电路

图 2.32 双速电动机调速控制电路

启动电流。

2.3.6 变频器及调速控制电路

交流变频器是微计算机及现代电力电子技术高度发展的结果。微计算机是变频器的核心，电力电子器件构成了变频器的主电路。现代工业控制中，由于变频调速的性价比高，工作可靠性高，因此变频器的应用越来越广泛。

2.3.6.1 变频调速的基本概念

由式（2.1）可知，改变电源频率 f_1 可改变电动机的转速。异步电动机采用变频进行调速控制时，为了避免电动机磁饱和，要控制电动机磁通，同时抑制启动电流，这就需要根据电动机的特性对供电电压、电流、频率进行适当的控制，使电动机产生必需的转矩。

2.3.6.2 变频器的基本结构

从频率变换的形式来说，变频器分为交—交和交—直—交两种形式。交—交变频器可将工频交流电直接变换成频率、电压均可控制的交流电，称为直接式变频器。而交—直—交变频器则是先把工频交流电通过整流变成直流电，然后再把直流电变换成频率、电压均可控制的交流电，又称间接式变频器。市售通用变频器多是交—直—交变频器，其基本结构如图 2.33 所示，由主回路（包括整流器、中间直流环节、逆变器）和控制回路组成，现将各部分的功能分述如下。

1. 整流器

电网侧的变流器是整流器，它的作用是把三相（也可以是单相）交流电整流成直流电。

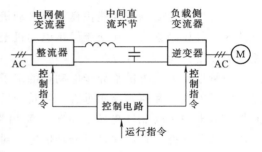

图 2.33 交—直—交变频器的基本结构

2. 直流中间电路

直流中间电路的作用是对整流电路的输出进行平滑，以保证逆变电路及控制电源得到质量较高的直流电源。由于逆变器的负载多为异步电动机，属于感性负载，无论是电动机处于电动状态还是发电制动状态，其功率因数总不会为 1。因此，在中间直流环节和电动机之间总会有无功功率的变换。这种无功能量要靠中间直流环节的储能元件（电容器或电抗器）来缓冲，所以又常称直流中间环节为中间直流储能环节。

3. 逆变器

负载侧的变流器为逆变器。逆变器的主要作用是在控制电路的控制下将直流平滑输出电路的直流电源转换为频率及电压都可以任意调节的交流电源。逆变电路的输出就是变频器的输出。

4. 控制电路

变频器的控制电路包括主控制电路、信号检测电路、门极驱动电路、外部接口电路及保护电路等几个部分，其主要任务是完成对逆变器的开关控制、对整流器的电压控制及完成各种保护功能。控制电路是变频器的核心部分，性能的优劣决定了变频器的性能。

2.3.6.3　变频器的分类及工作原理

变频器工作原理与变频器的工作方式有关，通用变频器按工作方式分类如下。

1. V/F 控制

V/F 控制即电压与频率成比例变化的控制。由于变频器的主要负载是异步电动机，改变频率，电动机内部阻抗也改变。仅改变频率，将会产生由弱励磁引起的转矩不足或由过励磁引起的磁饱和现象，使电动机功率因数和效率显著下降。为了使电动机的磁通保持一定，在较广泛的范围内调速运转时，电动机的功率因数和效率不下降，这就是控制电压与频率之比，所以称为 V/F 控制。采用这种方式控制的变频器通常称为普通功能变频器。

2. 转差频率控制

转差频率控制是在 E/F 控制基础上增加转差控制的一种控制方式。从电机的转速角度看，这是一种以电机的实际运行速度加上该速度下电机的转差频率确定变频器的输出频率的控制方式。更重要的是，在 E/F＝常数条件下，通过对转差频率的控制，可以实现对电机转矩的控制。采用转差频率控制的变频器通常属于多功能型变频器。

3. 矢量控制

矢量控制是受调速性能优良直流电动机磁场电流及转矩电枢电流可分别控制的启发而设计的一种控制方式。在交流异步电动机上实现该控制方法，并且达到与直流电动机具有相同的控制性能。

矢量控制方式将供给异步电动机的定子电流从理论上分成两部分：产生磁场的电流分量（磁场电流）和与磁场相垂直产生转矩的电流分量（转矩电流）。该磁场电流、转矩电流与直流电动机的磁场电流、电枢电流相当。在直流电机中，利用整流子和电刷机械换向，使两者保持垂直，并且可分别供电。对异步电动机来说，其定子电流在电动机内部，利用电磁感应作用，可在电气上分解为磁场电流和垂直的转矩电流。

采用矢量控制的变频器通常称为高功能变频器。目前采用这种控制方式的变频器已广泛用于生产实际中。

2.3.6.4　变频器的操作方式及使用

变频器和 PLC 一样，也是一个可编程的电气设备。在变频器接入电路工作前，要根据变频器的实际应用修订变频器的功能码。功能码一般有数十条甚至上百条，涉及调速操作端口指令、频率变化范围、力矩控制、系统保护等。功能码在出厂时按默认值存储。修订是为了使变频器的性能与实际工作更加匹配。用户通过操作器对变频器进行设定及运行方式的控制。通用变频器的操作方式一般有 3 种，即数字操作器、远程操作器和端子操作方式。变频器的操作指令可以由此 3 处发出。

1. 数字操作器和数字显示器

新型变频器几乎均采用数字控制，使数字操作器可以对变频器进行设定操作。如设定电动机的运行频率、运转方式、V/F 类型、加减速时间等。数字操作器有若干个操作键，不同厂商生产的变频器的操作器有很大区别，但 4 个按键是不可少的，即运行键、停止键、上升键和下降键。运行键控制电动机的启动，停止键控制电动机的停止，上升键或下降键可以检索设定功能及改变功能的设定值。数字操作器作为人机对话接口，使得变频器参数设定与显示直观清晰，操作简单方便。

在数字操作器上通常配有 6 位或 4 位数字显示器，它可以显示变频器的功能代码及各功能代码的设定值。在变频器运行前显示变频的设定值，在运行过程中显示电动机的某一参数的运行状态，如电流、频率、转速等。

2. 远程操作器

远程操作器是一个独立的操作单元，它利用计算机的串行通信功能，不仅可以完成数字操作器所具有的操作功能，而且可以实现数字操作器不能实现的一些功能，特别是在系统调试时，利用远程操作器可以对各种参数进行监视和调整，比数字操作器功能强，而且更方便。

变频器的日益普及，使用场地相对分散，远距离集中控制是变频器应用的趋势，现在的变频器一般都具有标准的通信接口，用户可以利用通信接口在远处如中央控制室对变频器进行集中控制，如参数设定、启动/停止控制、速度设定和状态读取等。

3. 端子操作

变频器的端子包括电源接线端子和控制端子两大类。电源接线端子包括三相电源输入端子、三相电源输出端子；直流侧外接制动电阻用端子以及接地端子。控制端子包括频率指令模拟设定端子，运行控制操作输入端子、报警端子、监视端子。

2.3.6.5　SIEMENS 公司的 Micro Master 交流变频器

Micro Master 交流变频器是用于交流变速传动的电压源型变频器。包括各种选件，它能驱动交流电动机的功率在 37kW 以下。该种变频器为微处理器控制，采用特殊的脉宽调制方法和可选择的脉冲频率，使电动机静音运行。

图 2.34 所示为变频器实验线路。此变频器共有 20 多个控制端子，分为 4 类，即输入控制信号端子、频率模拟设定输入端子、监视信号端子和通信端子。

DIN1～DIN5 为数字输入端子，一般用于变频器外部控制，其具体功能由相应设置决

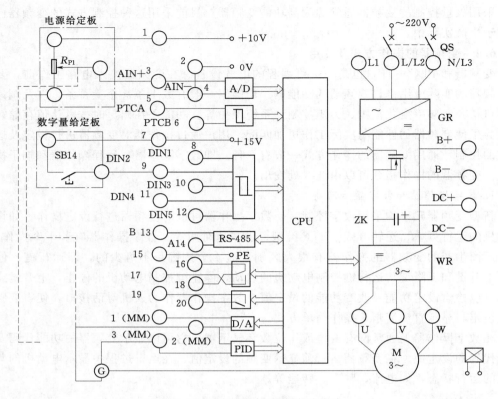

图 2.34　变频器闭环控制实验线路

定。例如，出厂时设置 DIN1 为顺时针方向运行，DIN2 为反转运行等，根据需要通过修改参数可改变功能。使用输入信号端子可以完成对电动机的正/反转控制、复位、多级速度设定、自由停车、点动等控制操作。

　　PTCA（5）、PTCB（6）端子用于电动机内置 PTC 测温保护，为 PTC 传感器输入端。

　　AIN＋、AIN－为模拟信号输入端子，分别作为频率给定信号和闭环时反馈信号输入（如图中的虚线）。变频器提供了 3 种频率模拟设定方式：外接电位器设定、0～10V 电压设定和 4～20mA 电流设定。当用电压或电流设定时，最大的电压或电流对应变频器输出频率设定的最大值。

　　13、14 为通信接口端子，是一个标准的 RS－485 接口，通过此通信接口，可以实现对变频器的远程控制，包括运行/停止及频率设定控制，也可以与端子控制进行组合完成对变频器的控制。

　　输出信号的作用是对变频器运行状态的指示或向上位机提供这些信息，端子 16、17、18、19 和 20 为继电器输出，其功能也是可编程的，如故障报警、状态指示等。1（MM）、2（MM）、3（MM）端子为反馈信号端子，为闭环控制提供反馈信号。

2.3.6.6　应用举例

　　图 2.35 所示为使用变频器实现异步电动机的可逆调速控制电路。

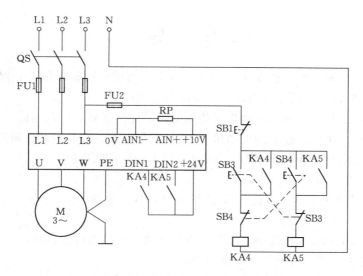

图 2.35 使用变频器的异步电动机可逆调速控制电路

根据功能要求，首先要对变频器编程并修改参数。在确保接线正确的情况下，合上主电源开关 QS，设置 P944 为 1，然后再按下 P 键，这样便保证了变频器的参数均恢复为确认值；将参数 P009 设置为 002，以便所有的参数都能被设置；设置参数 P081～P085，以便这些参数与所控电动机铭牌上的额定值一致；设置参数 P005 为所希望的频率给定值等。更详细的参数设定方法可查看变频器使用手册。

将变频器 DIN1、DIN2 端子分别设置为正转运行、反转运行功能。

在图 2.35 中，SB3、SB4 为正/反向运行控制按钮，运行频率由电位器 RP 给定。按钮 SB1 为总停止控制。

本 章 小 结

（1）电气控制中的原理图与接线图是今后经常应用的必不可少的工具，应熟悉掌握其画法及绘制原则，并能够熟练地阅读电气原理图和电气接线图。

（2）掌握基本控制电路的特点及各种电器触点间的逻辑关系。

（3）大容量电动机一般采用降压启动，掌握常用的降压启动方法，了解软启动的概念和简单使用。

（4）常用的电气制动控制电路有反接和能耗制动。反接制动时要避免反向再启动，要限制制动电流。

（5）电动机的各种控制原则，选择时不仅要根据其本身的特点，还应考虑电力拖动所提出的基本要求以及经济指标等。

（6）了解变频调速的概念和变频器的简单使用。

（7）掌握控制电路中常用的保护环节，分析控制电路时，对复杂的电路要"化整为零"，按照主电路控制电路和其他辅助电路等逐一分析，各个击破。

习　题

2.1　三相笼型异步电动机在什么条件下可全压启动？试设计带有短路、过载、失压保护的三相笼型异步电动机全压启动的主电路与控制电路。

2.2　试设计三相笼型异步电动机既能点动又能连续运转的控制电路。

2.3　试设计一个两地控制的电动机正/反转控制电路，要有过载、短路保护环节。

2.4　有两台电动机 M1 和 M2，试按以下要求设计控制电路。

（1）M1 启动后，M2 才能启动。

（2）M2 要求能用电器实现正/反转连续控制，并能单独停车。

（3）有短路、过载、欠压保护。

2.5　某机床主轴由 M1 拖动，油泵由 M2 拖动，均采用直接启动，工艺要求：

（1）主轴必须在油泵开动后，才能启动。

（2）主轴正常为正转，但为调试方便，要求能正/反向点动。

（3）主轴停止后才允许油泵停止。

（4）有短路、过载及失压保护。

试设计主电路及控制电路。

2.6　两台电动机 M1 和 M2，要求：

（1）M1 启动后，延时一段时间后 M2 再启动。

（2）M2 启动后，M1 立即停止。

试设计控制电路。

2.7　星形—三角形降压启动方法有什么特点？并说明其适用场合。

2.8　反接制动和能耗制动各有何特点？

2.9　三相笼型异步电动机调速方法有哪几种？

2.10　变频调速有哪两种控制方式？简要说明。

2.11　设计一个控制线路，要求第一台电动机启动 10s 后，第二台电动机自行启动，运行 5s 后，第一台电动机停止，同时使第三台电动机自行启动，再运行 10s，电动机全部停止。

2.12　设计一小车运行的控制电路，工艺要求：

（1）小车由原点开始前进，到终端后自动停止。

（2）在终端停留 2min 后自动返回原位停止。

（3）要求能在前进或后退途中任意位置都能停止或启动。

第3章 电气控制系统的设计

主要内容

本章主要讲述了电气控制控制的设计原则与规律。

学习要求

1. 掌握电气控制控制的设计原则与规律。

2. 掌握常见电气控制图的读图方法及基本设计方法。

电气控制系统设计包括电气原理图设计和电气工艺设计两部分。电气原理图设计是为满足生产机械及其工艺要求而进行的电气控制系统设计；电气工艺设计是为电气控制装置本身的制造、使用、运行及维修的需要而进行的生产工艺设计。前者直接决定着设备的实用性、先进性和自动化程度的高低，是电气控制系统设计的核心；后者决定着电气控制设备制造、使用、维修的可行性，直接影响电气原理图设计的性能目标和经济技术指标的实现。在熟练掌握电气控制电路基本环节和具有对一般生产机械电气控制电路的分析能力之后，应能对一般生产机械电气控制系统进行设计并能提供完善的技术资料。本章将讨论电气控制系统的设计过程和设计中的一些共性问题。

3.1 电气控制系统设计的基本原则

在现代生产的控制设备中，对机—电、液—电、气—电等设备的配合要求越来越高。虽然生产机械的种类繁多，其电气控制设备也各不相同，但电气控制系统的设计原则和设计方法基本是相同的。电气控制系统设计的基本原则就是：在最大程度满足生产设备和生产工艺对电气控制系统要求的前提下，力求运行安全、可靠、动作准确、结构简单、经济，电动机及电气元件选用合理，操作、安装、调试和维修方便。

3.1.1 电气控制系统设计要求

电气控制系统的设计是在传动形式及控制方案选择的基础上进行的，是传动形式与控制方案的具体化。其设计灵活多变，没有固定的方法和模式，即使是同一个电路的功能结构，不同人员设计出来的线路可能完全不同。因此，作为设计人员，应该随时总结经验，不断丰富和拓宽思路，才能做出最为合理的设计。一般情况下，电气控制系统的设计应满足生产机械加工工艺的要求，线路要安全可靠、操作和维护方便、设备投资少等。因此，要求控制电路的设计必须正确，并能合理地选择电气元件。一般在设计时应该满足以下要求。

1. 最大限度地实现生产机械和工艺对电气控制线路的要求

首先要对生产要求、机械设备的工作性能、结构特点和实际加工情况有充分的了解。

生产工艺要求一般是由机械设计人员提供的，实际执行时有些地方可能会有些差异，这就需要电气设计人员深入现场对同类或接近的产品进行调查、分析和综合，从而作为设计电气控制线路的依据，并在此基础上考虑控制方式、启动、反向、制动及调速的要求，设置各种联锁及保护装置。

2. 在满足生产要求的前提下力求使控制线路简单、经济

（1）尽量选用标准的、成熟的环节和线路。

（2）尽量缩短连接导线的数量和长度。设计控制线路时，应合理安排各电器的位置，考虑各个元件之间的实际接线。要注意电气柜、操作台和限位开关之间的连接线，如图 3.1 所示，仅从控制线路上分析，没有什么不同，但若考虑实际接线，图 3.1（a）就明显不合理，因为按钮在操作台上，而接触器在电气柜内，这样就需要由电气柜二次引出较长的连接线到操作台的按钮上。而图 3.1（b）的连接是将启动按钮和停止按钮直接连接，这样就可以减少一次引出线，减少布线的麻烦和导线的使用数量。特别要注意，同一电器的不同触头在线路中应尽可能具有更多的公共接线，这样可以减少导线数和缩短导线的长度。

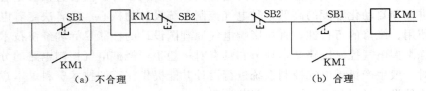

(a) 不合理　　　　　　　　　　(b) 合理

图 3.1　电器连接

（3）尽量减少电器数量，采用标准件，尽可能选用相同型号的电气元件，以减少备用量。

（4）尽量减少不必要的触头，简化控制线路以减小控制线路的故障率，提高系统工作的可靠性。为此可采用以下 4 种方法。

1）合并同类触头。如图 3.2 所示，在获得同样功能的情况下，图 3.2（b）比图 3.2（a）在电路中减少了一对触头。但是在合并触头时应注意触头对额定电流值的限制。

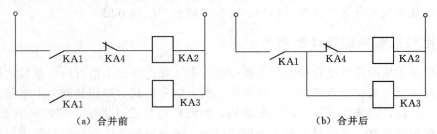

（a）合并前　　　　　　　　　　（b）合并后

图 3.2　同类触头的合并

2）利用转换触头。利用具有转换触头的中间断电器，将两触头合并成一对转换触头，如图 3.3 所示。

3）利用半导体二极管的单向导电性来有效减少触头数，如图 3.4 所示。对于弱电电气控制电路，这样做既经济又可靠。

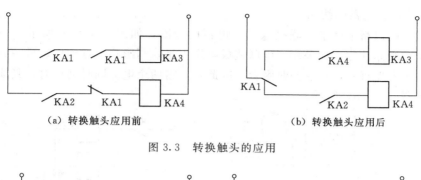

图 3.3 转换触头的应用

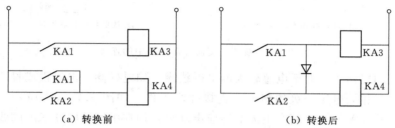

图 3.4 利用二极管的单向导电性减少触头数

4）利用逻辑代数进行化简，以便得到最简化的线路。

（5）线路在工作时，除必要的电路必须通电外，其余的尽量不通电以节约电能，并可以延长电路的使用寿命。由图 3.5（b）可知，接触器 KM2 得电后，接触器 KM1 和时间继电器 KT 就失去了作用，不必继续通电，但它们仍处于带电状态。图 3.5（c）所示线路比较合理。在 KM2 得电后，就切断了 KM1 和 KT 的电源，节约了电能，并延长了该电器的寿命。

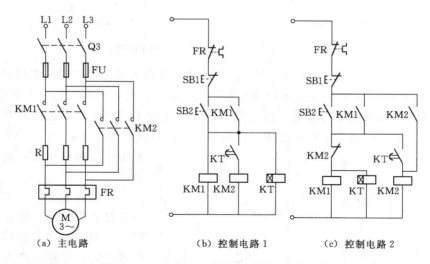

图 3.5 定子绕组串电阻减压启动控制电路

3. 保证控制线路工作的可靠性

（1）选用的电气元件要可靠，抗干扰性能好。

59

（2）正确连接电器的线圈。

在电气控制回路中严禁串联接入两个电器的线圈，如图 3.6（a）所示。一方面，因为线圈电压已经标准化，如果线圈串联造成电压不足，则影响触点动作；另一方面，造成两个线圈动作有先有后，不能同时吸合。因此，若需两个电器同时动作时，其线圈应该并联连接，如图 3.6（b）所示。

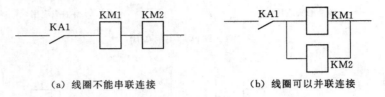

（a）线圈不能串联连接　　　　　　　（b）线圈可以并联连接

图 3.6　线圈在交流控制线路中的连接

在直流控制电路中，对于电感较大的电磁线圈，如电磁阀、电磁铁或直流电动机励磁线圈等，不宜与相同电压等级的继电器直接并联工作。如图 3.7（a）所示，当触头 KM 断开时，电磁铁 YA 线圈两端产生大的感应电动势，加在中间继电器 KA 的线圈上，造成 KA 的误动作。为此在 YA 线圈两端并联放电电阻 R，并在 KA 支路中串入 KM 常开触头，如图 3.7（b）所示，这样就能获得可靠工作。

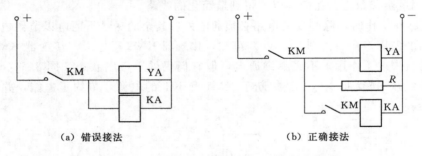

（a）错误接法　　　　　　　　　　（b）正确接法

图 3.7　大电感线圈与直流继电器线圈的连接

（3）正确连接电器的触头，设计时，应使分布在线路不同位置的同一电器触头尽量接到同一极或同一相上，以避免在电器触头上引起短路。如图 3.8（a）所示，限位开关 SQ 的常开触头与常闭触头靠得很近，而在电路中分别接在不同相上，当触头断开产生电弧时，可能在两触头间形成电弧而造成电源短路，若改接成图 3.8（b）所示的形式，因两触头电位相同，就不会造成电源短路。

在控制电路中，应尽量将所有电器的联锁触头接在线圈的左端，线圈的右端直接接电源，这样可以减少线路内产生虚假回路的可能性，还可以简化电气柜的出线。

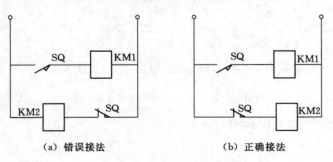

（a）错误接法　　　　　　（b）正确接法

图 3.8　正确连接电器的触头

（4）在控制线路中，采用小

容量继电器的触头来断开或接通大容量接触器的线路时，要计算继电器触头断开或接通容量是否足够，不够时必须加小容量的接触器或中间继电器；否则工作不可靠。

（5）在频繁操作的可逆线路中，正反向接触器应选加重型的接触器，同时应有电气和机械的联锁。

（6）在线路中应尽量避免许多电器依次动作才能接通另一个电器的控制线路。图 3.9（a）中的继电器 K4 需要在 K1、K2、K3 相继动作后才接通。改为图 3.9（b）所示的接线形式，每一继电器的接通只需经过一对触头，工作可靠性大大提高了。

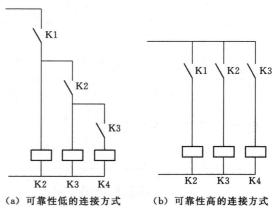

（a）可靠性低的连接方式　　（b）可靠性高的连接方式

图 3.9　触头的连接

（7）防止触头竞争现象。图 3.10（a）所示为用时间继电器的反身关闭电路。当时间继电器 KT 的常闭触头延时断开后，时间继电器 KT 线圈失电，又使经 t_s 秒延时断开的常闭触头闭合，以及经 t_1 秒瞬时动作的常开触头断开。若 $t_s > t_1$，则电路能反身关闭；若 $t_s < t_1$ 则继电器 KT 再次吸合，这种现象就是触头竞争。在此电路中，增加中间继电器 KA 便可以解决，如图 3.10（b）所示。

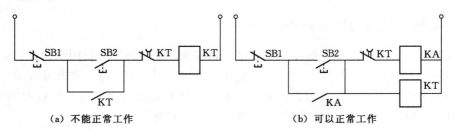

（a）不能正常工作　　　　　　　　（b）可以正常工作

图 3.10　反身自停电路

（8）设计的线路应能适应所在电网情况，如电网容量的大小、电压频率的波动范围以及允许的冲击电流数值等，据此决定电动机的启动方式是直接启动还是间接（降压）启动。

（9）防止寄生电路。控制电路在正常工作或事故情况下，发生意外接通的电路叫寄生电路。若控制电路中存在寄生电路，将破坏电器和线路的工作顺序，造成误动作。图 3.11 所示电路在正常工作时能完成正/反向启动，停止时信号指示，但当热继电器 FR 动作时，线路出现了寄生电路，如图 3.11 中虚线所示，使正向接触器 KM1 不能释放，起不了保护作用。

4. 控制线路工作的安全性

电气控制线路应具有完善的保护环节，用以保护电网、电动机、控制电器以及其他电器元件，消除不正常工作时的有害影响，避免因误操作而发生事故。在自动控制系统中，

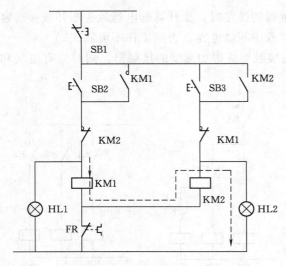

图 3.11　防止寄生电路

常用的保护环节有短路、过流、过载、过压、失压、弱磁、超限、极限等。这些内容已在第 2 章中作了介绍。

5. 保证操作、安装、调整、维修方便和安全

为了使电气设备维修方便、使用安全，电气元件应留有备用触头，必要时应留有备用电气元件，以便检修调整改接线路；应设置隔离电器，以免带电检修。控制机构应操作简单，能迅速而方便地由一种控制形式转换到另一种控制形式，如由手动控制转换到自动控制。为避免带电维修，每台设备均应装有隔离开关。根据需要可设置手动控制及点动控制，以便于调整设备。必要时可设多点控制开关，使操作者可在几个位置均能控制设备。需要注意的是，装有手动电器的控制线路和带行程开关的控制线路，一定要有零压保护环节，以避免由于断电时手动开关没扳到分断位置或行程开关恰好被压动，在恢复供电时造成意外事故。还要注意，实际上总有误操作的可能性，在控制线路中应该加入必要的联锁保护。

3.1.2　电气控制系统设计的基本内容

电气设计的基本任务是根据控制要求设计和编制出设备制造和使用维修过程中所必需的各种图纸、资料，其中包括电气系统的组件划分与元器件布置图、安装接线图、电气原理图、控制面板布置图等，编制设备清单、电气控制系统操作使用及维护说明书等资料。因此，电气控制系统设计包含原理设计与工艺设计两部分。

1. 原理设计内容

电气原理设计是整个系统设计的核心，它是工艺设计和制定其他技术资料的依据，电气控制系统原理设计内容主要包括以下部分。

(1) 拟定电气设计任务书。

(2) 确定拖动方案，选择所用电动机的型号。

(3) 确定系统的整体控制方案。

(4) 设计并绘制电气原理图。

(5) 计算主要技术参数并选择电气元件。

(6) 编写元件目录清单及设计说明书，为工程技术人员的使用提供方便。

2. 工艺设计内容

工艺设计的主要目的是便于组织电气控制系统的制造，实现原理设计要求的各项技术指标，为设备的调试、维护、使用提供必要的图样资料。工艺设计的主要内容如下。

(1) 根据设计原理图及所选用的电气元件，设计绘制电气控制系统的总装配图及总接

线图。总装配图应能反映各电动机、执行电器、各种电气元件、操作台布置、电源及检测元件的分布状况；总接线图应能反映系统中的电气元件各部分之间的接线关系与连接方式。

（2）根据原理框图和划分的组件，对总原理图进行编号，绘制各组件原理电路图，列出各部分的元件目录表，并根据总图编号统计出各组件的进出线号。

（3）根据组件原理电路及选定的元件目录表，设计组件装配图（电气元件布置与安装图）、接线图，图中应反映各电气元件的安装方式与接线方式。这些资料是组件装配和生产管理的依据。

（4）根据组件装配要求，绘制电器安装板和非标准的电器安装零件图，标明技术要求。这些图样是机械加工和外协作加工所必需的技术资料。

（5）设计电气原理图。根据组件尺寸及安装要求确定电气柜结构与外形尺寸，设置安装支架，标明安装尺寸、面板安装方式、各组件的连接方式、通风散热以及开门方式。在电气原理图设计中，应注意操作维护方便与造型美观。

（6）根据总原理图、总装配图及各组件原理图资料进行汇总，分别列出外购件清单、标准件清单以及主要材料消耗定额。这些是生产管理（如采购、调度、配料等）和成本核算所必须具备的技术资料。

（7）编写使用维护说明书。

3.1.3 电气控制系统设计步骤

根据电气设计的内容，电气控制系统设计的基本步骤如下。

（1）拟定电气控制系统设计任务书。电气控制系统设计任务书是整个电气设计的依据，任务书中除扼要说明所设计设备的型号、用途、加工工艺、动作要求、传动参数及工作条件外，还要说明以下主要技术指标及要求。

1）控制精度和生产效率的要求。

2）电气传动基本特性，如运动部件数量、用途、动作顺序、负载特性、调速指标、启动和制动方面的要求。

3）稳定性及抗干扰要求。

4）联锁条件及保护要求。

5）电源种类、电压等级。

6）目标成本及经费限额。

7）验收标准及验收方式。

8）其他要求，如设备布局、安装要求、操作台布置、照明、信号指示、报警方式等。

（2）确定拖动（传动）方案、选择电动机型号。根据零件加工精度、加工效率、生产机械的结构、运动部件的数量、运动方式、负载性质和调速等方面的要求以及投资额的大小，确定电动机的类型、数量、拖动方式，并拟定电动机的启动、运行、调速、转向、制动等控制方案。在这里，电动机的选择非常重要，选择电动机的基本原则如下。

1）电动机的机械特性应满足生产机械提出的要求，要与负载特性相适应，以保证加工过程中运行稳定，并具有一定的调速范围与良好的启动、制动性能。

2）工作过程中电动机容量能得到充分利用。

3）电动机的结构形式应满足机械设计提出的安装要求，并能适应周围环境工作条件。

4）在满足设计要求的情况下，应优先考虑采用结构简单、价格便宜、使用和维护方便的三相交流异步电动机。如果生产设备的各部分之间不需要保证一定的内在联系，则可采用多台电动机分别拖动的方式，以缩短设备的传动链，提高传动效率，简化设备结构。根据设备主要电动机的负载情况、调速范围及对启动、反向、制动的要求确定拖动形式。一般设备采用交流拖动系统，利用齿轮箱变速，为了扩大调速范围、简化设备结构，也可采用双速或多速笼型异步电动机及绕线型异步电动机。如果设备对启动、制动要求很高，需要无级调速，应该采用直流电动机调速系统或交流变频调速系统。与此同时，需要注意电动机调速的性质，应当与负载特性相适应。例如，负载需要恒功率调速时，可采用定子绕组由三角形改为双星形连接的双速电动机或直流它励电动机的调磁调速。负载需要恒转矩调速时，可选用定子绕组由星形连接改成双星形的交流双速电机或直流它励电动机调压调速。

(3) 确定控制方案。为了保证设备协调、准确动作，充分发挥其效能，在确定控制方案时，应考虑以下几点。

1）确定控制方式。根据控制设备复杂程度及生产工艺精度要求的不同，可以选择几种不同的控制方式，如继电接触控制、顺序控制、PLC 控制、计算机联网控制等。

2）满足控制线路对电源种类、工作电压、频率等方面的要求。

3）构成自动循环。画出设备工作循环简图，确定行程开关的位置。如在电液控制时要确定电磁铁和电磁阀的通断状态，列出上述电气元件与执行动作的关系表。

4）确定控制系统的工作方法。一台设备可能有不同的工作方式，如自动循环、手动调整、动作程序转换及控制系统中的检测等，需逐个予以实现。

5）妥善考虑联锁关系及电气保护。联锁关系及电气保护是保证设备运行、操作相互协调及正常执行的条件，所以在制定控制方案时，必须全面考虑设备运动规律和各动作的制约关系，完善保护措施。

(4) 画出电气控制线路原理图。

(5) 选择电气元件，制定电机和电气元件明细表。

(6) 设计电气柜、操作台、电气安装板，画出电机和电气元件的总体布置图。

(7) 绘制电气控制线路装配图及接线图。

(8) 编写设计计算说明书和使用说明书。

3.2　电气控制系统的设计方法

原理线路设计是原理设计的核心内容。在总体方案确定之后，具体设计是从电气原理图开始的，如上所述，各项设计指标是通过控制原理图来实现的，同时它又是工艺设计和编制各种技术资料的依据。电气原理图设计的基本步骤如下。

(1) 根据选定的拖动方案及控制方式设计系统的原理框图，拟订出各部分的主要技术要求和主要技术参数。

（2）根据各部分要求设计出原理框图中各个部分的具体电路。设计的步骤为主电路→控制电路→辅助电路→联锁与保护→检查、修改与完善。

（3）绘制总原理图。按系统框图结构将各部分连成一个整体。

（4）正确选用原理线路中每一个电气元件，并制订元器件目录清单。对于比较简单的控制线路，如普通机械或非标准设备的电气配套设计，可以省略前两步直接进行原理图设计和选用电气元件。但对于比较复杂的自动控制线路，生产机械或者采用微机或电子控制的专用检测与控制系统，要求有程序预选和一定的加工精度、生产效率、自动显示、各种保护、故障诊断、报警。应按上述 4 个步骤进行设计，以保证总装调试的顺利进行。电气原理设计的方法主要有分析设计法（又称经验设计法）和逻辑设计法两种，下面将分别介绍。

3.2.1 分析设计法

分析设计法指根据生产工艺的要求选择适当的基本控制环节（单元电路）或将经过检验的成熟电路按各部分的联锁条件组合起来并加以补充和修改，以综合成满足控制要求的完整线路。当找不到现成的典型环节时，可根据控制要求边分析边设计，将主令信号经过适当的组合与变换，在一定条件下得到执行元件所需的工作信号。设计过程中，要随时增减元器件和改变触头的组合方式，以满足拖动系统的工作条件和控制要求，经过反复修改得到理想的控制线路。分析设计法的特点是无固定的设计程序，设计方法简单，容易为初学者所掌握，对于具有一定工作经验的电气人员来说，也能较快地完成设计任务，因此在电气设计中被普遍采用。其缺点是设计方案不一定是最佳方案，当经验不足或考虑不周时会影响线路工作的可靠性。由于这种设计方法以熟练掌握各种电气控制线路的基本环节和具备一定的阅读分析电气控制线路的经验为基础，所以又称为经验设计法。经验设计法指根据控制任务经控制系统划分为若干控制环节，参考典型控制线路设计，然后考虑各环节之间的联锁关系，经过补充、修改、综合成完整的控制线路。以下主要介绍经验设计法的基本步骤及特点。

1. 经验设计法的基本步骤

一般的生产机械电气控制电路设计包括主电路、控制电路和辅助电路等的设计。

（1）主电路的设计。

主要考虑电动机的启动、点动、正/反转、制动及多速电动机的调速。

（2）控制电路的设计。

其主要考虑如何满足电动机的各种运转功能及生产工艺要求，包括实现加工过程自动或半自动的控制等。

（3）辅助电路的设计。

其主要考虑如何完善整个控制电路的设计，包括短路、过载、零压、联锁、照明、信号、充电测试等各种保护环节。

（4）反复审核电路是否满足设计原则。

在条件允许的情况下，进行模拟试验，直至电路动作准确无误，并逐步完善整个电气控制电路的设计。在具体的设计过程中常有两种做法。

1）根据生产机械的工艺要求，适当选用现有的典型环节。将它们有机地组合起来，并加以补充修改，综合成所需要的控制线路。

2）在找不到现成的典型环节时，可根据工艺要求自行设计电气元件和触头，以满足给定的工作条件。

2. 经验设计的基本特点

（1）这种方法易于掌握，使用很广，但一般不易获得最佳设计方案。

（2）要求设计者具有一定的实际经验，在设计过程中往往会因考虑不周发生差错，影响电路的可靠性。

（3）当线路达不到要求时，多用增加触头或电器数量的方法来加以解决，所以设计出的线路常常不是最简单、经济的。

（4）需要反复修改设计草图，设计速度较慢。

（5）一般需要进行模拟试验。

（6）设计程序不固定。

3.2.2　逻辑设计法

用经验设计法来设计继电接触式控制线路，对于同一个工艺要求往往会设计出各种不同结构的控制线路，并且较难获得最简单的线路结构。通过多年的实践和总结，工程技术人员发现，继电器控制线路中的各种输入信号和输出信号通常只有两种状态，即通电和断电。而早期的控制系统基本上是针对顺序动作而进行的设计，于是提出了逻辑设计的思想。逻辑设计法就是从系统的工艺过程出发，将控制线路中的接触器、继电器线圈的通电与断电，触头的闭合与断开，以及主令元件的接通与断开等看成逻辑变量，并将这些逻辑变量关系表示为逻辑函数关系式，再运用逻辑函数基本公式和运算规律对逻辑函数式进行化简，然后按化简后的逻辑函数式画出相应的电路结构图，使之成为"与""或""非"的最简关系式，根据最简式画出相应的电路结构图，最后再做进一步的检查和完善，得到所需的控制线路。

1. 继电接触式控制线路中逻辑变量的处理

一般在控制线路中，电器的线圈或触头的工作存在着两个物理状态。对于接触器、继电器的线圈是通电与断电；对于触头是闭合与断开。在继电接触式控制线路中，每一个接触器或继电器的线圈、触头以及控制按钮的触头都相当于一个逻辑变量，它们都具有两个对立的物理状态，故可采用"逻辑 0"和"逻辑 1"来表示。任何一个逻辑问题中，"0"状态和"1"状态所代表的意义必须做出明确的规定，在继电接触式控制线路逻辑设计中规定如下。

（1）对于继电器、接触器、电磁铁、电磁阀、电磁离合器等元件的线圈，通常规定通电为"1"状态，失电则规定为"0"状态。

（2）对于按钮、行程开关元件，规定压下时为"1"状态，复位时为"0"状态。

（3）对于元件的触头，规定触头闭合状态为"1"状态，触头断开状态为"0"状态。分析继电器、接触器控制电路时，元件状态常以线圈通电或断电来判定。该元件线圈通电时，其本身的常开触头（动合触头）闭合，而其本身的常闭触头（动断触头）断开。因此，为了清楚地反映元件状态，元件的线圈和其常开触头的状态用同一字符来表示，而其常闭触头的状态用该字符的"非"来表示。例如，对于接触器 KM1 来说，其常开触头的状态用 KM1 表示，其常闭触头的状态用则用 KM1 表示。

2. 继电接触式控制线路中的基本逻辑运算

继电接触式控制线路中的基本逻辑运算可以概括为 3 种，即与、或、非。下面对这 3 种基本逻辑运算做详细分析。

(1) 继电接触式控制线路中的逻辑"与"如图 3.12 所示，用逻辑"与"来解释，只有当 K1 和 K2 两个触头全部闭合即都为"1"态时，接触器线圈 KM 才能通电为"1"态。如果 K1 和 K2 两个触头中有其中任一个触头断开，则线圈 KM 就断电。所以电路中触头串联形式是逻辑"与"的关系。逻辑"与"的逻辑函数式为

$$f(KM) = K_1 \cdot K_2 \qquad (3.1)$$

式 (3.1) 中，K_1 和 K_2 均称为逻辑输入变量（自变量），而 $f(KM)$ 称为逻辑输出变量。

(2) 逻辑"或"。

如图 3.13 所示，用逻辑"或"来解释，当触头 K1 和 K2 任意一个闭合时，则线圈 KM 通电即为"1"态，只有当触头 K1 和 K2 都断开时，线圈 KM 断电即为"0"态。逻辑"或"的逻辑函数式为

$$f(KM) = K_1 + K_2 \qquad (3.2)$$

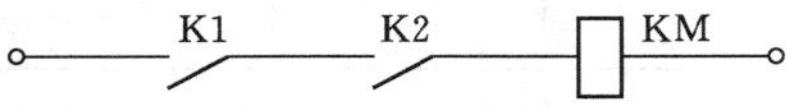

图 3.12 逻辑"与"电路 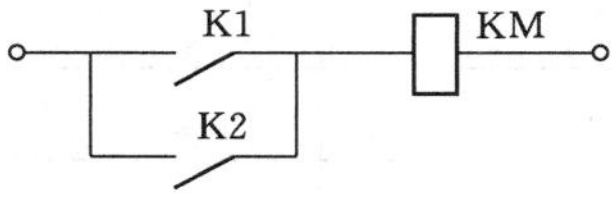　　　　图 3.13 逻辑"或"电路

(3) 逻辑"非"。

逻辑"非"也称逻辑"求反"。图 3.14 表示元件状态 KA 的常闭触点 KA 与触发器 KM 线圈状态的控制是逻辑非关系。其逻辑函数式为

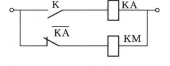

图 3.14 逻辑"非"电路

$$f(KM) = \overline{KA} \qquad (3.3)$$

当开关 K 合上，常闭触点 KA 的状态为"0"，则 KM＝0，线圈不通电，KM 为"0"状态；当 K 打开，KA＝1，则 KM＝1，线圈通电，接触器闭合，KM 为"1"状态。在任何控制线路中，控制对象与控制条件之间都可以用逻辑函数式来表达，所以逻辑法不仅用于线路设计，也可以用于线路简化和读图分析。

3. 逻辑设计法的一般步骤

(1) 按工艺要求作出工作循环图。

(2) 按工作循环图画出主令元件、检测元件和执行元件等的状态波形图。

(3) 根据状态波形图，列写执行元件（输出元件）的逻辑函数式。

(4) 根据逻辑函数式画出电路结构图。

(5) 进一步检查、化简和完善电路，增加必要的联锁、保护等辅助环节。

4. 逻辑电路的设计方法

逻辑电路的设计有组合逻辑电路设计和时序逻辑电路设计两种方法。下面分别介绍这两种设计方法。

（1）组合逻辑电路的设计。

组合逻辑电路是指执行元件的输出状态只与同一时刻控制元件的状态有关，输入、输出成单方向关系，即只能由输入量影响输出量，而输出量对输入量无影响。以下以冲床的控制过程为例来说明如何进行组合逻辑电路的设计。

1）冲床的控制要求。

为了保护冲床操作者的人身安全，采用在两地有两个人同时控制才能启动冲床的方案，如图 3.15 所示。线路中使用 3 个按钮，分别为 SB1、SB2、SB3，控制冲床电机的接触器线圈为 KM，同时按下 SB1、SB2 或同时按下 SB2、SB3 时，KM 接通，其余情况下 KM 均不通电。

2）组合逻辑电路的设计步骤。

a. 根据功能与要求列出元件状态表，见表 3.1。

表 3.1　　　　　　　　　　　　冲 床 的 元 件 状 态 表

SB1	SB2	SB3	$f_{(KM)}$
0	0	0	0
1	0	0	0
0	1	0	0
0	0	1	0
1	1	0	1
0	1	1	1
1	0	1	0
1	1	1	0

b. 列出逻辑变量和输出变量的逻辑代数式并化简为

$$f(KM) = SB1\,SB2\,\overline{SB3} + \overline{SB1}\,SB2\,SB3 = SB2(SB1\,\overline{SB3} + \overline{SB1}\,SB3) \tag{3.4}$$

c. 根据逻辑代数式绘制控制电路，如图 3.15 所示。

d. 检查、完善所设计的线路。主要检查是否存在寄生电路及触点竞争，然后绘制主电路并加入必要的保护环节。尽管逻辑设计法较复杂，但其化简电路的过程容易实现。例如，要求化简图 3.16（a）所示的控制电路，先列出图 3.16（a）所示电路的逻辑代数式为

$$f(KM) = (AB + BC)(A\,\overline{B} + B\,\overline{C} + \overline{A}C) + AB\,\overline{C} \tag{3.5}$$

然后根据逻辑代数基本运算法则化简上面的代数式为

$$f(KM) = AB\,\overline{C} + \overline{A}BC = B(A\,\overline{C} + \overline{A}C) \tag{3.6}$$

化简后的控制电路如图 3.16（b）所示。

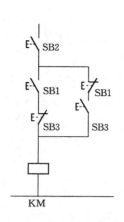

图 3.15　冲床的控制电路

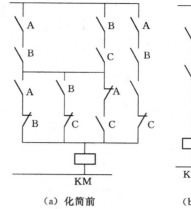

(a) 化简前　　　　(b) 化简后

图 3.16　化简控制电路

组合逻辑设计方法简单，所以作为经验设计法的辅助和补充，用于简单控制电路的设计或对某些局部电路进行简化。

（2）时序逻辑电路的设计。

时序逻辑电路的特点是输出状态不仅与同一时刻的输入状态有关，而且还与输出量的原有状态及其组合顺序有关，即输出量通过反馈作用，对输入状态产生影响。这种逻辑电路设计要设置中间记忆元件（如中间继电器等）记忆输入信号的变化，以达到各程序两两区分的目的。其设计过程比较复杂，基本步骤如下。

1）根据拖动要求，先设计主电路，明确各电动机及执行元件的控制要求，并选择产生控制信号（包括主令信号与检测信号）的主令元件（如按钮、控制开关、主令控制器等）和检测元件（如行程开关、压力继电器、速度继电器、过电流继电器等）。

2）根据工艺要求作出工作循环图，并列出主令元件、检测元件及执行元件的状态表，写出各状态的特征码（一个以二进制数表示一组状态的代码）。

3）为区分所有状态（重复特征码）而增设必要的中间记忆元件（中间继电器）。

4）根据已区分的各种状态的特征码，写出各执行元件（输出）与中间继电器、主令元件及检测元件（逻辑变量）间的逻辑关系式。

5）化简逻辑式，据此绘出相应控制线路。

6）检查并完善设计线路。由于这种设计方法难度较大，整个设计过程较复杂，还要涉及一些新概念，因此，在一般常规设计中，很少单独采用。采用逻辑设计法能获得理想、经济的方案，所需元件数量少，各电气元件都能充分发挥作用，当给定条件变化时，能找出电路变化的内在规律，尤其在复杂电路的设计中更能显示其优越性。

习　　题

3.1　将图 3.17 中的线路进行简化。

3.2　电路如图 3.18 所示，回答下列问题。

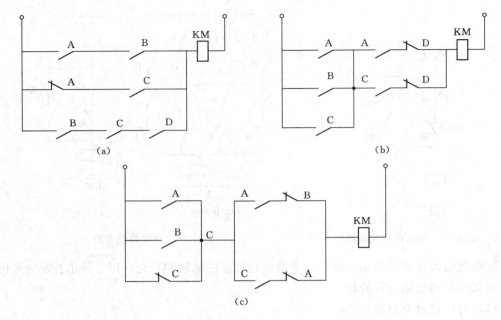

图 3.17　题 3.1 图

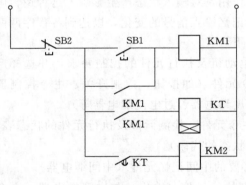

图 3.18　题 3.2 图

（1）试分析其工作原理。

（2）若要使时间继电器的线圈 KT 在 KM2 得电后自动断电而又不影响其正常工作，对线路应作怎样的改动？

3.3　设计钻削加工时刀架的自动循环线路，如图 3.19 所示。具体要求如下：

（1）自动循环，即刀架能自动地由位置 1 移动到位置 2 进行钻削，并自动退回位置 1。

（2）无进给切削，即刀具到达位置 2 时不再进给，钻头继续进行无进给切削以提高精度。过段时间后，再自动回到位置 1。（提示：利用时间继电器）。

（3）快速停车，即当刀架回到位置 1 时，自动快速停车。（提示：利用速度继电器）。

3.4　设计一工作台自动循环控制线路，工作台在原位（位置 1）启动，运行到位置 2 后立即返回，循环往复，直至按下停止按钮。

3.5　要求对一小型吊车设计其主电路与控制电路。小型吊车的动作过程为：小型吊车有 3 台电动机，横梁电动机 M1 带动横梁在车间前后移动，小车电动机 M2 带动提升机构在横梁上左右移动，提升电机 M3 升降重物。3 台电动机都采用直接启动，自由停车。具体要求如下：

（1）3 台电动机都能正常启、保、停。

（2）在升降过程中，横梁与小车不能动。

（3）横梁具有前、后极限保护，提升有上、下极限保护。

3.6　某学校大门由电动机拖动，如图 3.20 所示。具体要求如下：

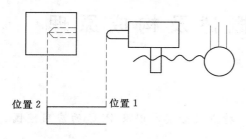

位置 2　　位置 1

开门　　　　　　　关门

△ SQ1　　　　　　　SQ2 △

图 3.19　刀架自动循环　　　　　图 3.20　学校大门示意图

（1）长动时在开或关门到位后能自动停止。

（2）能点动开门或关门。

试设计其电气控制线路。

3.7　试设计两台笼型电动机 M1、M2 的顺序启动、停止的控制电路。

（1）M1、M2 能顺序启动，并能同时或分别停止。

（2）M1 启动后 M2 启动：M1 可点动，M2 可单独停止。

3.8　试设计一个工作台前进—退回控制电路：工作台由电动机 M 带动、行程开关 SQ1 和 SQ2 分别装在工作台的原位和终点。具体要求如下：

（1）前进—后退—停止到原位。

（2）工作台到达终点后停一下再后退。

（3）工作台在前进中能立即后退到原位。

（4）有终端保护。

第4章 PLC 概述及构成原理

主要内容

本章主要讲述了 PLC 的产生、定义、特点及分类，以及 PLC 的应用范围、发展趋势、基本组成和工作原理。

学习要求

1. 通过认识性试验，能够说出 PLC 的组成及工作原理。

2. 了解 PLC 的发展趋势。

3. 掌握 PLC 与继电接触式控制系统的异同。

4. 熟练掌握 PLC 的编程语言。

可编程序控制器（Programmable Controller，PC），是计算机家族中的一员，但为了避免与个人计算机（Personal Computer，PC）相混淆，所以将可编程序控制器称为 PLC。

4.1 PLC 的产生及定义

4.1.1 PLC 的产生

传统的生产机械自动控制系统采用的是继电器控制，继电器控制系统具有结构简单、价格低廉、容易操作等优点，适应于工作模式固定、要求比较简单的场合，目前应用还比较广泛。随着工业生产的迅速发展，市场竞争激烈，产品更新换代的周期日趋缩短。由于传统的继电器控制系统存在着设计制造周期长、维修和改变控制逻辑困难等缺点，因此越来越不能适应工业现代化发展的需要，迫切需要新型先进的自动控制装置。20 世纪 60 年代，电子技术的发展推动了控制电路的电子化，晶体管等无触点器件的应用促进了控制装置的小型化和可靠性的提高。60 年代中期，小型计算机被应用到过程控制领域，大大提高了控制系统的性能。但当时计算机价格昂贵，编程很不方便，输入/输出信号与工业现场不兼容，因而没能在工业控制中得到推广与应用。于是，1968 年美国通用汽车公司（GM）对外公开招标，要求用新的电气控制装置取代继电器控制系统，以便适应迅速改变生产程序的要求。该公司对新的控制系统提出以下 10 项指标。

（1）编程方便，可现场编辑和修改程序。

（2）硬件维修方便，最好采用插件式结构。

（3）可靠性要明显高于继电器控制系统。

（4）体积要明显小于继电器控制盘。

（5）具有数据通信功能。

（6）价格便宜，其性价比明显高于继电器控制系统。

（7）输入可为市电，可以是交流 115V。

（8）输出可为交流 115V，容量要求在 2A 以上，可直接驱动接触器等。

（9）扩展时原系统只需做很小的改动。

（10）用户存储器大于 4KB。

这 10 项指标实际上就是现在 PLC 的最基本功能。其核心要求可归纳为以下 4 点。

（1）计算机代替继电器控制盘。

（2）用程序代替硬接线。

（3）输入/输出电平可与外部装置直接相连。

（4）结构易于扩展。

1969 年第一台 PLC 在美国的数字设备公司（DEC）制成，并成功地应用到美国通用汽车公司的生产线上，它具有继电器控制系统的外部特性，又有计算机的可编程性、通用性和灵活性，开创了 PLC 的新纪元。

随着微电子技术和计算机技术的迅速发展，微处理器被广泛应用于 PLC 的设计中，使 PLC 的功能增强、速度加快、体积减小、成本下降、可靠性提高，更多地具有了计算机的功能。除了常规的逻辑控制功能外，PLC 还具有模拟量处理、数据运算、运动控制、PID（Proportional - Integral - Differential）控制和网络通信等功能，易于实现柔性制造系统（Flexible Manufacturing System，FMS），因而与机器人及计算机辅助设计/制造（Computer Aided Design/Computer Aided Manufacturing，CAD/CAM）一起并称为现代控制的三大支柱。

此外，可编程控制器在设计中还借鉴了计算机的高级语言，给实际应用带来了方便。为了使其生产和发展标准化，美国电气制造商协会（National Electrical Manufacturers Association，NEMA）经过调查，将其正式命名为 Programmable Controller，并给 PC 作了以下定义。

"PC 是一个数字式的电子装置。它使用了可编程的记忆体存储指令，用来执行诸如逻辑、顺序、定时、计数与运算等功能，并通过数字或模拟的输入/输出模块控制各种机械或工作过程。一部数字电子计算机若是从事执行 PC 的功能，亦被视为 PC，但不包括鼓式或类似的机械式顺序控制器。"

由于 PC 容易与个人计算机的缩写相混淆，因而人们仍沿用 PLC 作为可编程控制器的简称。

PLC 未来的发展不仅依赖于对新产品的开发，还在于 PLC 与其他工业控制设备和工厂管理技术的综合。无疑，PLC 在今后的工业自动化中将扮演重要角色。

4.1.2 PLC 的定义

国际电工委员会（IEC）于 1987 年对可编程序控制器下的定义是：可编程序控制器是一种数字运算操作的电子系统，专为在工业环境下应用而设计；它采用一类可编程的存储器，用于其内部存储程序，执行逻辑运算、顺序控制、定时、计数和算术操作等面向用户的指令，并通过数字式或模拟式输入/输出控制各种类型的机械或生产过程。PLC 及其有关外部设备，都按易于与工业控制系统联成一个整体、易于扩充其功能的原则设计。

4.2　PLC 的特点及分类

4.2.1　PLC 的特点

PLC 是面向用户专为在工业环境下应用而设计的专用计算机。它具有以下几个显著特点。

1. 可靠性高、抗干扰能力强

PLC 是专为工业控制而设计的，要能适应这样一个具有很强的电噪声、电磁干扰、机械振动、极端温度和湿度很大的工业环境中，那么，在 PLC 硬件设计方面，首先应对器件严格筛选和优化，而且在电路结构及工艺上采取了一些独特的方式。例如，在输入/输出（I/O）电路中都采用了光电隔离措施，做到电浮空，既方便接地，又提高了抗干扰性能；各个 I/O 端口除采用常规模拟滤波以外，还加上数字滤波；内部采用了电磁屏蔽措施，防止辐射干扰；采用了较先进的电源电路，以防止由电源回路串入的干扰信号；采用了合理的电路程序，对模块可进行在线插拔，调试时不会影响各机的正常运行，其平均无故障运行时间达 3 万～5 万 h 以上。

2. 编程简单、直观

PLC 是面向用户、面向现场，考虑到大多数电气技术人员熟悉继电器控制线路的特点，在 PLC 的设计上，没有采用微机控制中常用的汇编语言，而是采用一种面向控制过程的梯形图语言。梯形图语言与继电器原理图类似，形象直观，易学易懂。电气工程师和具有一定知识的电工工艺人员都可以在很短的时间内学会。PLC 继承了计算机控制技术和传统的继电器控制技术的优点，使用起来灵活方便。近年来，又发展了面向对象的顺控流程图语言（Sequential Function Chart），使编程更简单、方便。

3. 控制功能强

PLC 除具有基本的逻辑控制、定时、计数、算术运算等功能外，配上特殊的功能模块还可实现位控制、PID 运算、过程控制、数字控制等功能。

PLC 可连接成为功能很强的网络系统，低速网络的传输距离达 500～2500m，高速网络的传输距离为 500～1000m，网上结点可达 1024 个，并且高速网络和低速网络可以级联，兼容性好。

4. 易于安装、便于维护

PLC 安装简单，其相对小的体积使之能安装在通常继电器控制箱所需空间的一半。在从继电器控制系统改造到 PLC 系统的情况下，PLC 小的模块结构使之能安装在继电器箱附近并将连线接向已有接线端，而且改换很方便，只要将 PLC 的输入/输出端子连向已有的接线端子排即可。

在大型 PLC 系统的安装中，远程输入/输出站安置在最优地点，远程 I/O 站通过同轴电缆和双扭线连向中央处理单元（Central Processing Unit，CPU），这种配置大大减少了物料和劳力，远程子系统也意味着系统不同部分可在到达安装场地前由 PLC 工程商预先连好线，这一方法大大减少了电气技术人员的现场安装时间。

从一开始，PLC 便以易维护作为设计目标。由于几乎所有的器件都是模块化的，维护时只需更换模块级插入式部件，故障检测电路将诊断指示器嵌在每一部件中，能指示器件是否正常工作，借助编程设备可见输入/输出是 ON 还是 OFF，还可写编程指令来报告故障。

总之，在工业应用中使用 PLC 的优点是显而易见的。通过 PLC 的使用，使用户获得高性能、高可靠性带来的高质量和低成本。

5. 采用模块化结构

为了适应各种工业控制的需要，除了单元式的小型 PLC 以外，绝大多数 PLC 均采用模块化结构。PLC 中的 CPU、直流电源、I/O 模块（包括特殊功能模块）等各种功能单元均采用模块化设计，由机架、电缆或连接器将各个模块连接起来。系统的规模和功能可以根据实际控制要求方便地进行组合，以达到最高的性价比。

6. 接口模块丰富

PLC 除了具有 CPU 和存储器以外，还有丰富的 I/O 接口模块。对于工业现场的不同信号（如交流或直流、开关量或模拟量、电压或电流、脉冲或电位、强电或弱电等），PLC 都有相应的 I/O 模块与工业现场的器件或设备（如按钮、行程开关、接近开关、传感器及变送器、电磁线圈、电机启动器、控制阀等）直接连接。例如，开关量输入模块就有交流和直流两类，每类又按电压等级分成多种。此外，为了适应新的工业控制要求，I/O 模块也越来越丰富，如通信模块、位置控制模块、模拟量模块等，进一步提高了 PLC 的性能。

7. 系统设计与调试周期短

用 PLC 进行系统设计时，用程序代替继电器硬接线，控制柜的设计及安装接线工作量大为减少，设计和施工可同时进行，缩短了施工周期。同时，由于用户程序大都可以在实验室中进行模拟调试，调好后再将 PLC 控制系统在生产现场进行联机调试，调试方便、快速、安全，因此大大缩短了设计、施工、调试和投运周期。

4.2.2　PLC 的分类

PLC 发展至今已经有多种形式，其功能也不尽相同。分类时，一般按以下原则进行考虑。

1. 从 I/O 点数容量分类

按 PLC 的输入/输出点数可将 PLC 分为以下 3 类。

（1）小型机。

小型 PLC 输入/输出总点数一般在 256 点以下，其功能以开关量控制为主，用户程序存储器容量在 4KB 以下。小型 PLC 的特点是体积小、价格低，适合于控制单台设备、开发机电一体化产品。

典型的小型机有 SIEMENS 公司的 S7 - 200 系列、OMRON 公司的 CQM1 系列、三菱 FX 系列、MODICONPC - 085 等整体式 PLC 产品。

（2）中型机。

中型 PLC 的输入/输出总点数一般在 256～2048 点之间，用户程序存储容量达到 2～8KB。中型 PLC 不仅具有开关量和模拟量的控制功能，还具有更强的数字计算能力，它的通信功能和模拟量处理能力更强大，适用于复杂的逻辑控制系统以及连续生产过程控制场合。

典型的中型机有 SIEMENS 公司的 S7 - 300 系列、OMRON 公司的 C200H 系列、AB 公司的 SLC500 系列模块式 PLC 等产品。

（3）大型机。

大型 PLC 的输入/输出总点数在 2048 点以上，用户程序存储容量达 8～16KB，它具有计算、控制和调节的功能，还具有强大的网络结构和通信联网能力。它的监视系统采用 CRT 显示，能够表示过程的动态流程。大型机适用于设备自动化控制、过程自动化控制和过程监控系统。

典型的大型 PLC 有 SIEMENS 公司的 S7 - 400、OMRON 公司的 C2000H 系列、AB 公司的 SLC5/05 系列等产品。

2. 从结构形式分类

根据 PLC 结构形式的不同，将 PLC 分为下列 3 类。

（1）整体式结构。

整体式又称箱体式，整体式结构是将 PLC 各主要组成部分集装在一个机壳内，即 CPU 板、输入板、输出板、电源板等很紧凑地安装在一个标准机壳内，构成一个整体，组成 PLC 的一个基本单元（主机）或扩展单元。基本单元上设有扩展端口，通过扩展电缆与扩展单元相连，以构成 PLC 不同的配置。整体式 PLC 还配备有许多专用的特殊功能模块，使 PLC 的功能得到扩展。

整体式结构的 PLC 结构紧凑，价格低，安装方便，小型 PLC 一般采用整体式结构，如三菱 F1、F2 系列和日本欧姆龙公司的 C 系列等。

（2）模块式结构。

模块式 PLC 采用积木搭接的方式组成系统，其特点是 CPU、输入、输出、电源等都是独立的模块。它由框架和各模块组成，模块插在相应插座上，而插座焊在框架中的总线连接板上。PLC 的电源既可以是单独的模块，也可以包含在 CPU 模块中。PLC 厂家备用不同槽数的框架供用户选择，用户选择不同档次的 CPU 模块、品种繁多的 I/O 模块和其他特殊模块，组成不同的控制系统。

模块式 PLC 组合灵活，硬件配置的余地很大，维修时更换模块方便，输入/输出点数较多的大、中型和部分小型 PLC 一般采用模块式结构，如德国西门子公司的 S5 系列、日本欧姆龙公司的 C500 和 C1000H 等。

（3）叠装式结构。

叠装式吸收了整体式和模块式 PLC 的优点，其基本单元、扩展单元等高等宽，但是长度不同。它不用基板，仅用扁平电缆连接，紧密拼装后组成一个整齐的、体积小巧的长方体，而且输入、输出点数的配置也相当灵活，如日本三菱公司的 FX2 系列。

4.3 PLC 的 应 用 范 围

PLC 在国内外已广泛应用于钢铁、石化、机械制造、汽车装配、电力等各行各业，特别在发达的工业国家，PLC 已广泛应用在所有的工业部门。随着其性能价格比的提高，应用领域也不断扩大。目前典型 PLC 应用大致可分为以下几个方面。

1. 逻辑（开关）控制

这是 PLC 最基本的功能，也是最为广泛的应用。PLC 具有与、或、非、异或和触发器等逻辑运算功能。采用 PLC 可以很方便地实现对各种开关量的控制，用来取代继电器控制系统，实现逻辑控制和顺序控制。PLC 既可用于单机或多机控制，又可用于自动化生产线的控制。PLC 可根据操作按钮、各种开关及现场其他输入信号或检测信号控制执行机构完成相应的功能。

2. 定时控制

PLC 具有定时控制功能，可为用户提供几十个甚至上千个定时器。时间设定值既可以由用户在编程时设定，也可以由操作人员在工业现场通过人—机对话装置实时设定，实现具体的定时控制。

3. 计数控制

PLC 具有计数控制功能，可为用户提供几十个甚至上千个计数器。计数设定值的设定方式同定时器一样。计数器分为普通计数器、可逆计数器、高速计数器等类型，以完成不同用途的计数控制。一般计数器的计数频率较低。如需对频率较高的信号进行计数，则需要选用高速计数器模块，其最高计数频率可达 50kHz。也可选用具有内部高速计数器的 PLC，目前的 PLC 一般可以提供计数频率达 10kHz 的内部高速计数器。计数器的实际计数值也可以通过人—机对话装置实时读出或修改。

4. 步进控制

PLC 具有步进（顺序）控制功能。在新一代的 PLC 中，可以采用 IEC 规定的用于顺序控制的标准化语言——顺序功能图编写用户程序，使 PLC 在实现按照事件或输入状态的顺序控制相应输出的时候更加简便。

5. 模拟量处理与 PID 控制

PLC 具有 A/D（Analog/Digital，模拟/数字）和 D/A 转换模块，转换的位数和精度可以根据用户要求选择，因此能进行模拟量处理与 PID 控制。PLC 可以接模拟量输入和模拟量输出信号，模拟量一般为 4～20mA 的电流、1～5V 或 0～10V 的电压。为了既能完成对模拟量的 PID 控制，又不加重 PLC 的 CPU 负担，一般选用专用的 PID 控制模块实现 PID 控制。此外，还具有温度测量接口，可以直接连接各种热电阻和热电偶。

6. 数据处理

PLC 具有数据处理能力，可进行算术运算、逻辑运算、数据比较、数据传送、数制转换、数据移位、数据显示和打印、数据通信等功能，如加、减、乘、除、乘方、开方、与、或、异或、求反等操作。新一代的 PLC 还能进行三角函数运算和浮点运算。

7. 通信和联网功能

现在的 PLC 具有 RS-232、RS-422、RS-485 或现场总线等通信接口，可进行远程 I/O 控制，可实现多台 PLC 联网和通信。外部设备与一台或多台 PLC 之间可实现程序和数据的传输。通信口按标准的硬件接口和相应的通信协议完成通信任务的处理。例如，西门子 S7-200 系列 PLC 配置有 Profibus 现场总线接口，其通信速率可以达到 12 Mb/s（Mega bits persecond，兆位每秒）。在系统构成时，可由一台计算机与多台 PLC 构成"集中管理、分散控制"的分布式控制网络，以便完成较大规模的复杂控制。

4.4　PLC 的发展过程及趋势

4.4.1　PLC 的发展过程

PLC 的发展与计算机技术、微电子技术、自动控制技术、数字通信技术、网络技术等密切相关。这些高新技术的发展推动了 PLC 的发展，而 PLC 的发展又对这些高新技术提出了更高的要求，促进了它们的发展。虽然 PLC 的应用时间不长，但是随着微处理器的出现，大规模和超大规模集成电路技术的迅速发展和数字通信技术的不断进步，PLC 也取得了迅速的发展。其发展过程大致可分为 3 个阶段。

1. 第一代 PLC（20 世纪 60 年代末至 70 年代中期）

早期的 PLC 作为继电器控制系统的替代物，其主要功能只是执行原先由继电器完成的顺序控制和定时/计数控制等任务。PLC 在硬件上以准计算机的形式出现，在 I/O（Input/Output）接口电路上作了改进，以适应工业控制现场的要求。装置中的器件主要采用分立元件和中小规模集成电路，存储器采用磁芯存储器。另外还采取了一些措施，以提高其抗干扰的能力。PLC 在软件上吸取了广大电气工程技术人员所熟悉的继电器控制线路的特点，形成了特有的编程语言——梯形图（Ladder Diagram），并一直沿用至今。其优点是简单易懂，便于安装，体积小，能耗低，有故障指示，能重复使用等。

2. 第二代 PLC（20 世纪 70 年代中期至 80 年代后期）

20 世纪 70 年代，微处理器的出现使 PLC 发生了巨大的变化。各个 PLC 厂商先后开始采用微处理器作为 PLC 的 CPU，使 PLC 的功能大大增强。在软件方面，除了原有功能外，还增加了算术运算、数据传送和处理、通信、自诊断等功能。在硬件方面，除了原有的开关量 I/O（Input/Output，输入/输出）以外，还增加了模拟量 I/O、远程 I/O 和各种特殊功能模块，如高速计数模块、PID 模块、定位控制模块和通信模块等。同时扩大了存储器容量和各类继电器的数量，并提供一定数量的数据寄存器，进一步增强了 PLC 的功能。

3. 第三代 PLC（20 世纪 80 年代后期至今）

20 世纪 80 年代后期，随着超大规模集成电路技术的迅速发展，微处理器的价格大幅度下降，各种 PLC 采用的微处理器的性能普遍提高。为了进一步提高 PLC 的处理速度，各制造厂家还开发了专用芯片，PLC 的软件和硬件功能发生了巨大变化，体积更小，成本更低，I/O 模块更丰富，处理速度更快，指令功能更强。即使是小型 PLC，其功能也大大增强，在有些方面甚至超过了早期大型 PLC 的功能。

4.4.2 PLC 的发展趋势

PLC 总的发展趋势是向高集成度、小体积、大容量、高速度、易使用、高性能方向发展。

1. 产品规模向大、小两个方向发展

大型 PLC 采用微处理器系统，可同时进行多任务操作，处理速度提高，特别是增强了过程控制和数据处理功能。存储容量也大大增加。

小型 PLC 的整个结构向小型模块化结构发展，增加了配置的灵活性，操作使用十分简便。PLC 功能不断增加，将原来大、中型 PLC 才有的功能移植到小型 PLC 上，但价格却不断下降，真正成为继电器控制系统的替代产品。

2. 编程工具丰富多样，功能不断提高，编程语言趋向标准化

1985 年，世界上展出了第一台光笔编程器，近几年来，不少厂家先后开发了各种特色的智能编程器，可进行在线或离线编程。

从语言上看，PLC 已不再是单纯用梯形图语言，还可采用功能块、语句表等常用的编程语言编程，且简单易懂。

3. 发展多样化

PLC 发展的多样化主要体现在 3 个方面，即产品类型、编程语言和应用领域。

4. 模块化

PLC 的扩展模块发展迅速，明确化、专用化的复杂功能由专门模块来完成，主机仅仅通过通信设备向各模块发布命令和测试状态，这使得 PLC 的系统功能进一步增强，控制系统设计进一步简化。

5. 网络与通信能力增强

计算机与 PLC 之间以及各个 PLC 之间的联网和通信的能力不断增强，使工业网络可以有效地节省资源，降低成本，提高系统的可靠性和灵活性，致使网络的应用有普遍化的趋势。目前，工业中普遍采用金字塔结构的多级工业网络。

6. 工业软件发展迅速

与 PLC 硬件技术的发展相适应，工业软件的发展非常迅速，它使系统应用更加简单易行，大大方便了 PLC 系统的开发人员和操作使用人员。

4.5 PLC 的 基 本 原 理

PLC 的产品型号很多，发展非常迅速，应用日益广泛，不同的产品在硬件结构、资源配置和指令系统等方面各不相同。但从总体来看，不同厂商的 PLC 在硬件结构和指令系统等方面大同小异。对于初学者而言，只要熟悉一种 PLC 的组成和指令系统，在涉及其他 PLC 时就可以做到触类旁通、举一反三。本节主要介绍 PLC 的硬件组成、工作原理和系统资源配置等内容。

4.5.1　PLC 的组成

PLC 从组成形式上一般分为整体式和模块式两种，但在逻辑结构上基本相同。整体式 PLC 一般由 CPU 板、I/O 板、显示面板、内存和电源等组成，一般按 PLC 性能又分为若干型号，并按 I/O 点数分为若干规格。模块式 PLC 一般由 CPU 模块、I/O 模块、内存模块、电源模块、底板或机架等组成。无论哪种结构类型的 PLC，都属于总线式的开放结构，其 I/O 能力可根据用户需要进行扩展与组合。PLC 的原理结构如图 4.1 所示。

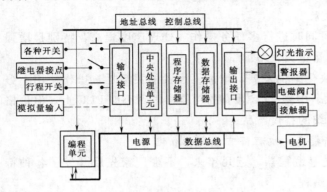

图 4.1　PLC 原理结构

4.5.1.1　中央处理器（CPU）

与通用计算机中的 CPU 一样，PLC 中 CPU 也是整个系统的核心部件，主要由运算器、控制器、寄存器及实现它们之间联系的地址总线、数据总线和控制总线构成。此外，还有外围芯片、总线接口及有关电路。CPU 在很大程度上决定了 PLC 的整体性能，如整个系统的控制规模、工作速度和内存容量等。CPU 中的控制器控制 PLC 工作，由它读取指令，解释并执行指令。工作的时序（节奏）则由振荡信号控制。CPU 中的运算器用于完成算术或逻辑运算，在控制器的指挥下工作。CPU 中的寄存器参与运算，并存储运算的中间结果。它也是在控制器的指挥下工作。

作为 PLC 的核心，CPU 的功能主要包括以下几个方面。

（1）CPU 接收从编程器或计算机输入的程序和数据，并送入用户程序存储器中存储。

（2）监视电源、PLC 内部各个单元电路的工作状态。

（3）诊断编程过程中的语法错误，对用户程序进行编译。

（4）在 PLC 进入运行状态后，从用户程序存储器中逐条读取指令，并分析、执行该指令。

（5）采集由现场输入装置送来的数据，并存入指定的寄存器中。

（6）按程序进行处理，根据运算结果，更新有关标志位的状态和输出状态或数据寄存器的内容。

（7）根据输出状态或数据寄存器的有关内容，将结果送到输出接口。

（8）响应中断和各种外围设备（如编程器、打印机等）的任务处理请求。

当 PLC 处于运行状态时，首先以扫描的方式接收现场各输入装置的状态和数据，并分别存入相应的输入缓冲区。然后从用户程序存储器中逐条读取用户程序，经过命令解释后，按指令的规定执行逻辑或数据运算，将运算结果送入相应的输出缓冲区或数据寄存器内。等所有的用户程序执行完毕之后，最后将 I/O 缓冲区的各输出状态或输出寄存器内的数据传送到相应的输出装置。如此循环运行，直到 PLC 处于编程状态，用户程序停止运行。CPU 模块的外部表现就是具有工作状态的显示、各种接口及设定或控制开关。

CPU 模块一般都有相应的状态指示灯，如电源指示、运行指示、输入/输出指示和故障指示等。箱体式 PLC 的面板上也有这些显示。总线接口用于连接 I/O 模块或特殊功能模块，内存接口用于安装存储器，外设接口用于连接编程器等外部设备，通信接口则用于通信。此外，CPU 模块上还有许多设定开关，用以对 PLC 进行设定，如设定工作方式和内存区等。为了进一步提高 PLC 的可靠性，近年来对大型 PLC 还采用双 CPU 构成冗余系统，或采用 3CPU 的表决式系统。这样，即使某个 CPU 出现故障，整个系统仍能正常运行。

PLC 中常用 CPU 主要采用通用微处理器、单片机和位片式微处理器 3 种类型。小型 PC 多采用 8 位微处理器，中型机多采用 16 位微处理器，大型机多采用高速位片机。PC 档次越高，CPU 的位数也越多，运算速度也越快，功能指令越强。OMPON 的小型机一般采用增强型的 8 位微处理机。

4.5.1.2 存储器

存储器是具有记忆功能的半导体集成电路，用于存放系统程序、用户程序、逻辑变量和其他信息。系统程序是控制和完成 PLC 多种功能的程序，由厂家编写。用户程序是根据生产过程和工艺要求设计的控制程序，由用户编写。

PLC 中常用的存储器有 ROM、RAM 和 EPROM。

1. 只读存储器 ROM

只读存储器中一般存放系统程序。系统程序具有开机自检、工作方式选择、键盘输入处理、信息传递和对用户程序的翻译解释等功能。系统程序关系到 PLC 的性能，由制造厂家用微机的机器语言编写并在出厂时已固化在 ROM 或 EPROM（紫外线可擦除 ROM）芯片中，用户不能直接存取。

2. 随机存储器 RAM

随机存储器又称可读可写存储器。读出时 RAM 中的内容保持不变。写入时，新写入的信息覆盖了原来的内容。因此，RAM 用来存放既可读出又需经常修改的内容。PLC 中的 RAM 一般存放用户程序、逻辑变量和其他一些信息。用户程序是在编程方式下，用户从键盘上输入并经过系统程序编译处理后放在 RAM 中的。RAM 中的内容在掉电后要消失，所以 PLC 为 RAM 提供了备用锂电池，若经常带负载可维持 3～5 年。如果调试通过的用户程序要长期使用，可用专用 EPROM 写入器把程序固化在 EPROM 芯片中，再把该芯片插在 PLC 上的 EPROM 专用插座中。

3. PLC 中存储空间的分配

虽然各种 PLC 的 CPU 的最大寻址空间各不相同，但是根据 PLC 的工作原理，其存储空间一般包括系统程序存储区、系统 RAM 存储区（包括 I/O 缓冲区和系统软元件等）和用户程序存储区 3 个部分。

（1）系统程序存储区。系统程序存储区中存放着相当于计算机操作系统的系统程序，包括监控程序、管理程序、命令解释程序、功能子程序、系统诊断子程序等，由制造商将其固化在 ROM 中，用户不能直接存取。它和硬件一起决定了 PLC 的性能。

（2）系统 RAM 存储区。系统 RAM 存储区包括 I/O 缓冲区以及各类软元件，如工作寄存器、内部继电器、定时器、计数器、数据寄存器、变址寄存器等。

1）I/O 缓冲区由于 PLC 投入到运行状态后，只是在输入采样阶段才依次读入各个输入信号的状态和数据，在输出刷新阶段才将输出的状态和数据送至相应的外设。因此，它需要一定数量的存储单元（RAM）来暂时存放 I/O 的状态和数据，这些单元称为 I/O 缓冲区。一个开关量 I/O 占用存储单元中的一位（bit），一个模拟量 I/O 占用存储单元中的一个字（16 位）。整个 I/O 缓冲区可以看作是由开关量 I/O 缓冲区和模拟量 I/O 缓冲区两个部分组成的。

2）系统软元件存储区除了 I/O 缓冲区以外，系统 RAM 存储区还包括 PLC 内部各类软元件（内部继电器、定时器、计数器、数据寄存器和工作寄存器等）的存储区。该存储区又分为具有掉电保存的存储区域和掉电不保存的存储区域。前者在 PLC 断电时，由内部的锂电池供电，数据不会丢失；后者在 PLC 断电时，数据被清零。

a. 内部继电器与开关输出一样，每个内部继电器占用系统 RAM 存储区中的一位，但不能直接驱动外部负载，只供用户在编程中使用。其作用类似于电气控制线路中的继电器。另外，不同的 PLC 还提供数量不等的特殊内部继电器，具有不同的特殊功能。

b. 数据寄存器与模拟量 I/O 一样，每个数据寄存器占用系统 RAM 存储区中的一个字（16 位），主要用于模拟量处理、数据运算和通信等。另外，PLC 还提供数量不等的特殊数据寄存器，用于存储系统中某些特定的数据或信息。

c. 定时器和计数器 PLC 提供了许多定时器和计数器，数量从几十个到几千个不等，用于满足工业生产中定时控制和计数控制的要求。用户程序存储区存放用户根据实际控制要求或生产工艺流程编写的具体控制程序。不同类型的 PLC，其存储容量各不相同。

4.5.1.3　输入/输出单元（I/O 单元）

实际生产过程中的信号电平是多种多样的，外部执行机构所需的电平也是千差万别的，而 PLC 的 CPU 所处理的信号只能是标准电平，正是通过输入、输出单元实现了这些信号电平的转换。I/O 单元实际上是 PC 与被控对象间传递输入、输出信号的接口部件。

1. 输入接口单元

输入接口是 PLC 与控制现场的接口界面的输入通道。输入接口由光电耦合、输入电路和微处理器输入接口电路组成。光电耦合输入电路隔离输入信号，防止现场的强电干扰进入微机，对交流输入信号还可采用变压器或继电器隔离。有许多种 PLC 还加有滤波环节来增强抗干扰性能。

多种 PC 的输入接口单元大都相同，通常有两种类型：一种是直流输入，如图 4.2 所示；另一种是交流输入，如图 4.3 所示。

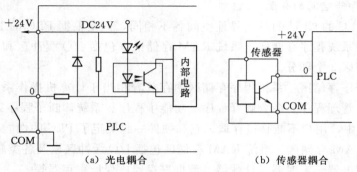

（a）光电耦合　　　　　　　（b）传感器耦合

图 4.2　直流输入电路

2. 输出接口单元

输出接口接收主机的输出信息，并进行功率放大和隔离，经过输出接线端子向现场输出部分输出相应的控制信号。输出接口电路一般由微计算机输出接口和隔离电路、功率放大电路组成。PC的输出接口单元有3种形式，即继电器输出、晶体管输出和双向可控硅（晶闸管）输出，如图4.4所示。

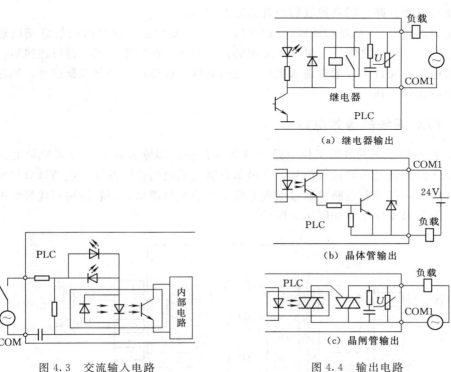

(a) 继电器输出

(b) 晶体管输出

(c) 晶闸管输出

图 4.3 交流输入电路

图 4.4 输出电路

4.5.1.4 电源单元

电源单元是将交流电压信号转换成微处理器、存储器及输入、输出部件正常工作所需要的直流电源。由于PLC主要用于工业现场的自动控制，直接处于工业干扰的影响之中，所以为了保证PLC内主机可靠工作，电源单元对供电电源采用了较多的滤波环节，还用集成电压调整器进行调整以适应交流电网的电压波动，对过电压和欠电压都有一定的保护作用。另外，采用了较多的屏蔽措施来防止工业环境中的空间电磁干扰。常用的电源电路有串联稳压电路、开关式稳压电路和设有变压器的逆变式电路。

供电电源的电压等级常见的有：交流：100V、200V；直流：100V、48V、24V等。

4.5.1.5 编程器

编程器是PC的最重要外围设备。利用编程器将用户程序送入PC的存储器，还可以用编程器检查程序、修改程序；利用编程器还可以监视PC的工作状态。编程器一般分简易型编程器和智能型编程器。小型PC常用简易编程器，大中型PC多用智能型CRT编程器。此外，在个人计算机上添加适当的硬件接口和软件包，即可用个人计算机对PC编程。利用微机作为编程器，可以直接编制并显示梯形图。

PLC 还有一些外围设备，如 EPROM 写入器、打印机、图形编程器、工业计算机等，这些设备必须通过相应的接口电路与 PC 连接。

以上几部分组成的整体称为 PLC，是一种可根据生产需要人为灵活变更控制规律的控制装置，它与多种生产机械配套可组成多种工业控制设备，实现对生产过程或某些工艺参数的自动控制。由于 PC 主机实质上是一台工业专用微机，并具有普通微机所不具备的特点，使它成为开路、闭路控制器的首选方案之一。

综上所述，PC 主机在构成实际系统时，至少需要建立两种双向的信息交流通道，即完成主机与生产机械之间、主机与人之间的信息交换。在与生产现场进行连接后，含有工况信息的电信号通过输入通道送入主机，经过处理，计算产生输出控制信号，通过输出通道控制执行元件工作。

4.5.2　PLC 系统的等效电路

PLC 控制器系统的等效工作电路可分为 3 部分，即输入部分、内部控制电路和输出部分。输入部分就是采集输入信号，输出部分就是系统的执行部件，这两部分与继电器控制电路相同。内部控制电路是通过编程方法实现的控制逻辑，用软件编程代替继电器电路的功能。其等效工作电路如图 4.5 所示。

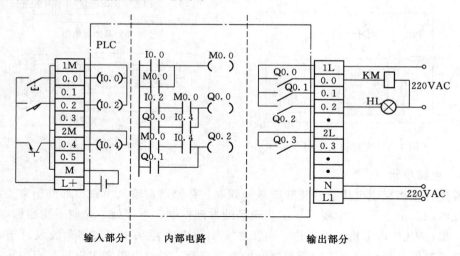

图 4.5　PLC 的等效工作电路

1. 输入部分

输入部分由外部输入电路、PLC 输入接线端子和输入继电器组成。外部输入信号经 PLC 输入端子去驱动输入继电器的线圈，每个输入端子与其相同编号的输入继电器有着唯一确定的对应关系。当外部的输入元件处于接通状态时，对应的输入继电器线圈“得电”。为使继电器的线圈“得电”，即让外部输入元件的接通状态写入与其对应的基本单元中去，输入回路要有电源。输入回路所使用的电源，可以用 PLC 内部提供的 24V 直流电源，也可由 PLC 外部的独立的交流和直流电源供电。

需要强调的是，输入继电器的线圈只能来自现场的输入元件（如控制按钮、行程开关的触点、晶体管的基极—发射极电压、各种检测及保护器的触点或动作信号等）的驱动，而不能用编程的方式去控制，因此在梯形图程序中，只能使用输入继电器的触点，不能使用输入继电器的线圈。

2. 内部控制电路

内部控制电路是由用户程序形成的用"软继电器"来代替继电器的控制逻辑。它的作用是按照用户程序规定的逻辑关系，对输入信号和输出信号的状态进行检测、判断、运算和处理，然后得到相应的输出。

一般用户程序是用梯形图语言编制的，它看起来很像继电器控制线路图。在继电器控制线路中，继电器的触点可瞬时动作，也可延时动作，而 PLC 梯形图中的触点是瞬时动作的。如果需要延时，可由 PLC 提供的定时器来完成。延时时间可根据需要在编程时设定，其定时精度及范围远远高于时间继电器。在 PLC 中还提供了计数器、辅助继电器（中间继电器）及某些特殊功能的继电器。PLC 的这些器件所提供的逻辑控制功能，可在编程时根据需要选用，且只能在 PLC 的内部控制电路中使用。

3. 输出部分

输出部分是由在 PLC 内部且与内部控制电路隔离的输出继电器的外部动合触点、输出接线端子和外部驱动电路组成，用来驱动外部负载。

PLC 的内部控制电路中有许多输出继电器，每个输出继电器除了有为内部控制电路提供编程用的任意多个动合、动断触点外，还为外部输出电路提供了一个实际的动合触点与输出接线端子相连。

驱动外部负载电路的电源必须由外部电源提供，电源种类及规格可根据负载要求去配置，只要在 PLC 允许的电压范围内工作即可。

综上所述，可对 PLC 的等效电路做进一步简化，即将输入等效为一个继电器的线圈，将输出等效为继电器的一个动合触点。

4.5.3 PLC 与继电器控制系统的比较

PLC 的梯形图是在继电器—接触器控制线路的基础上发展起来的，它沿用了继电器控制系统的电路元件符号和继电器等名称概念，PLC 与继电器控制系统均可用于开关量的逻辑控制。PLC 的梯形图与继电器控制电路对逻辑关系的表达方式相同，所用的很多电路元件符号也很相似，如输入继电器、输出继电器等。PLC 的控制与继电器的控制又有不同之处，主要表现在以下几个方面。

1. 功能

PLC 采用了计算机技术，具有逻辑控制、顺序控制、运动控制、数据处理、定时、计数和通信联网能力等功能。继电器控制采用硬接线逻辑，利用继电器触点的串联或并联、延时继电器等组合成控制逻辑，控制功能有限。

2. 工作原理

PLC 的控制功能主要是通过软件（用户程序）实现的，继电器控制系统的控制功能是用硬件继电器（物理继电器）实现的。

3. 工作方式

PLC 的控制逻辑中，各内部器件都处于周期性循环扫描中，属于串行工作方式。继电器控制系统在工作过程中，所有的控制电器均处于受控状态，电器的瞬时吸合和断开理论上是同时的，它属于并行工作方式。

4. 可靠性和可维护性

PLC 采用微电子技术，梯形图中的继电器是一种"软继电器"（触发器），它们的功能是用软件实现的，因此寿命长，可靠性高。PLC 还配有自检和监督功能，能检查出自身的故障，并随时显示给操作人员，还能动态地监视控制程序的执行情况，为现场调试和维护提供了方便。继电器控制系统一般比较复杂，所用的控制电器较多，并有机械磨损，因此可靠性差，其故障的诊断和排除非常困难。

5. 灵活性

PLC 的控制方式灵活，有很强的柔性，仅需修改控制程序就可以改变控制功能。继电器的控制功能被固定在硬件线路中，功能固定，很难修改，灵活性差。

6. 响应速度

继电器控制系统是依靠触点的机械动作来实现的，触点的开闭动作一般在几十毫秒，使用的继电器越多，反应速度越慢，而且还会出现机械抖动问题。而 PLC 是由控制程序实现的，一般一条用户指令的执行时间在微秒数量级，因此速度极快。

7. 定时与计数

PLC 为用户提供了多至几百的用软件实现的定时器，它们的精度高，定时范围宽，定时调整方便，而且不受环境影响。

继电器控制系统利用时间继电器来定时。一般来说，时间继电器存在可靠性差、定时精确度不高、定时范围窄，且易受环境湿度和温度变化的影响以及调整时间不方便等问题。

PLC 用软件为用户提供了大量的计数器，而继电器控制系统要实现计数功能是非常困难的。

8. 设计与调试

PLC 控制系统的设计包括硬件设计和软件设计，硬件设计主要是执行部分的设计，这部分功能明确，设计相对简单；软件设计有大量用软件实现的继电器和定时器、计数器等编程元件供设计者使用，设计的方法很多，将在第 9 章具体介绍。继电器控制系统至今还没有一套通用的容易掌握的电路设计方法，为了保证控制的安全可靠，设置了许多复杂的联锁电路。为了降低成本，又力求减少使用的继电器及其触点的数量，因此设计复杂的继电器电路既困难又费时，设计出的电路也很难阅读和理解。PLC 控制系统的开关柜制作、现场施工和梯形图设计可以同时进行，梯形图可以在实验室模拟调试，发现问题后修改起来非常方便。继电器系统要在硬件安装、接线全部完成后才能进行调试，发现问题后修改电路花费的时间也很多。

4.6　可编程控制器的硬件资源

PLC 提供了各种类型的继电器，一般都称为"软继电器"，以供系统软件设计中编程使用。常用的有输入继电器、输出继电器、内部继电器（分为通用和专用两种）、定时器、计数器、数据寄存器（分为通用和专用等类型）等。这些编程用的继电器的工作线圈没有工作电压等级、功耗大小和电磁惯性等问题。其触点没有数量限制，没有机械磨损和电蚀等问题。在不同的指令操作下，其工作状态可以无记忆，也可以有记忆，还可以作脉冲数字元件使用。

1. 输入继电器

PLC 的输入继电器是接收外部开关信号的窗口。PLC 内部与输入端子连接的输入继电器是用光电耦合器隔离的电子继电器，编号与接线端子编号一致。每一个输入继电器都有一个"等效线圈"和无数个常开/常闭触点。线圈的吸合或释放只取决于 PLC 外部所连接的开关信号的状态，而不能通过程序控制。内部的常开/常闭两种触点供编程时随时使用，使用次数不限。输入电路的时间常数一般小于 10ms。

2. 输出继电器

PLC 的输出继电器是向外部负载输出信号的窗口，也是通过光电耦合器隔离后接外部负载的。输出继电器的线圈由程序控制，其外部输出主触点接到 PLC 的输出端子上，以供驱动外部负载使用，其余常开/常闭触点供内部程序使用。输出继电器的常开/常闭触点使用次数不限，但线圈一般只能用一次。

3. 内部继电器

PLC 中有很多内部继电器，其线圈与输出继电器一样，由 PLC 内各软元件的触点驱动。内部继电器没有向外的任何联系，只供内部编程使用。它的常开/常闭触点使用次数不受限制。但是，这些触点不能直接驱动外部负载，外部负载的驱动必须通过输出继电器来实现。内部继电器一般分为通用内部继电器和特殊内部继电器。

（1）通用内部继电器。

PLC 中都有一定数量的通用内部继电器。这类继电器的触点和线圈在程序中都可以使用，但线圈一般只能用一次，而对应的常开和常闭触点则可以无限制地重复使用。

（2）特殊内部继电器。

特殊内部继电器也叫专用内部继电器，每一个都有专门的用途，用来存储系统工作时的一些特定状态信息。这类继电器只能单个使用，而且只能使用触点，不能使用线圈。不同的 PLC 其输入继电器、输出继电器和内部继电器的编址方式（即编号）不同，数量多少也不一样。在实际设计中，一定要明确其编址方式和数量。它们一般既可单个使用，也能以字节（由 8 个继电器组成）、字（由 16 个继电器组成）或双字（由 32 个继电器组成）的形式使用。

4. 定时器

PLC 中的定时器根据时钟脉冲的累积计时。当所计时间达到设定值时，其输出触点动作。时钟脉冲一般有 1ms、10ms 和 100ms，有些 PLC 还提供 1s 的时钟，可以满足不同的应用需求。定时器可以采用用户程序存储器内的常数作为设定值，也可以用数据寄存器的内容作为设定值。每个定时器只有一个输入。编程时，设定值由用户确定。与常规的时间继电器一样，线圈通电时，定时器的当前值开始减计数计时。在当前值计到 0 时，相应的常开/常闭触点都动作，常开的闭合，常闭的断开；断电时自动复位，所有的触点释放，不保存中间数值，当前值又变为设定值。需要注意的是，PLC 中的定时器没有常规的时间继电器一样的瞬动触点。

5. 计数器

PLC 中的计数器一般是 16 位减法计数器，都有两个输入，一个用于计数，一个用于复位。每一个计数脉冲上升沿使原来的数值减 1。在当前值减到 0 时停止计数，同时触点动作，常开触点闭合，常闭触点断开。当复位控制信号的上升沿到来时，计数器被复位。复位信号断开后，计数器重新进入计数状态。与定时器不同的是，如果在计数过程中系统断电，计数器的当前值一般能自动保存下来。在系统上电重新运行时，计数器就接着断电时的参数值继续计数。不同的 PLC 其定时器和计数器的编址方式（即编号）不同，具体工作特性和数量的多少也不一样。在实际设计中，一定要十分熟悉其编址方式、特性和数量。一个定时器或计数器的线圈一般只能使用一次，但其常开和常闭触点都没有使用次数的限制，在编程时可以重复使用。

6. 数据寄存器

数据寄存器不能使用线圈或触点，而是以字存储单元的形式使用，用于存放各种数据。PLC 中每一个数据寄存器都是一个字存储单元，都是 16 位（最高位为正、负符号位），也可用两个数据寄存器组合起来存储 32 位数据（最高位为正、负符号位）。不同的 PLC 提供的数据寄存器的种类和数量不同，编址方式（即编号）也不一样。数据寄存器一般分为通用和专用两种。

(1) 通用数据寄存器。

通用数据寄存器用于存放各种数据，只要不写入其他数据，已写入的数据不会变化。默认状态下各个单元的数据均为 0。

(2) 专用数据寄存器。

专用数据寄存器也叫特殊数据寄存器。与专用内部继电器类似，每一个都有专门的用途。这类存储单元只能以字的形式使用。上文对 PLC 的继电器资源作了简要的介绍，具体的用法在后续章节中再结合相应的 PLC 产品和指令详细讨论。实际上，对于任意一种 PLC，不论是为了学习还是实际使用，熟练掌握其所提供的继电器的种类、数量和各自的特性都非常重要。这是学习和使用 PLC 的重要基础，是学习指令系统的前提条件，所以一定要熟练掌握这一部分的知识点。

4.7　PLC 的 工 作 原 理

PLC 有两种基本的工作状态，即运行（RUN）状态与停止（STOP）状态。在运行状态，PLC 通过反映控制要求的用户程序来实现控制功能。为了使 PLC 的输出能及时地响应随时可能变化的输入信号，用户程序不是只执行一次，而是反复不断地重复执行，直至 PLC 停机或切换到 STOP 工作状态。

4.7.1　PLC 的工作过程

小型 PLC 的工作过程有两个显著特点：一个是周期性顺序扫描；另一个是集中批

处理。

周期性顺序扫描是可编程控制器特有的工作方式，PLC 在运行过程中，总是处在不断循环的顺序扫描过程中。由于 PLC 的 I/O 点数较多，采用集中批处理的方法可以简化操作过程，便于控制，提高系统的可靠性，因此可编程控制器的另一个主要特点就是对输入采样、执行用户程序、输出刷新实施集中批处理。这同样是为了提高系统的可靠性。

当 PLC 启动后，先进行初始化操作，包括对工作内存的初始化、复位所有的定时器、将输入/输出继电器清零，检查 I/O 单元连接是否完好，如有异常则发出报警信号。初始化后，PLC 就进入周期扫描过程。小型 PLC 的工作流程如图 4.6 所示。

根据图 4.6，可将 PLC 的工作过程（周期性扫描过程）分为 4 个阶段。

1. 公共处理

公共处理包括 PLC 自检、执行来自外设命令，对警戒时钟又称监视定时器或看门狗定时器 WDT（Watch Dog Timer）清零等。

PLC 自检就是 CPU 检测 PLC 各器件的状态，如出现异常再进行诊断，并给出故障信号，或自行进行相应处理，这将有助于及时发现或提前预报系统的故障，提高系统的可靠性。

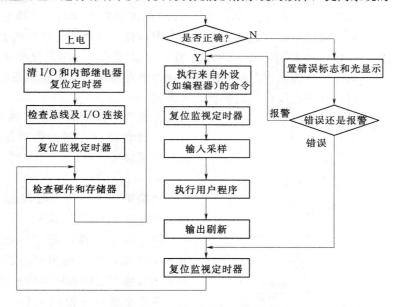

图 4.6 小型 PLC 的工作流程

在 CPU 对 PLC 自检结束后，就检查是否有外设请求，如是否需要进入编程状态、是否需要通信服务、是否需要启动磁带机或打印机等。

采用 WDT 技术也是提高系统可靠性的一个有效措施，它是在 PLC 内部设置一个监视定时器。这是一个硬件时钟，是为了监视 PLC 的每次扫描时间而设置的，对它预先设定好规定时间，每个扫描周期都要监视扫描时间是否超过规定值。如果程序运行正常，则在每次扫描周期的公共处理阶段对 WDT 进行清零（复位），避免由于 PLC 在执行程序的过程中进入死循环，或者由于 PLC 执行非预定的程序而造成系统故障，从而导致系统瘫痪。如果程序运行失常进入死循环，则 WDT 得不到按时清零而造成超时溢出，将给出报警信号或停止 PLC 工作。

2. 输入采样

这是第一个集中批处理过程。在这个阶段中，PLC 按顺序逐个采集所有输入端子上的信号，不论输入端子上是否接线，CPU 顺序读取全部输入端，将所有采集到的一批输入信号写入到输入映像寄存器中。在当前的扫描周期内，用户程序依据的输入信号的状态（ON 或 OFF），均从输入映像寄存器中去读取，而不管此时外部输入信号的状态是否变化。即使此时外部输入信号的状态发生了变化，也只能在下一个扫描周期的输入采样扫描阶段去读取，对于这种采集输入信号的批处理，虽然严格上说每个信号被采集的时间有先有后，但由于 PLC 的扫描周期很短，这个差异对一般工程应用可忽略，所以可认为这些采集到的输入信息是同时的。

3. 执行用户程序

这是第二个集中批处理过程。在执行用户程序阶段，CPU 对用户程序按顺序进行扫描。如果程序用梯形图表示，则总是按先上后下、从左至右的顺序进行扫描。每扫描到一条指令，所需要的输入信息的状态均从输入映像寄存器中去读取，而不是直接使用现场的立即输入信号。对其他信息，则是从 PLC 的元件映像寄存器中读取。在执行用户程序过程中，每一次运算的中间结果都立即写入元件映像寄存器，这样该元件的状态立即就可以被后面将要扫描到的指令所利用。对输出继电器的扫描结果，也不是立即去驱动外部负载，而是将其结果写入元件映像寄存器中的输出映像寄存器中，待输出刷新阶段集中进行批处理，所以执行用户程序阶段也是集中批处理过程。

在这个阶段，除了输入映像寄存器外，各个元件映像寄存器的内容是随着程序的执行而不断变化的。

4. 输出刷新

这是第三个集中批处理过程。当 CPU 对全部用户程序扫描结束后，将元件映像寄存器中各输出继电器的状态同时送到输出锁存器中，再由输出锁存器经输出端子去驱动各输出继电器所带的负载。

在输出刷新阶段结束后，CPU 进入下一个扫描周期。

上述的 3 个批处理过程如图 4.7 所示。

5. 响应外设的服务请求

外设命令是可选操作，它给操作人员提供了交互机会，也可与其他系统进行通信，不会影响系统的正常工作，而且会更有利于系统的控制和管理。PLC 每次执行完用户程序后，如有外设命令，就进入外设命令服务的操作，操作完成后就结束本

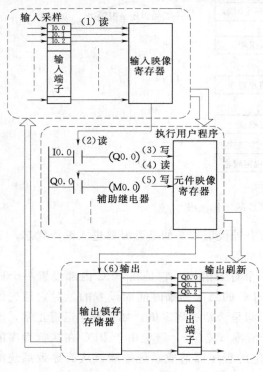

图 4.7 小型 PLC 的 3 个批处理过程

次扫描周期，开始下一个扫描周期。

6. 几点说明

（1）PLC 以循环扫描的方式工作，输入/输出的逻辑关系上存在滞后现象。扫描周期越长，滞后现象就越严重。但 PLC 的扫描周期一般只有几十毫秒或更少，两次采样之间的时间很短，对于一般输入量来说可以忽略。可以认为输入信号一旦变化，就能立即传送到对应的输入缓冲器。同样，对于变化较慢的控制过程来说，由于滞后的时间不超过一个扫描周期，因此可以认为输出信号是及时的。在实际应用中，这种滞后现象可起到滤波的作用。对慢速控制系统来说，滞后现象反而增加了系统的抗干扰能力。但对控制时间要求较严格、响应速度要求较快的系统，就必须考虑滞后对系统性能的影响，在设计中尽量缩短扫描周期，或者采用中断的方式处理高速的任务请求。

（2）除了执行用户程序所占用的时间外，扫描周期还包括系统管理操作所占用的时间。前者与程序的长短及所用的指令有关，而后者基本不变。如考虑到 I/O 硬件电路的延时，PLC 的响应滞后就更大一些。输入/输出响应的滞后不仅与扫描方式和硬件电路的延时有关，还与程序设计的指令安排有关，在程序设计中一定要注意。PLC 最基本的工作方式是循环扫描的方式，即使在具有快速处理的高性能 PLC 中，系统也是以循环扫描的工作方式执行，理解和掌握这一点对于学习 PLC 十分重要。

4.7.2 PLC 对输入/输出的处理原理

通过对 PLC 的用户程序执行过程的分析，可以总结出 PLC 对输入/输出的处理规则，如图 4.8 所示。

（1）输入映像寄存器中的数据，是在输入采样阶段扫描到的输入信号的状态集中写进去的，在本扫描周期中，它不随外部输入信号的变化而变化。

（2）输出映像寄存器（它包括在元件映像寄存器中）的状态，是由用户程序中输出指令的执行结果来决定的。

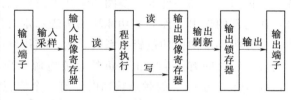

图 4.8　PLC 对输入/输出的处理原则

（3）锁存器中的数据是在输出刷新阶段，从输出映像寄存器中集中写进去的。

（4）输出端子的输出状态，是由输出锁存器中的数据确定的。

（5）执行用户程序时所需的输入、输出状态，是从输入映像寄存器和输出映像寄存器中读出的。

4.8　PLC 的 编 程 语 言

国际电工委员会（IEC）于 1994 年 5 月公布了 PLC 标准（IEC 1131），它由以下 5 个部分组成，即通用信息、设备与测试要求、编程语言、用户指南和通信。其中的第三部分（IEC 1131 - 3）是 PLC 的编程语言标准。

目前已有越来越多的 PLC 生产厂家提供符合 IEC 1131 - 3 标准的产品，有的厂家推出的在个人计算机上运行的"软件 PLC"软件包也是按 IEC 1131 - 3 标准设计的。

4.8.1　PLC 的编程语言

IEC 1131 - 3 详细说明了句法、语法和下述 5 种编程语言的表达方式。

（1）顺序功能图（Sequential Function Chart，SFC）。

（2）梯形图（Ladder Diagram，LAD）。

（3）功能块图（Function Block Diagram，FBD）。

（4）指令表（Instruction List，IL）。

（5）结构文本（Structured Text，ST）。

1. 顺序功能图

顺序功能图是一种位于其他编程语言之上的图形语言，用来编制顺序控制程序。顺序功能图提供了一种组织程序的图形方法，在顺序功能图中可以用别的语言嵌套编程。步、转换和动作是顺序功能图中的 3 种主要元件（图 4.9）。可以用顺序功能图来描述系统的功能，根据它可以很容易地画出梯形图程序。

2. 梯形图

梯形图是在继电器控制系统的基础上发展起来的一种图形编程语言，因此梯形图与继电器控制系统的电路图很相似，具有直观易懂的优点，很容易被工厂熟悉继电器控制的电气人员掌握，它特别适用于开关量逻辑控制。有时把梯形图称为电路或程序。

梯形图由触点、线圈和用方框表示的功能块组成。触点代表逻辑输入条件，如外部的开关、按钮和内部条件等。线圈通常代表逻辑输出结果，用来控制外部的指示灯、交流接触器和内部的输出条件等。功能块用来表示定时器、计数器或者数学运算等附加指令。

在分析梯形图中的逻辑关系时，为了借用继电器电路图的分析方法，可以想象左右两侧垂直母线之间有一个左正右负的直流电源电压，当图 4.10 中的 I0.1 与 I0.2 的触点接通，或 M0.3 与 I0.2 的触点接通时，有一个假想的"能流"（Power Flow）流过 Q1.1 的线圈。利用能流这一概念，可以帮助更好地理解和分析梯形图，能流只能从左向右流动。

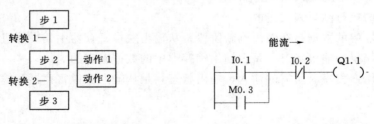

图 4.9　顺序功能图　　　　　　　　图 4.10　梯形图

触点和线圈等组成的独立电路称为网络（Network），用编程软件生成的梯形图和语句表程序中有网络编号，允许以网络为单位，给梯形图加注释。在网络中，程序的逻辑运算按从左到右的方向执行，与能流的方向一致。各网络按从上到下的顺序执行，执行完成所有的网络后，返回最上面的网络重新执行。

使用编程软件可以直接生成和编辑梯形图，并将它下载到 PLC。

3. 功能块图

这是一种类似于数字逻辑门电路的编程语言，有数字电路基础的人很容易掌握。该编程语言用类似与门、或门的方框来表示逻辑运算关系，方框的左侧为逻辑运算的输入变量，右侧为输出变量，输入、输出端的小圆圈表示"非"运算，方框被"导线"连接在一起，信号自左向右流动。图 4.11 中的控制逻辑与图 4.10 中的相同。国内很少有人使用功能块图语言。

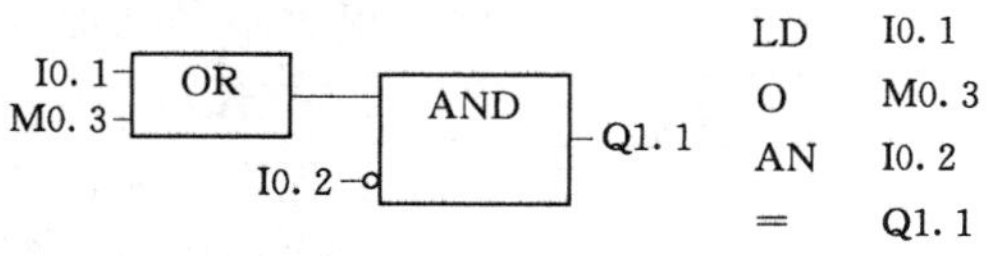

图 4.11　功能块图与语句表

4. 语句表

S7 系列 PLC 将指令表称为语句表（Statement List）。PLC 的指令是一种与微机的汇编语言中的指令相似的助记符表达式，由指令组成的程序叫做指令表程序或语句表程序。

语句表比较适合熟悉 PLC 和逻辑程序设计经验丰富的程序员，语句表可以实现某些不能用梯形图或功能块图实现的功能。

S7 - 200 CPU 在执行程序时要用到逻辑堆栈，梯形图和功能块图编辑器自动地插入处理栈操作所需要的指令。在语句表中，必须由编程人员加入这些堆栈处理指令。

5. 结构文本

结构文本是为 IEC 1131 - 3 标准创建的一种专用的高级编程语言。与梯形图相比，它能实现复杂的数学运算，编写的程序非常简捷和紧凑。

6. 编程语言的相互转换和选用

在 S7 - 200 的编程软件中，用户可以选用梯形图、功能块图和语句表这 3 种编程语言。语句表不使用网络，但是可以用 Network 网络这个关键词对程序分段，这样的程序可以转换为梯形图。

语句表程序较难阅读，其中的逻辑关系很难一眼看出，所以在设计复杂的开关量控制程序时一般使用梯形图语言。语句表可以处理某些不能用梯形图处理的问题，梯形图编写的程序一定能转换为语句表。

梯形图程序中输入信号与输出信号之间的逻辑关系一目了然，易于理解，与继电器电路图的表达方式极为相似，设计开关量控制程序时建议选用梯形图语言。语句表输入方便快捷，梯形图中功能块对应的语句只占一行的位置，还可以为每一条语句加上注释，便于复杂程序的阅读。在设计通信、数学运算等高级应用程序时建议使用语句表语言。

4.8.2　PLC 的控制程序结构

S7 - 200 的控制程序结构属于线性化编程，一般由主程序、子程序和中断程序 3 部分构成。程序结构示意如图 4.12 所示。

1. 主程序

主程序（OB1）是程序的主体，每一个项目必须并且只能有一个主程序。在主程序中可以调用子程序和中断程序。

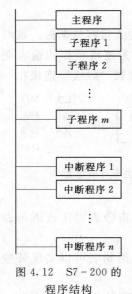

图 4.12 S7 - 200 的
程序结构

主程序通过指令控制整个应用程序的执行，每次 CPU 扫描都要执行一次主程序。STEP7 - Micro/Win V4.0 的程序编辑窗口下部的标签用来选择不同的程序。编译时编程软件自动对各程序段进行连接。对 S7 - 200 PLC 的主程序、子程序和中断程序来说，各程序结束时不需要加入无条件结束指令，如 END、RET 或 RETI 等。

2. 子程序

子程序是完成某一特定功能的程序，是一个可选集合，仅在被其他程序调用时执行。同一子程序可在不同的地方被多次调用，使用子程序可以简化程序代码和减少扫描时间。设计得好的子程序容易移植到别的项目中去。

3. 中断程序

中断程序是指令的一个可选集合，中断程序不是被主程序调用，它们在中断事件发生时由 PLC 的操作系统调用。中断程序用来处理预先规定的中断事件，因为不能预知何时会出现中断事件，所以不允许中断程序改写可能在其他程序中使用的存储器。

本 章 小 结

PLC 作为一种工业标准设备，虽然生产厂家众多，产品种类层出不穷，但它们都具有相同的工作原理，使用方法也大同小异。

(1) PLC 是计算机技术与继电器控制技术相结合的产物。它专为在工业环境下应用而设计，可靠性高，应用广泛。PLC 功能的不断增强，使 PLC 的应用领域不断扩大和延伸，应用方式也更加丰富。

PLC 从结构上可分为整体式和模块式；从容量上可分为小型、中型和大型 PLC。

(2) PLC 的组成部件有中央处理器（CPU）、存储器、输入/输出（I/O）接口和电源等。

(3) PLC 采用集中采样、集中输出、按顺序循环扫描用户程序的方式工作。

当 PLC 处于正常运行时，它将不断重复扫描过程，其工作过程的中心内容分为输入采样、程序执行和输出刷新 3 个阶段。

(4) PLC 是为取代继电接触式控制系统而产生的，因而两者存在着一定的联系。PLC 与继电接触式控制系统具有相同的逻辑关系，但 PLC 使用的是计算机技术，其逻辑关系用程序实现，而不是实际电路。

(5) 可用多种形式的编程语言来编写 PLC 的用户程序，梯形图和语句表是两种最常用的 PLC 编程语言。

习 题

4.1 PLC 有什么特点？

4.2 PLC 与继电接触式控制系统相比有哪些异同？

4.3　构成 PLC 的主要部件有哪些？各部分主要作用是什么？

4.4　与一般的计算机控制系统相比 PLC 有哪些优点？

4.5　PLC 可以用在哪些领域？

4.6　PLC 主要由哪几个部分组成？简述各部分的主要作用。

4.7　PLC 常用的存储器有哪几种？各有什么特点？用户存储器主要用来存储什么信息？

4.8　什么是扫描周期？其时间长短主要受什么因素的影响？

4.9　什么是滞后现象？它主要是由什么原因引起的？

4.10　试简述 PLC 的工作原理。

4.11　PLC 中的继电器有哪些类型？各有什么作用？

4.12　阐述 PLC 各种编程语言的特点。

4.13　PLC 是按什么工作方式进行工作的？它的中心工作过程分哪几个阶段？

4.14　PLC 中软继电器的主要特点是什么？

4.15　S7 - 200 系列 PLC 主机中有哪些主要编程元件？

4.16　间接寻址包括几个步骤？试举例说明。

4.17　一个控制系统需要 12 点数字量输入、30 点数字量输出、7 点模拟量输入和 2 点模拟量输出。试问：

（1）可以选用哪种主机型号？

（2）如何选择扩展模块？

（3）各模块按什么顺序连接到主机？请画出连接图。

4.18　说明 PLC 梯形图的能流概念。

4.19　说明基本单元和扩展单元在使用上的区别。

第 5 章 S7 - 200 系列的 PLC 构成

主要内容

  德国西门子公司是世界上最大的电气和电子公司之一，其自动化与驱动（A&D）集团是工业自动化的中坚力量，并在中国 PLC 和大型传动市场上处于领先地位。该集团核心产品 SIMATIC S7 已经成功地被应用于几乎所有的自动化领域。根据 2004 年调查结果表明，国内应用西门子产品的用户达 65%。作为国内 PLC 市场的领导者，德国西门子公司工控产品在几乎所有应用行业内都保持着强大的竞争力。本章主要以西门子公司生产的 S7 - 200 系列小型 PLC 为例，对 PLC 系统的硬件及内部资源做一介绍。

学习要求

  1. 了解 S7 - 200 系列 PLC 发展概述。

  2. 掌握 S7 - 200 PLC 的硬件系统。

  3. 熟悉 S7 - 200 PLC 编程元件及编程知识。

  4. 重点掌握编程软元器件、编址方法和数据格式。

  5. 学会分析 PLC 的技术指标。

  SIMATIC S7 - 200 系列 PLC 是德国西门子公司生产的具有高性能价格比的小型紧凑型 PLC，它结构小巧，运行速度高，可以单机运行，也可以输入/输出扩展，还可以连接功能扩展模块和人机界面，很容易地组成 PLC 网络。同时它还具有功能齐全的编程和工业控制组态软件，使得在采用 S7 - 22X 系列 PLC 来完成控制系统的设计时更加简单，系统的集成非常方便，几乎可以完成任何功能的控制任务。因此它在各行各业中的应用得到迅速推广，在规模不太大的控制领域是较为理想的控制设备。

  SIMATIC 系列 PLC 有 S7 - 400 系列、S7 - 300 系列、S7 - 1200、S7 - 200 系列 4 种，分别为 S7 系列的大、中、小型 PLC 系统。S7 - 200 小型 PLC 应用广泛，结构简单，使用方便，尤其适合初学者学习和掌握。本章详细介绍 S7 - 200 系列 PLC 的软硬件系统、扩展功能模块、I/O 编程方式、PLC 内部元器件和寻址方式等。

  S7 - 1200 PLC 是一款节省空间、紧凑型 PLC，适合要求简单或高级逻辑、HMI 和网络功能的小型自动化系统。S7 - 1200 设计紧凑、成本低廉且功能强大，是控制小型应用的完美解决方案。

  S7 - 300 系列 PLC 是模块化小型 PLC 系统，通过分布式的主机架（CR）和 3 个扩展机架（ER），可以对多达 32 个模块进行操作，各种单独的模块之间可进行广泛组合以用于扩展，能满足中等性能要求的应用。

  S7 - 400 系列 PLC 采用模块化无风扇的设计，坚固耐用，易于扩展，通信能力强大，容易实现分布式结构。该系列具有多种级别（功能逐步升级）的 CPU，种类齐全的通用功能模板，使用户能根据需要组合成不同的专用系统。当控制系统规模扩大或变得更加复杂时，只要适当增加一些模板，就能够实现系统升级。

5.1　S7－200 系列 PLC 系统结构

S7－200 系列是德国西门子公司生产的一种小型 PLC。

S7－200 系列 PLC 系统的配置方式采用整体加积木式结构，根据控制规模、控制要求选择主机和扩展各种功能模块以及通信模块、网络设备、人机界面等。S7－200 系列 PLC 系统基本构成如图 5.1 所示。

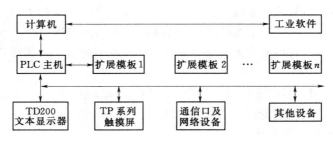

图 5.1　系统的组成

5.1.1　S7－200 系列 PLC 的主机

PLC 的主机即主机基本单元（CPU 模块），也简称为本机。它包括 CPU、存储器、基本输入输出点和电源等，是 PLC 的主要部分。目前 S7－200CPU 有 CPU21X 和 CPU22X 两个系列。CPU21X 包括 CPU 212、CPU 214、CPU 215 和 CPU 216，是第一代的产品，主机都可进行扩展，本书对第一代 PLC 产品不作介绍。

1. S7－200 CPU 外形

S7－200 系统 CPU 22X 系列 PLC 主机的外形如图 5.2 所示。

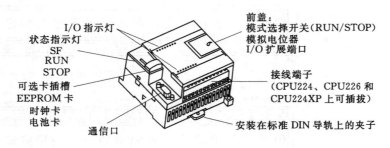

图 5.2　CPU 22X 系列 PLC 的 CPU

2. CPU 22X 的规格

CPU 22X 包括 CPU 221、CPU 222、CPU 224、CPU 226 和 CPU 226XM。CPU 22X 是第二代产品，具有速度快、具通信能力强等特点。它有 4 种不同结构配置的 CPU 单元。

（1）CPU 221。CPU 221 集成 6 输入/4 输出，共计 10 个点的 I/O，无 I/O 扩展能力，

有 6KB 程序和数据存储空间，4 个独立的 30kHz 高速计数器，2 路独立的 20kHz 高速脉冲输出端，1 个 RS - 485 通信/编程口，具有 PPI 通信协议、MPI 通信协议和自由通信方式，它非常适合于点数小的控制系统。

（2）CPU 222。CPU 222 集成有 8 输入/6 输出，共计 14 点 I/O，可以连接两个扩展模块，最大扩展至 78 路数字量 I/O 或 10 路模拟量 I/O 点，因此是更广泛的全功能控制器。

（3）CPU 224。它集成 14 输入/10 输出点，共计 24 点的 I/O。与前两者相比，存储容量扩大了一倍，它可以有 7 个扩展模块，最大可扩展为 168 点数字量或者 35 路模拟量的输入和输出点，有内置时钟，它有更强的模拟量和高速计数的处理能力，存储容量也进一步增加，是使用得更多的 S7 - 200 产品。

（4）CPU 226。CPU 226 集成 24 输入/16 输出，共计 40 点的 I/O。可连接 7 个扩展模块，最大可扩展为 248 点数字量或者 35 路模拟量的输入和输出点。与 CPU 224 相比，增加了通信口的数量，通信能力大大增加。它可用于点数较多、要求更高的小型或中型控制系统。

（5）CPU 226XM。西门子公司新推出的一种增强型的 CPU 主机，它在用户程序存储容量上扩大到 8KB，其他指标和 CPU 226 相同。

3. CPU 22X 的 I/O 点和特点

一般 PLC 的输出有晶体管、继电器和晶闸管 3 种方式，CPU 22X 主机的输入点为 24V 直流双向光耦合输入电路，而输出只有继电器和直流（MOS 型）两种类型，且具有不同的电源电压和控制电压。比如 CPU 224，主机共有 I0.0～I0.7、I1.0～I1.5 14 个输入点和 Q0.0～Q0.7、Q1.0～Q1.1 10 个输出点。CPU 224 外部电路原理如图 5.3 所示，输入电路采用了双向光耦合器，24V 直流极性可任意选择，成组输入公共端为 1M、2M。在晶体管输出电路中采用了 MOSFET 功率驱动器件，并将输出分为两组，成组输出公共端为 1L、2L，负载可根据不同的需要接入不同的电源。

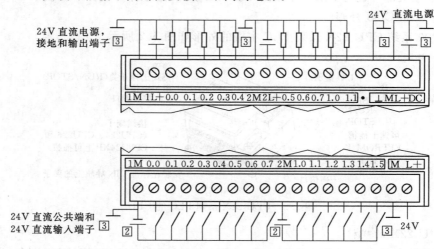

图 5.3　CPU224 输入/输出端子
注：1. 实际元件值可能有变更；2. 可接受任何极性；3. 接地可选。

CPU 22X 还具有 30kHz 的高速计数器，可对增量式编码器的两个互差 90°的脉冲列计数，计数值设定值或计数方向改变时产生中断，在中断程序中可及时对输出进行操作。两个 20kHz 等效脉冲输出可用以驱动步进电机以实现准确定位任务。超级电容和电池模块用于长时间保存数据，用户数据可通过主机的超级电容存储 190h，使用电池模块数据存储时间可达 200 天。RS－485 串行通信口的外部信号与逻辑电路之间不隔离，支持 PPI、DP/T 自由通信口协议和 Profibus 点对点协议。通信接口可用于与运行编程软件的计算机通信，与人机接口 TD200 和 OP 通信，以及与 S7－200 CPU 之间的通信。还可以用普通输入端子捕捉比 CPU 扫描周期更快的脉冲信号，利用中断输入，允许以极快的速度对信号的上升沿做出响应。实时时钟可用以信息加注时间标记，记录机器运行时间或对过程进行时间控制。CPU 222 及以上 CPU 还具有 PID 控制和扩展的功能，内部资源及指令系统更加丰富，功能更加强大。

4. 存储系统

S7－200 CPU 存储系统由 RAM 和 EEPROM 两种类型存储器构成。在 CPU 模块内，配备了一定容量的 RAM 和 EEPROM。当 CPU 主机单元模块的存储器容量不够时，可通过增加 EEPROM 卡的方法扩展系统的存储容量。存储系统如图 5.4 所示。

S7－200 PLC 的程序一般由 3 部分组成，即用户程序、数据块和参数块。用户程序是必不可少的，是程序的主体。数据块是用户程序在执行过程中所用到的和生成的数据。参数块是指 CPU 的组态数据。数据块和参数块是程序的可选部分。

存储器用以存储用户程序、CPU 组态、程序数据等。当执行下装用户程序时，用户程序、数据和组态配置参数由上位机（个人计算机）送入主机的存储器 RAM 中，主机自动把这些内容装入 EEPROM 以永久保存；当执行上装用户程序时，RAM 中的用户程序、CPU 组态和数据通

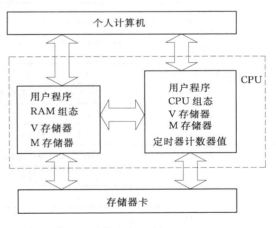

图 5.4 存储系统

过通信设备上装到上位机中，并可进行程序检查和修改；系统掉电时，自动将 RAM 中 V 和 M 存储器的内容保存到 EEPROM；上电恢复时，用户程序、CPU 组态、程序数据自动从 EEPROM 永久保存区送回到 RAM 中，如果 V 和 M 存储区内容丢失时，EEPROM 永久保存区的数据会复制到 RAM 中。

S7－200 CPU 模块还支持可选的 EEPROM 存储器卡，它是扩展卡，还有电池和时钟卡等模块。EEPROM 存储模块用于用户程序的复制。

5. 主机主要性能指标

PLC 主机及其他模块的技术性能指标是设计和选用 PLC 应用系统的主要参考依据。S7－200 的 CPU 22X 系列的主要技术性能指标见表 5.1。

从表 5.1 中可看出，S7－200 系列 PLC 功能强大，有着鲜明的特点。

表 5.1　　　　　　　　　　　　　S7－200 CPU 22X 系列的主要技术性能指标

特　　性		CPU 221	CPU 222	CPU 224	CPU 224XP	CPU 226
尺寸/mm		90×80×62		120.5×80×62	190×80×62	190×80×62
功耗/W		DC/3 继电器（6个）	DC/5 继电器（7个）	DC/7 继电器（10个）	DC/8 继电器（11个）	DC11 继电器（17个）
用户程序/字		2048		4096	4096	4096
数据存储区/字		1024		2560	2560	
掉电数据保存时间	内置超级电容	50h		100h		
	外插电池卡	连续使用 200d				
本机 I/O	数字量	6/4	8/6	14/10		24/16
	模拟量	无			2/1	无
I/O 映像区	数字量	256（128/128）				
	模拟量	无	32（16/16）		64（32/32）	
扩展模块数量		0	2个		7个	
高速计数器		4H/W（20kHz）		6 H/W（20kHz）		
脉冲输出		2（20kHz，DC）				
定时器		256（1ms×4、10ms×16、100ms×236）				
计数器		256				
中间存储器（位）		256（118 可存入 EEPROM）				
时间中断		特殊存储器中断×2（精度 1ms）＋定时器中断×2				
硬件输入中断		4 上升沿和/或 4 下降沿				
模拟电位器		1（8位精度）		2（8位精度）		
实时时钟		另配外插时钟/电池卡		内置		
可配外插卡		存储卡、电池卡、时钟/电池卡		存储卡、电池卡		
布尔运算速度/μs⁻¹		0.22				
本体通信口		RS－485×1		RS－485×2		
PPI、DP/T 速率/(kb·s⁻¹)		9.6、19.2、187.5				
自由口通信速率/(kb·s⁻¹)		1.2～115.2				
供电能力/mA	5V（DC）	0	340	660		1000
	24V（DC）	180	180	280		400

（1）自带高速计数器，有多个接口可以接受最高达 30kHz 的高速脉冲输入。可以同时做加减计数，连接两相相位差为 90°的 A/B 相增量编码器，可通过编程对高速计数功能相关状态字进行设置，得到多种对高速脉冲的计数模式。

（2）具有高速脉冲输出接口，最大脉冲频率可达 20kHz，能够直接用于定位控制。

（3）存储空间大，并可由超级电容对数据进行长达 190min 的掉电保护，若选用存储卡，则可保存 200d。

（4）运算指令丰富，并具有实数运算功能，可实现复杂的计算和控制策略，并允许在程序中立即读写 I/O 接口，在一些需要立即响应的场合应用非常方便。

（5）可为模拟量和数字量输入设置滤波器，输入接口可以捕捉比 CPU 扫描速度更快的窄脉冲信号，便于适应复杂的工业环境。

（6）内部配有＋5V DC 扩展电源，输出电流可达 1000mA；＋24V DC 传感器电源或负载驱动电源，输出电流可达 400mA。

（7）具有 RS－485 通信接口，可与计算机、变频器、文本显示器、手持编程器等进行通信、交换数据，完成控制功能。

6．主机电源

S7－200 系列的 CPU 单元有一个内部电源，它为 CPU 模块、扩展模块和 24V DC 用户供电。CPU 模块中 24V DC 传感器电源，它为本机的输入点或扩展模块的继电器线圈提供电源，如果要求的负载电流大于该电源的额度值，应增加一个 24V DC 电源为扩展模块供电，CPU 模块中 24V DC 传感器电源不能与外部电源并联。CPU 模块为扩展模块提供 5V DC 电源，如果扩展模块对 5V DC 电源的需求超过其额定值，必须减少扩展模块。主机电源的技术指标见表 5.2。

表 5.2 　　　　　　　　　　　　　电源的技术指标

特　性	24V DC 电源	AC 电源
电源电压允许范围	$20.4\sim28.8V$	$85\sim264V$，$47\sim63Hz$
冲击电流	10A，28.8V	20A，254V
隔离（输入电源到逻辑电路）	不隔离	耐压，1500V
断开电源后的保持时间	10ms，24V	80ms，240V
24V DC 传感器电源输出	晶体管型	继电器型
特　性	24V DC 电源	AC 电源
电压范围	$15.4\sim28.8V$	$20.4\sim28.8V$
纹波噪声	同电源电压	峰-峰值小于 1V
电源的内部熔断器（用户不能更换）	3A，250V，慢速熔断	2A，250V，慢速熔断

5.1.2　S7－200 系列 PLC 的扩展模块

S7－200 系列的 PLC 的主机所只能提供一定数量的本机 I/O，如果本机的点数不够或需要进行特殊功能的控制时，就要进行 I/O 的扩展。I/O 扩展包括 I/O 点数的扩展和功能块的扩展。

1．数字量模块

（1）数字量模块的主要特点。

1）数字量扩展模块内部没有中央控制器，所以必须与 CPU 模块相连，使用 CPU 模块的寻址功能，对模块上的 I/O 接口进行控制。

2）数字量扩展模块须由 CPU 模块通过扩展接口提供正常工作所需的＋5V DC 电源，其外部不再提供工作电源。

3）数字量扩展模块 I/O 接口所需＋24V DC 电源可以由 CPU 模块的传感器电源提

供，但受到最大电流的限制，只能为部分接口提供电源，所以常用外部 DC＋24V 开关电源为 I/O 接口供电。

4）扩展模块秉承了整体式 PLC 的结构特点，也吸收了模块式 PLC 便于扩展的优势，其结构紧凑，与 CPU 模块同宽同高而长度不同，扩展后与 CPU 形成一个整齐的长方体结构，十分方便在控制柜内整体安装。

（2）数字量模块性能。

用户选用具有不同 I/O 点数的数字量扩展模块，可以满足不同的控制需要，以节约投资费用。S7 - 200 系列 PLC 为方便工程使用，提供了种类丰富的数字量扩展模块，有单独的输入模块 EM221（8 路扩展输入），有单独的输出模块 EM222（8 路扩展输出），有 I/O 混合模块 EM223（具有 8 I/O、16 I/O、32 I/O 等多种配置），见表 5.3。

表 5.3　数字量模块主要性能一览表

数字量模块型号	EM221	EM222	EM223
输入点数	8 点	无	4/8/16 点
输出点数	无	8 点	4/8/16 点
隔离组点数	4 点	4 点	4 点
输入电压	24V DC		30V DC（最大）
输出电压		20.4～28.8V DC 或 20～250V AC	20.4～28.8V DC 或 5～30V DC、5～250V AC
电缆长度（隔离/不隔离）	300/500m	150/500m	300/500m
输出类型		DC 输出/继电器输出	DC 输出/继电器输出
电能消耗（＋5V DC）	30mA	50mA	40mA/100mA/160mA

其中输入/输出混合扩展模块 EM223 有 6 种，分别为：4 点数字量 24V DC 输入、4 点数字量 24V DC 输出（固态），4 点数字量 24V DC 输入、4 点数字量继电器输出，8 点数字量 24V DC 输入、8 点数字量 24V DC 输出（固态），8 点数字量 24V DC 输入、8 点数字量继电器输出，16 点数字量 24V DC 输入、16 点数字量 24V DC 输出（固态），16 点数字量 24V DC 输入、16 点数字量继电器输出。

（3）限制数字量模块扩展数量的几个因素。

1）不同的主机最大可扩展模块数量有限，CPU 221 不能扩展，CPU 222 只能扩展两个模块，CPU 224、CPU 226 能够扩展 7 个模块。

2）扩展模块消耗的总电流不能超过 CPU 模块能够提供的最大电流。

3）扩展总点数不能大于 I/O 映像寄存器的总数。因为 CPU 模块对数字量的寻址都是以 8 位寄存器为一个单位的，对数字量扩展模块也是相同的。若某一模块的数字量 I/O 不是 8 的整倍数，则余下的空地址也不会分配给其他模块。例如，对于 CPU224 模块，本机输入地址为 I0.0～I0.7 和 I1.0～I1.5，输出地址为 Q0.0～Q0.7 和 Q1.0～Q1.1。若扩展一个 4 输入、4 输出的 EM223 数字量扩展模块，则扩展模块输入地址为 I2.0～I2.3，输出地址为 Q2.0～Q2.3。地址 I1.6～I1.7 与 Q1.2～Q1.7 都不能与外部接口对应，即它们是未用位。对于输出寄存器中没有使用的位，可以像使用内部存储器标志位一样使用。

但对于输入寄存器中没有使用的位，由于每次输入更新时都把未用位清0，所以不能作为内部存储器标志位使用。

2. 模拟量模块

当需要完成某些特殊功能的控制任务时，CPU 主机可以扩展特殊功能模块。如在工业控制中，某些输入量（压力、温度、转速、流量等）是模拟量，执行机构也需要模拟量，而 PLC 只能处理数字量，这就需要把由传感器和变送器送来的模拟量经功能扩展模块处理成数字量给主机，再由主机通过特殊功能模块处理，输出模拟量去控制现场设备。

（1）典型的模拟量模块。

1）模拟量输入扩展块 EM231 有 3 种，即 4 路模拟量输入（12 位的 A/D 转换）、2 路热电阻输入和 4 路热电偶输入。

2）模拟量输出扩展模块 EM232 具有两路模拟量输出。

3）模拟量输入/输出扩展模块 EM235 具有 4 路模拟量输入、1 路模拟量输出（占用两路输入地址）、12 位的 A/D 转换。

4）特殊功能模板。特殊功能模块有：EM253 位置控制模板，EM277Profibus-DP 通信模块，EM241 调制解调器模块，CP243-1 以太网模块，SIMATIC NET CP243-2 AS-I 通信处理器模块等。

（2）模拟量数据格式。

模拟量转换精度高，A/D 转换达到 12 位。EM231 模块单极性输入 0～5V、0～10V、0～20mA 满量程精度可达 ±0.01%。I/O 数据格式如图 5.5 所示。

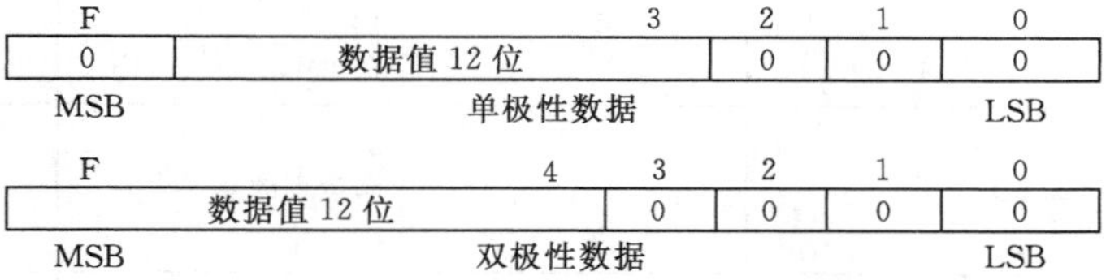

F			3	2	1	0
0	数据值 12 位			0	0	0
MSB	单极性数据					LSB

F		4	3	2	1	0
数据值 12 位			0	0	0	0
MSB	双极性数据					LSB

图 5.5 模拟量 I/O 数据格式

注：该 12 位数据格式是左对齐的，最高有效位 MSB 为符号位。对单极性格式，0 表示正数，低 3 位无效，A/D 转换的数据值每变化 1 个单位则数据字的变化为 8。对双极性格式，低 4 位无效，A/D 转换的数据值每变化 1 个单位则数据字的变化为 16。

（3）模块主要性能。

模块主要性能见表 5-4。

表 5.4 模拟量模块主要性能一览表

性 能		EM231	EM232	EM235
通用技术规范	物理量 I/O 数量	4 路模拟量输入	2 路模拟量输出	4 路模拟量输入、1 路模拟输出
	L+电压范围 DC 传感器供电	20.4～28.8V	20.4～28.8V	20.4～28.8V
	LED 指示器	ON：24V 电源良好 OFF：无 24V 电源	ON：24V 电源良好 OFF：无 24V 电源	ON：24V 电源良好 OFF：无 24V 电源

续表

性　　能		EM231	EM232	EM235
输入技术规范	数据字格式 双极性：全量程 单极性：全量程	−32000～32000 0～32000	−32000～32000 0～32000	
	最大输入电压	30V DC		30V DC
	最大输入电流/mA	32		32
	分辨率	12 位 A/D 转换		12 位 A/D 转换
	输入类型	差分		差分
	输入范围 电压：单极性：	0～5V、0～10V		0～5V、0～10V 0～1V、0～500mV 0～100mV、0～50mV
	电压：双极性	±5V、±2.5V		±10V、±5V ±2.5V、±1V ±500mV、±250mV ±100mV、±50mV ±25mV
	电流	0～20mA		0～20mA
	模拟量到数字量的转换时间/μs	＜250		＜250
输出技术规范	电压输出范围/V		±10	±10
	电流输出范围/mA		0～20mA	0～20mA
	全量程分辨率 电压 电流		12 位 11 位	12 位 11 位
	精度 典型情况（25℃） 电压、电流		满量程的 0.5%	满量程的 0.5%
	设置时间 电压输出/μs 电流输出/ms		100 2	100 2
	最大驱动 电压输出 电流输出		最小 5kΩ 最大 500Ω	最小 5kΩ 最大 500Ω

3. I/O 点数扩展及编址

S7 - 200 系列的 PLC 的主机只能提供有固定的地址和数量的 I/O，需要扩展时，可以在 CPU 右边连接多个扩展模块，每个扩展模块的组态地址编号取决于各模块的类型和该模块在 I/O 链中所处的位置，同类型输入或输出点的模块进行顺序编址，编址方法是同样类型输入或输出点的模块在链中按与主机的位置而递增，其他类型模块的有无以及所处的位置不影响本类型模块的编号。CPU 分配给数字量 I/O 模块的地址以字节为单位（长度为 8 位），本模块未用位不能分配给 I/O 链的后续模块。对于输入模块，每次更新输入时都将输入字节中未用的位清零，因此不能把它们用作内部存储器标志位。对于模拟量的模块,输入/输出以 2 个字递增方式来分配空间。不同的 CPU 有不同的扩展规范,它主要受 CPU 的功能限制。在使用时可参考 SIEMENS 的系统手册。

例如,某一控制系统选用 CPU 224,系统所需的输入/输出点数为:数字量输入 24 点、数字量输出 20 点、模拟量输入 6 点和模拟量输出 2 点。本系统可有多种不同模块的选取组合,并且各模块在 I/O 链中的位置排列方式也可能有多种,图 5.6 所示为其中的一种模块连接方式。表 5.5 列出了其对应的各模块的编址情况。

图 5.6 模块连接方式

表 5.5 各 模 块 的 编 址

主机 I/O	模块 0 I/O	模块 1 I/O	模块 2 I/O	模块 3 I/O	模块 4 I/O
I0.0 Q0.0	I2.0	Q2.0	AIW0 AQW0	I3.0 Q3.0	AIW8 AQW4
I0.1 Q0.1	I2.1	Q2.1	AIW2	I3.1 Q3.1	AIW10
I0.2 Q0.2	I2.2	Q2.2	AIW4	I3.2 Q3.2	AIW12
I0.3 Q0.3	I2.3	Q2.3	AIW6	I3.3 Q3.3	AIW14
I0.4 Q0.4	I2.4	Q2.4			
I0.5 Q0.5	I2.5	Q2.5			
I0.6 Q0.6	I2.6	Q2.6			
I0.7 Q0.7	I2.7	Q2.7			
I1.0 Q1.0					
I1.1 Q1.1					
I1.2					
I1.3					
I1.4					
I1.5					

5.1.3 智能接口模块

智能接口模块是指本身带有 CPU 单元,能够自行处理数据并完成一定功能的模块。在 S7-200 系列 PLC 中,智能接口模块主要是特殊功能模块,如定位模块 EM253、调制解调器模块 EM241 及 Profibus DP 模块 EM277。下面逐一介绍这 3 种模块。

1. 定位模块 EM253

EM253 定位模块是 S7-200 系列 PLC 的特殊功能模块,它与 S7-200 系列的 CPU 模块通过 I/O 扩展电缆通信,其组态信息存储在 CPU 模块的 V 存储区中。CPU 模块在输出的过程映像区中 Q 区保留了 8 位作为位控模块的接口,应用程序可以使用这些位来控制位控模块的操作。这 8 个输出位与位控模块上的任何物理输出都不相连,只通过扩展的 I/O 总线交换数据。为了简化应用程序中位控功能的使用,STEP 7-Micro/Win 提供了位控向导，利用此向导可在几分钟内完成对位控模块的组态。STEP 7 - Micro/Win 还提供一个控制面板，可以控制、监控和测试位控操作。

2. 调制解调器模块 EM241

调制解调器模块 EM241 可以直接将 S7 - 200 系列 PLC 连到一个模拟电话线上，并且支持 S7 - 200 与 STEP 7 - Micro/Win 的通信，即利用装有 STEP 7 - Micro/Win 系统程序的计算机可以通过该模块用电话线路远程控制 S7 - 200 系列 PLC。该调制解调器模块还支持 Modbus 从站 RTU 协议，通过扩展 I/O 总线实现通信。STEP 7 - Micro/Win 中提供了一个调制解调器扩展向导，它可以帮助设置一个远端的调制解调器或者通过设置将 S7 - 200 连向远端设备的调制解调器模块。

3. Profibus - DP 扩展从站模块 EM277

Profibus 协议主要用于分布式 I/O 设备的高速通信，在这个标准下，不同厂家的产品均可以兼容。Profibus 设备类型很多，既有简单的输入/输出模块，又有电机控制器和可编程控制器等。Profibus 网络通常有一个主站和几个 I/O 从站。Profibus - DP 模块 EM277 可通过 I/O 扩展总线与 S7 - 200 CPU 模块连接，通过 DP 通信接口和 Profibus 网络相连，同时还支持主从协议 MPI，连接 S7 - 200 CPU 模块使其作为 MPI 从站，如图 5.7 所示。

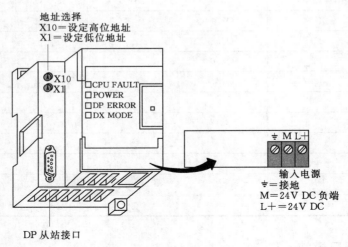

图 5.7   EM227 Profibus - DP 扩展从站模块外形

5.1.4 S7 - 200 系列 PLC 的通信及常用网络

S7 - 200 PLC 的通信包括 PLC 与上位机之间、PLC 之间以及 PLC 与其他智能设备之间的通信。PLC 和计算机可以直接或通过通信处理单元、通信转换器连接构成网络，以实现信息的交换，并可构成“集中管理，分散控制”的分布式控制系统，满足工厂自动化系统发展的需要。

SIMATIC NET 是西门子公司的网络产品的总称，它包括工业以太网（SIMATIC NET 的顶层）、现场总线 Profibus、AS - i 接口和 EIS（SIMATIC NET 的底层）3 个主要层次。西门子通信网络的中间层为工业现场总线 Profibus，它是用于车间级和现场级的国际标准，传输速率最大为 12Mb/s，响应时间的典型值为 1ms，使用屏蔽双绞线电缆（最长 9.6km）或光缆（最长 90km），最多可接 127 个从站。

1. S7 - 200 PLC 的通信协议和方式

S7 - 200 系列 PLC 安装有串行通信口。CPU 221、CPU 222、CPU 224 为一个 RS - 485 口，定义为 PORT0，CPU 226 和 CPU 226XM 为两个 RS - 485 口，定义为 PORT0 及 PORT1。

S7 - 200 系列 PLC 通信协议有 PPI 协议、MPI 协议、自由口通信、Profibus DP 协议、AS - I 接口协议等。

PPI 通信协议是西门子公司专为 S7 - 200 系列 PLC 开发的通信协议，内置于 CPU 中。PPI 协议物理上基于 RS - 485 口，通过屏蔽双绞线就可以实现 PPI 通信。PPI 协议是一种主从协议。主站设备发送要求到从站设备，从站设备响应，从站不主动发出信息。主站靠 PPI 协议管理的共享连接来与从站通信。PPI 协议并不限制与任意一个从站通信的主站数量，但是一个网络中，主站不能超过 32 个。PPI 协议最基本的用途是为使 PC 机在运行 Windows 或 Windows NT 操作系统的个人计算机（PC）上安装了 STEP 7 - Micro/Win V4.0 编程软件后，PC 可作为通信中的主站，可以上传和下载应用程序，此时使用西门子公司的 PC/PPI 电缆连接 PC 机的 RS - 232 口及 PLC 机的 RS - 485 口。

2. 仅使用 S7 - 200 PLC 的典型网络

S7 - 200 是一种小型的 PLC，所以在网络中一般作为从站使用，一般有以下几种比较常见的网络。

（1）单主站 PPI 网络。

当网络中只有一个主站时，即构成了单主站网络，单主站网络如图 5.8 所示。此主站可以是计算机，也可以是人机界面设备，而 S7 - 200 是网络的从站。单主站与一个或多个从站（一台或多台 PLC 机）相连，STEP7 - Micro/Win V4.0 每次和一个 S7 - 200 CPU 通信，但是它可以访问网络上的所有 CPU。

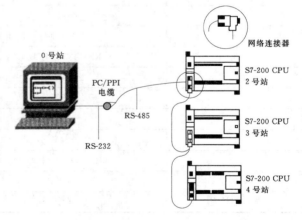

图 5.8 单主站通信方式

（2）多主站 PPI 网络。

通信网络中有多个主站设备、一个或多个从站，就构成了多主站网络。图 5.9 所示为由带 CP 通信卡的计算机和文本显示器 TD 200、操作面板 OP15 构成主站，S7 - 200 CPU 可以是从站或主站，这也是 PPI 通信协议的实际应用。

3. S7 - 200 PLC 组网的部分硬件

（1）RS - 485 接口及电缆。

S7 - 200 网络使用 RS - 485 标准双绞线电缆。在一个网段上最多可以连接 32 个

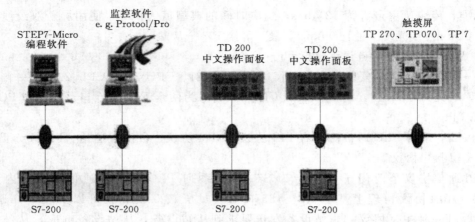

图 5.9　多主站方式示意图

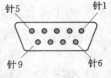

图 5.10　通信口的
物理连接

设备，通信距离可达 1200m。增大设备及增大传送距离可在网络中加接中继器。S7 - 200 系列 PLC 安装的为标准的 9 针 D 型连接器。图 5.10 所示为通信接口的物理连接口，表 5.6 是通信口引脚分配。

（2）CP 卡及 EM277。

表 5.7 为 S7 - 200 系列 PLC 组网时的硬件配置。

表 5.6　　　　　　　　　　　　　通信口的引脚分配

针	Profibus 名称	端口 0/端口 1
1	屏蔽	逻辑地
2	24V 返回	逻辑地
3	RS - 485 信号 B	RS - 485 信号 B
4	发送申请	RTS［TTL］
5	5V 返回	逻辑地
6	+5V	+5V，100Ω 串联电阻
7	+24V	+24V
8	RS - 485 信号 A	RS - 485 信号 A
9	不用	10 位协议选择［输入］
连接器外壳	屏蔽	机壳接地

表 5.7　　　　　　　　　　　　STEP - Micro/WIN 支持的硬件组态

支持的硬件	型　　号	支持的波特率 /(kb/s)	说　　明
PC/PPI 电缆	到 PC 通信口的电缆连接器	9.6 19.2	支持 PPI 协议
CP 5511	Ⅱ型，PCMCIA 卡	9.6	支持用于笔记本 PC 的 PPI、MPI 和 Profibus 协议
CP 5611	PCI 卡（版本 3 或以上版本）	19.2	支持用于 PC 的 PPI、MPI 和 Profibus 协议
MPI	PG 中集成的 PCISA 卡	187.5	

5.1.5　其他设备

1. 编程设备（PG）

编程器是任何一台 PLC 不可缺少的设备，一般是由制造厂专门提供的。S7 - 200 PLC 的编程器可以是简易的手持编程器 PG702，也可以是昂贵的图形编程器，如 PG740Ⅱ、PG760Ⅱ 等。为降低编程设备的成本，目前广泛采用 PC 作为编程设备，但需配置制造厂提供的专用编程软件。S7 - 200 PLC 的编程软件为 STEP - Micro/Win V4.0，通过一条 PC/PPI 电缆将用户程序送入 PLC 中。

2. 人机操作界面（Human Machine Interface，HMI）

（1）文本显示器 TD 200。

TD 200 是 S7 - 200 PLC 的操作员界面，其功能如下。

1）显示文本信息。通过选择项确认的方法可显示最多 80 条信息，每条信息最多可包含 4 个变量。可显示中文。

2）设定实时时钟。

3）可显示过程参数，并可通过输入键进行设定或修改。

4）有可编程的 8 个功能键，可以替代普通的控制按钮，从而可以节省 8 个输入点。

5）具有密码保护功能。

6）提供强制 I/O 点诊断功能。

TD 200 不需要单独的电源，只需要将它的连接电缆接到 CPU 22X 的 PPI 接口上，用 STEP7 - Micro/Win 软件进行编程。

（2）触摸屏 TP 070、TP 170A、TP 170B 及 TP 7、TP 27。TP 070、TP 170A、TP 170B 为具有较强功能且价格适中的触摸屏，其特点如下。

1）可在 Windows 环境下工作。

2）可通过 MPI 及 Profibus - DP 与 S7 - 200 PLC 连接。

3）背光管寿命达 50000h，可连续工作 6 年。

4）利用 STEP7 - Micro/Win（Pro）SIMATIC ProTool/Lite V5.2 进行组态。

TP 7、TP 27 触摸屏主要用于进行机床操作和监控。

3. 工业软件

工业软件是为更好地管理和使用这些设备而开发的与之相配套的程序，它主要由标准工具、工程工具、运行软件和人机接口等几大类构成。

5.2　S7 - 200 系列 PLC 的内部元器件

PLC 是以微处理器为核心的专用计算机，用户的程序和 PLC 的指令是相对元器件而言的，PLC 元器件是 PLC 内部的具有一定功能的器件，这些器件实际上由电子电路和寄存器及存储器单元等组成，习惯上也把它称为继电器，为了把这种继电器与传统电气控制电路中的继电器区别开来，有时也称之为软继电器或软元件。本节从数据存储类型、元器件的编址方式、存储空间和功能等角度叙述各种元器件的使用方法。

5.2.1　数据存储类型

S7 - 200 CPU 内部元器件的功能相互独立，在数据存储器中都有地址，可依据存储器地址来存储数据。

1. 数据长度

计算机中使用的都是二进制数，在 PLC 中，通常使用位、字节、字、双字来表示数据，它们占用的连续位数称为数据长度。

二进制的 1 位（bit）只有 "0" 和 "1" 两种不同的取值，在 PLC 中一个位可对应一个继电器或开关，继电器的线圈得电或开关闭合，相应的状态位为 "1"；若继电器的线圈失电或开关断开，其对应位为 "0"。

8 位二进制数组成一个字节（Byte），其中的第 0 位为最低位（LSB），第 7 位为最高位（MSB）。两个字节组成一个字（Word），在 PLC 中又称为通道，即一个通道由 16 位继电器组成。两个字组成一个双字（Double Word）。一般用二进制补码表示有符号数，其最高位为符号位，最高位为 0 时为正数，最高位为 1 时为负数。

2. 数据类型及范围

S7 - 200 系列 PLC 数据类型主要有布尔型（BOOL）、整数型（INT）和实数型（RE-AL）。布尔逻辑型数据是由 "0" 和 "1" 构成的字节型无符号的整数；整数型数据包括 16 位单字和 32 位有符号整数；实数型数据又称浮点型数据，它采用 32 位单精度数来表示。数据类型、长度及范围见表 5.8。

表 5.8　　　　　　　　　　　数据类型、长度及范围

基本数据类型	无符号整数表示范围		基本数据类型	有符号整数表示范围	
	十进制表示	十六进制表示		十进制表示	十六进制表示
字节 B（8 位）	0～255	0～FF	字节 B（8 位）只用于 SHRB 指令	−128～127	80～7F
字 W（16 位）	0～65535	0～FFFF	INT（16 位）	−32767～32767	8000～7FFF
双字 D（32 位）	0～4294967295	0～FFFFFFFF	DINT（32 位）	−2147483648～2417483647	80000000～7FFFFFFF
布尔（1 位）	0～1				
实数（32 位）	$−10^{38}～10^{38}$（IEEE32 浮点数）				

3. 常数

在编程中经常会使用常数。常数根据长度可分为字节、字和双字。在机器内部的数据都以二进制存储，但常数的书写可以用二进制、十进制、十六进制、ASCII 码或实数等多种形式。几种常数形式见表 5.9。

5.2.2　数据的编址方式

数据存储器的编址方式主要是对位、字节、字、双字进行编址。

1. 位编址

位编址的方式为：（区域标志符）字节地址. 位地址，如 I3.4、Q1.0、V3.3 和 I3.4，其中的区域标识符 "I" 表示输入，字节地址是 3，位地址为 4。

表 5.9   常 数 表 示 方 法

编码方式	书 写 格 式	举 例
十进制	十进制数值	12345
十六进制	16#十六进制值	16#8AC
二进制	2#二进制值	2#1010 0011 1101 0001
ASCII 码	'ASCII 码文本'	'good'
浮点数	ANSI/IEEE 754-1985 标准	$+1.175495E-38 \sim +3.402823E+38$
		$-1.175495E-38 \sim -3.402823E+38$

2. 字节编址

字节编址的方式为：（区域标志符）B 字节编址，如 IB1 表示输入映像寄存器由 I1.0~I1.7 这 8 位组成。

3. 字编址

字编址的方式为：（区域标志符）W 起始字节地址，最高有效字节为起始字节，如 VW100 包括 VB100 和 VB101，即表示由 VB100 和 VB101 这两个字节组成的字。

4. 双字编址

双字编址的方式为：（区域标志符）D 起始字节地址，最高有效字节为起始字节，如 VD100 表示由 VB100~VB103 这 4 个字节组成的双字。

5.2.3 PLC 内部元器件及编址

在 S7-200 PLC 的内部元器件包括输入映像寄存器（I）、输出映像寄存器（Q）、变量存储器（V）、位存储器（M）、顺序控制继电器（S）、特殊存储器（SM）、局部存储器（L）、定时器（T）、计数器（C）、模拟量输入映像寄存器（AI）、模拟量输出映像寄存器（AQ）、累加器（AC）和高速计数器（HC）。

1. 输入映像寄存器（I）

S7-200 的 PLC 输入映像寄存器又称输入继电器，在每个扫描周期的开始，PLC 对各输入点进行采样，并把采样值送到输入映像寄存器。PLC 在接下来的本周期各阶段不再改变输入映像寄存器中的值，直到下一个扫描周期的输入采样阶段。

每个输入继电器都有一个 PLC 的输入端子对应，它用于接收外部的开关信号。当外部的开关信号闭合，则输入继电器的线圈得电，在程序中其常开触点闭合，常闭触点断开。这些触点可以在编程时任意使用，使用次数不受限制。

输入映像寄存器可按位、字节、字、双字等方式进行编址，如 I0.2、IB3、IW4、ID0。

S7-200 的 PLC 输入映像寄存器的区域有 I0~I15 共 16 个字节单元，输入映像寄存器按位操作，每一位代表一个数字量的输入点。如 CPU 224 的基本单元有 14 个数字量的输入点，即 I0.0~I0.7、I1.0~I1.5，占用了两个字节 IB0、IB1。

2. 输出映像寄存器（Q）

S7-200 的 PLC 输出映像寄存器又称输出继电器，每个输出继电器都有一个 PLC 上的输出端子对应。当通过程序使得输出继电器线圈得电时，PLC 上的输出端开关闭合，它可以作为控制外部负载的开关信号。同时在程序中其常开触点闭合，常闭触点断开。这些触点可以在编程时任意使用，使用次数不受限制。

在每个扫描周期的输入采样、程序执行等阶段，并不把输出结果信号直接送到输出继电器，而只是送到输出映像寄存器，只有在每个扫描周期的末尾才将输出映像寄存器中的结果信号几乎同时送到锁存器，对输出点进行刷新。实际未用的输出映像区可做他用，用法与输入继电器相同。

输出映像寄存器可按位、字节、字、双字等方式进行编址，如 Q0.2、QB3、QW4、QD0。

S7 - 200 的 PLC 输出映像寄存器的区域有 Q0～Q15 共 16 个字节单元，输出映像寄存器按位操作，每一位代表一个数字量的输出点。例如，CPU 224 的基本单元有 16 个数字量的输出点，即 Q0.0～Q0.7、Q1.0～Q1.7，占用了两个字节 QB0、QB1。

3. 位存储器 （M）

位存储器也称为辅助继电器或通用继电器，它如同继电控制接触系统中的中间继电器，它用来存储中间操作数或其他控制信息。在 PLC 中没有输入/输出端与之对应，因此辅助继电器的线圈不直接受输入信号的控制，其触点不能驱动外部负载。

位存储器可按位、字节、字、双字来存取数据，如 M25.4、MB1、MW12、MD30。

S7 - 200 的 PLC 位存储器的寻址区域为 M0.0～M31.7。

4. 特殊存储器 （SM）

特殊存储器为 CPU 与用户程序之间传递信息提供了一种交换。用户可以用这些选择和控制 S7 - 200 CPU 的一些特殊功能，用户可以按位、字节、字或双字的形式来存取。

用户可以通过特殊标志来沟通 PLC 与被控对象之间的信息，如可以读取程序运行过程中的设备状态和运算结果信息，利用这些信息用程序实现一定的控制动作，用户也可通过直接设置某些特殊标志继电器位来使设备实现某种功能。例如：

SM0.1，仅在第一个扫描扫描周期为 "1" 状态，常用来对程序进行初始化，属只读型。

SM0.5，提供 1s 的时钟脉冲，属只读型。

SM36.5，HSCO 当前计数方向控制，置位时，递增计数，属可写型。

其他常用特殊存储器的功能可以参见附录 B。

5. 变量存储器 （V）

变量存储器用来存储全局变量、存放程序执行过程中控制逻辑操作的中间结果、保存与工序或任务相关的其他数据。变量存储器全局有效，即同一个存储器可以在任一程序分区中被访问。

变量存储器可按位、字节、字、双字使用。

变量存储器有较大的存储空间，CPU 221/CPU 222 有 VB0.0～VB2047.7 的 2KB 存储容量；CPU 224/CPU 226 有 VB0.0～VB5119.7 的 5KB 存储容量。

6. 局部变量存储器 （L）

局部变量存储器用来存放局部变量，类似变量存储器 V，但全局变量是对全局有效，而局部变量只和特定的程序相关联，是局部有效。

S7-200 PLC 提供 64B 的局部存储器，编址范围为 L0.0～L63.7，其中 60 个可以作为暂时存储器或给子程序传递参数，最后 4 个是系统为 STEP7-Micro/Win V4.0 等软件所保留。局部变量存储器可按位、字节、字、双字使用。PLC 运行时，根据需要动态地分配局部存储器：在执行主程序时，分配给子程序或中断程序的局部变量存储区是不存在的，当子程序调用或出现中断时，需要为之分配局部存储器，新的局部存储器可以是曾经分配给其他程序块的同一个局部存储器。不同程序的局部存储器不能互相访问。

7. 顺序控制继电器（S）

顺序控制继电器（SCR）用于机器的顺序控制或步进控制。它可按位、字节、字、双字使用，有效编址范围为 S0.0～S31.7。

8. 定时器（T）

定时器相当于继电—接触器控制系统中的时间继电器，是 PLC 中累计时间增量的重要编程元件。自动控制的大部分领域都需要定时器进行延时控制，灵活地使用定时器可以编制出动作要求复杂的控制程序。

PLC 中的每个定时器都有一个 16 位有符号的当前值寄存器，使用时要提前输入时间预设值。当定时器的输入条件满足且开始计时时，当前值从 0 开始按一定的时间单位增加；当定时器的当前值达到预设值时，定时器动作，此时它的常开触点闭合，常闭触点断开，利用定时器的触点就可以得到控制所需的延时时间。

S7-200 PLC 定时器的精度有 3 种，即 1ms、10ms 和 100ms，有效范围为 T0～T255。

9. 计数器（C）

计数器用来累计输入脉冲的次数，其结构与定时器类似，使用时要提前输入它的设定值（计数的个数），通常设定值在程序中赋予，有时也可根据需求在外部进行设定。S7-200 PLC 提供 3 种类型的计数器，即加计数器、减计数器、加减计数器，有效范围为 C0～C255。

当输入触发条件满足时，计数器开始累计它的输入端脉冲电位上升沿（正跳变）的次数。当计数器计数达到预定的设定值时，其常开触点闭合，常闭触点断开。

10. 高速计数器（HC）

高速计数器的工作原理与普通计数器基本相同，它用来累计比主机扫描速度更快的高速脉冲。高速计数器的当前值为双字长（32 位）的有符号整数，且为只读值。单脉冲输入时，计数器最高频率达 30kHz，CPU 221/CPU 222 提供了 4 路高速计数器 HC0～HC3，CPU 224/CPU 226/CPU 226XM 提供了 6 路高速计数器 HC0～HC5；双脉冲输入时，计数器最高频率达 20kHz，CPU 221/CPU 222 提供了两路高速计数器 HC0、HC1，CPU 224/CPU 226/CPU 226XM 提供了 4 路高速计数器 HC0～HC3。

11. 模拟量输入映像寄存器（AI）

S7-200 PLC 模拟量输入模块能将现场连续变化的模拟量用 A/D 转换器转换为 1 个字长的数字量，并存入模拟量输入映像寄存器中，供 CPU 处理。

在模拟量输入寄存器中，1 个模拟量等于 16 个数字量，即 2 个字节，因此从偶数号字节进行编址来存取转换过的模拟量值，如 AIW0、AIW2、AIW4、AIW8 等。

模拟量输入寄存器只读取数据，模拟量转换的实际精度为 12 位。CPU 221 没有模拟量输入寄存器，CPU 222 的有效地址范围为 AIW0～AIW30；CPU 224/CPU 226/CPU 226XM 的有效地址范围为 AIW0～AIW62。

12. 模拟量输出映像寄存器（AQ）

S7－200 PLC 模拟量输出模块能将 CPU 已运算好的一个字长的数字量转换为模拟量，并存入模拟量输出映像寄存器中，供驱动外部设备使用。

在模拟量输出寄存器中，1 个模拟量等于 16 位数字量，即 2 个字节，因此从偶数号字节进行编址来存取转换过的模拟量值，如 AQW0、AQW2、AQW4、AQW8 等。

模拟量输出寄存器只写数据，模拟量转换的实际精度为 12 位。CPU 221 没有模拟量输出寄存器，CPU 222 的有效地址范围为 AQW0～AQW30；CPU 224/CPU 226/CPU 226XM 的有效地址范围为 AQW0～AQW62。

13. 累加器（AC）

累加器是用来暂存数据、计算的中间数据和结果数据、子程序传递参数、从子程序返回参数等的寄存器，它可以像存储器一样使用读/写存储区。S7－200 PLC 提供 4 个 32 位累加器，分别为 AC0、AC1、AC2、AC3，使用时可按字节、字、双字的形式存取累加器中的数据。按字节或字为单位存取时，累加器只使用了低 8 位或低 16 位，被操作数据的长度取决于访问累加器时所使用的指令。

5.3　S7－200 CPU 存储器区域的寻址方式

S7－200 将信息存储在不同的存储单元中，每个存储单元都有唯一的地址，S7－200 CPU 使用数据地址访问所有的数据，称为寻址。指定参与的操作数据或操作数据地址的方法，称为寻址方式。S7－200 系列的 PLC 有立即数寻址、直接寻址和间接寻址 3 种方式。

5.3.1　CPU 存储区域的立即数寻址

数据在指令中以常数形式出现，取出指令的同时也就取出了操作数，这种寻址方式称为立即数寻址方式。CPU 以二进制方式存储常数，常数可分为字节、字、双字数据，指令中还可用十进制、十六进制、ASCII 码或浮点数来表示。

5.3.2　CPU 存储区域的直接寻址

在指令中直接使用存储器或寄存器的元件名称、地址编号来查找数据，这种寻址方式称为直接寻址。直接寻址可以按位、字、字节、双字直接寻址，S7－200 PLC 直接寻址的内部元器件符号见表 5.10。

在表 5.10 中，A 为元件名称，即该数据在数据存储器中的区域地址。T 为数据类型，若为位寻址，则无该项，若为字节、字或双字寻址，则 T 的取值应分别为 B、W 和 D。x 为字节地址；y 为字节内的位址，只有位寻址才有该项。

表 5.10   PLC 寻址的内部元器件

元件符号（名称）	所在数据区域	位寻址格式	其他寻址格式
I（输入继电器）	数字量输入映像位区	$A_{x.y}$	AT_x
Q（输出继电器）	数字量输出映像位区	$A_{x.y}$	AT_x
M（位存储器）	位存储器标志位区	$A_{x.y}$	AT_x
SM（特殊存储器）	特殊存储器标志位区	$A_{x.y}$	AT_x
S（顺序控制继电器）	顺序控制继电器存储器区	$A_{x.y}$	AT_x
V（变量存储器）	变量存储器区	$A_{x.y}$	AT_x
L（局部变量存储器）	局部存储器区	$A_{x.y}$	AT_x
T（定时器）	定时器存储器区	A_y	AT_x
C（计数器）	计数器存储器区	A_y	无
AI（模拟量输入映像寄存器）	模拟量输入存储器区	无	AT_x
AQ（模拟量输出映像寄存器）	模拟量输出存储器区	无	AT_x
AC（累加器）	累加器区	无	$A_{y)}$
HC（高速计数器）	高速计数器区	无	A_y

1. 位寻址方式

位寻址是指明存储器或寄存器的元件名称、字节地址和位号的一种直接寻址方式。按位寻址时的格式为：$A_{x.y}$。图 5.11 所示为输入继电器的位寻址方式举例。

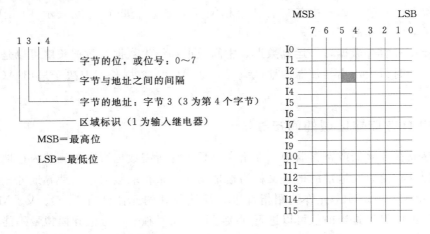

图 5.11　CPU 存储器中位数据表示方法和位寻址方式举例

可以进行位寻址的编程元件有输入继电器、输出继电器、位存储器、特殊存储器、局部变量存储器、变量存储器和顺序控制继电器。

2. 字节、字和双字的寻址方式

CPU 直接访问字节、字、双字数据时，必须指明数据存储区域、数据长度和存储区域的起始地址。当数据长度为双字时，最高有效字节为起始字节。对变量存储器的数据操作如图 5.12 所示。

按字节寻址的元器件有 I、Q、M、SM、S、V、L、AC、常数。

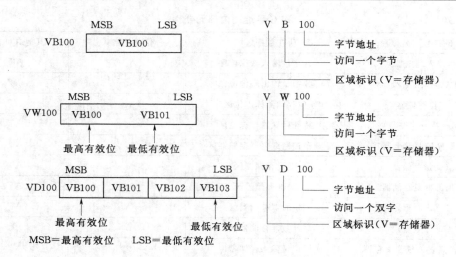

图 5.12 字节、字、双字的寻址方式

按字寻址的元器件有 I、Q、M、SM、S、T、C、V、L、AC、常数。

按双字寻址的元器件有 I、Q、M、SM、S、V、L、AC、HC、常数。

3. 特殊元器件的寻址方式

存储区内另有一些元件是有一定功能的器件，由于元件数量很少，所以不用指出它们的字节，而是直接写出其编号。这类元件包括定时器、计数器、高速计数器和累加器。其中 T、C 和 HC 的地址编号中各包含两个相关变量信息，如 T1，既表示 T1 定时器位状态，又表示此定时器的当前值。

累加器用来暂存数据，如运算数据、中间数据和结果数据，数据长度可以是字节、字和双字。使用时只表示出累加器的地址编号，如 AC2，数据长度取决于进出 AC2 的数据的类型。

5.3.3 CPU 存储器区域的间接寻址

数据存放在存储器或寄存器中，在指令中只出现所需数据所在单元的内存地址，需通过地址指针（存储单元地址的地址又称为地址指针）来存取数据，这种寻址方式称为间接寻址。在 S7－200 CPU 中允许使用指针进行间接寻址的元器件有 I、Q、V、M、S、T、C。其中 T 和 C 仅仅是当前值可以进行间接寻址，而对独立的位值和模拟量不能进行间接寻址。

使用间接寻址方式存取数据的过程如下。

1. 建立指针

使用间接寻址对某个存储器单元读、写时，首先建立地址指针。指针为双字长，是所要访问的存储器单元的 32 位的物理地址。可作为指针的存储区有变量存储器、局部变量存储器和累加器（AC1、AC2、AC3）。必须用双字传送指令（MOVD），将存储器所要访问单元的地址装入用来作为指针的存储器单元或寄存器，装入的是地址而不是数据本身，格式如下：例如，

MOVD &VB100，VD204

MOVD &VB10，AC2

MOVD &AC2，LD16

其中，"&"为地址符号，它与单元编号结合表示所对应单元的 32 位物理地址；VB100 只是一个直接地址编号，并不是它的物理地址。指令中的第二个地址数据长度必须是双字长，如 VD、LD 和 AC 等。

2. 用指针来存取数据

在操作数的前面加"*"表示该操作数为一个指针。如图 5.12 所示，AC1 为指针，用来存放要访问的操作数地址。在这个例子中，存于 VB200、VB201 中的数据被传送到 AC0 中去。

3. 修改指针

处理连续存储数据时，可以通过修改指针很容易存取紧挨的数据。简单的数学运算指令，如加法、减法、自增和自减等指令可以用来修改指针。在修改指针时，要记住访问数据的长度；在存取字节时，指针加 1；在存取字时，指针加 2；在存取双字时，指针加 4。图 5.13 说明如何建立指针、如何存取数据及修改指针。

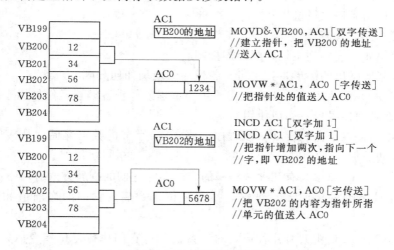

图 5.13　建立指针、存取数据及修改指针

本 章 小 结

不同 PLC 厂家的产品各具特色，通过深入学习，熟练掌握一种型号的 PLC 的使用，可对其他产品的学习变得轻松容易。

本章以 S7 - 200 系列 PLC 为对象，详细介绍了其结构、软元件及寻址方式。

(1) S7 - 200 系列 PLC 有 4 种 CPU 型号，它们都是整体机，有的可以加载扩展模块和特殊模块。

本系列 PLC 在许多方面，如输入/输出、存储系统、高速输出、实时时钟、网络通信等方面具有自己的独特功能。

（2）通过输入和输出扩展可增加实际应用的 I/O 点数，但输入/输出扩展或加载其他特殊功能模块时必须遵循一定的原则。通过 CPU 组态可以配置主机及相连的模块，使其在一定的方式下工作。

（3）应学会分析和参考 PLC 的技术性能指标表。这是衡量各种不同型号 PLC 产品性能的依据，也是根据实际需求选择和使用 PLC 的依据。

（4）PLC 编程时用到的数据及数据类型可以是布尔型、整型和实型；指令中常数的表示可用二进制、十进制、十六进制、ASCII 码或浮点数据来表示。

（5）S7 - 200 系列 PLC 有直接寻址和间接寻址两种寻址方式。PLC 内部的编程元件有多种，每种元件都可进行直接寻址。对于部分元件，当处理多个连续单元中的多个数据时，间接寻址非常方便。

习　　题

5.1　一个控制系统如果需要 12 点数字量输入，30 点数字量输出，10 点模拟量输入和 2 点模拟量输出。则：

（1）可以选用哪种主机型号？

（2）如何选择扩展模块？

（3）各模块如何连接到主机？画出连接图。

（4）按上问所画出的图形，其主机和各模块的地址如何分配？

5.2　S7 - 200 系列 PLC 主机中有哪些主要编程元件？各编程元件如何直接寻址？

5.3　什么是间接寻址？如何使用？

5.4　采用间接寻址方式设计一段程序，将 10 个字节的数据存储在从 VB100 开始的存储单元，这些数据为 12、35、65、78、56、76、88、60、90 和 47。

5.5　S7 - 200 PLC 中共有几种分辨率的定时器？它们的刷新方式有何不同？S7 - 200 PLC 中共有几种类型的定时器？对它们执行复位指令后，它们的当前值和位的状态是什么？

5.6　S7 - 200 PLC 中共有几种形式的计数器？对它们执行复位指令后，它们的当前值和位的状态是什么？

第 6 章　S7 - 200 PLC 编程软件及应用

主要内容

本章主要简介 S7 - 200 Micro PLC 编程系统的基本知识，系统地介绍了 STEP 7 - Micro/Win V4.0 编程软件的功能以及如何使用 STEP 7 - Micro/Win V4.0 编程软件编程和如何使用 STEP 7 - Micro/Win V4.0 编程软件进行用户程序的调试和运行监控。使读者能较快地掌握运用 STEP 7 - Micro/Win V4.0 编程软件进行 PLC 系统设计。

学习要求

1. 熟悉 STEP 7 - Micro/Win V4.0 编程软件的常用功能组件及命令。

2. 熟练掌握编程软件的编程及运行操作。

3. 学会使用 STEP 7 - Micro/Win V4.0 编程软件进行调试和运行监控。

S7 - 200 PLC 是德国西门子公司的 S7 可编程控制器系列中的微型机 （Micro PLC），在使用 S7 - 200 PLC 时，需要使用编程软件对其编制用户程序。STEP 7 - Micro/Win V4.0 编程软件就是由 SIEMENS 公司专门为 SIMATIC 系列 S7 - 200 PLC 研制开发的编程软件，它是基于 Windows 操作系统的应用软件，可以使用个人计算机作为图形编程器，用于在线 （联机） 或者离线 （脱机） 开发用户程序，并可在线实时监控用户程序的执行状态。

6.1　S7 - 200 PLC 编程系统概述

S7 - 200 PLC 使用 STEP 7 - Micro/Win V4.0 编程软件进行编程。STEP 7 - Micro/Win V4.0 编程软件功能强大，是西门子 S7 - 200 PLC 用户不可或缺的开发工具。它具有简单、易学、高效、节省编程时间，能够解决复杂的自动化任务等优点。尤其是在推出汉化程序后，它可在全汉化的界面下进行操作，使中国的用户使用起来更加方便和容易。

6.1.1　S7 - 200 PLC 编程系统的组成及要求

S7 - 200 Micro PLC 编程系统包括一台 S7 - 200 CPU、一台装有编程软件 STEP 7 - Micro/Win V4.0 的 PC 机或编程器及一根连接电缆，如图 6.1 所示。

在使用 STEP 7 - Micro/Win V4.0 编程软件时，应使系统满足下列要求。

（1）操作系统：Windows 95、Windows 98、Windows 2000、Windows ME 或 Windows NT。

（2）计算机硬件配置：CPU 为 80586 或更高的处理器，内存至少 8MB 以上，硬盘空间至少 50MB 以上，VGA 显示器，Windows 支持的鼠标。

（3）通信电缆：PC/PPI 电缆 （或使用一个通信处理器卡），用于 PLC 和个人计算机

（编程器）的连接。

6.1.2　S7 - 200 PLC 编程系统硬件的连接

S7 - 200 PLC 以计算机之间的连接采用 PC/PPI 电缆。单台 PLC 与个人计算机之间的连接或通信，需要一根连到串行通信口的 PC/PPI 电缆（连接图见图 6.1），连接步骤如下。

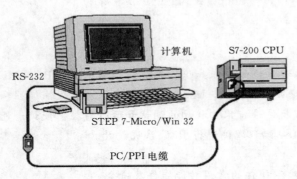

（1）设置 PC/PPI 电缆上的 DIP 开关（DIP 开关的第 1、2、3 位用于设定波特率，第 4、5 位置 0），选择计算机支持的波特率，一般设置为 9.6KB 或 19.2KB。

（2）把 PC/PPI 电缆的 RS - 232 端（标着 PC）连接到计算机的串行通信口

图 6.1　S7 - 200 PLC CPU 与计算机的连接

COM1 或 COM2，并拧紧连接螺钉。

（3）把 PC/PPI 电缆的 RS - 485 端（标着 PPI）连接到 PLC 的串行通信口，并拧紧连接螺钉。

6.1.3　STEP 7 - Micro/Win V4.0 软件的安装

STEP 7 - Micro/Win V4.0 编程软件安装与一般软件的安装大同小异，也是使用 CD 光盘和 CD - ROM 驱动器。其安装过程和操作步骤如下。

（1）将 STEP 7 - Micro/Win V4.0 CD 放入 CD - ROM 驱动器，系统自动进入安装向导；如果安装程序没有自动启动，可在 CD - ROM 的 F：（光盘）/STEP7/DISK1/setup. exe 找到安装程序。

（2）运行 CD 盘根目录下的 SETUP 程序，即双击 SETUP，进入安装向导。

（3）根据安装向导的提示完成 STEP 7 - Micro/Win V4.0 编程软件的安装。

（4）首次安装完成后，会出现一个"浏览 Readme 文件"选项对话框，可以选择使用德语、英语、法语、西班牙语或意大利语阅读 Readme 文件。

一般出售的软件都采用英文版，使用时也可以通过专门的汉化软件将其操作界面汉化为中文界面，这样使用起来会更加方便、更加容易。

安装完成并已重新启动计算机后，"SIMATIC Manager（SIMATIC 管理器）" 图标将会显示在 Windows 桌面上。

6.1.4　通信参数的设定

在 STEP 7 - Micro/Win V4.0 编程软件安装结束时，会出现"设置 PG/PC 接口"的对话框，可以在此处进行通信参数的设定。也可以在运行 STEP 7 - Micro/Win V4.0 后进行通信参数的设定。具体步骤如下。

（1）单击通信图标，或单击"视图（View）"菜单，选择"通信（Communications)"命令，则会出现一个"通信"对话框，如图 6.2 所示。

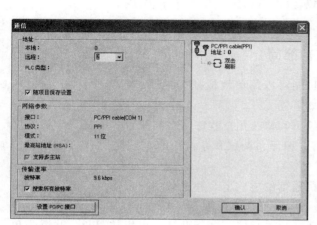

图 6.2　"通信"对话框

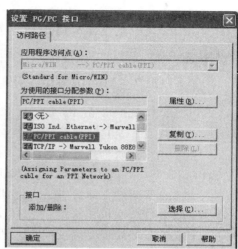

图 6.3　"设置 PG/PC 接口"对话框

（2）在"通信"对话框中，单击"设置 PG/PC 接口"按钮，将会出现"设置 PG/PC 接口"的对话框，如图 6.3 所示。

（3）单击"属性"按钮，将出现"接口属性"对话框，检查各参数的属性是否正确。如图 6.4（a）和图 6.4（b）所示，其中通信波特率（Transmission Rate）的设定值要根据自己的通信线缆型号来设置，PC/PPI 设为 9.60kb/s，而 CP5611（PROFIBUS）设为 1.5Mb/s。早期单主机组态所显示的参数配置如下。

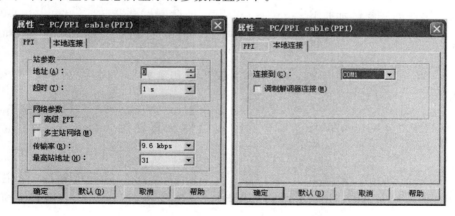

图 6.4　PG/PC 接口参数设置对话框

远程设备地址（Remote Address）：2。

本地设备地址（Local Address）：0。

通信模式（Module）：PC/PPI 电缆（计算机通信端口为 COM1）。

通信协议（Prorocol）：PPI。

传输率：（Transmission Rate）：9.6kb/s。

传送字符数据格式（Mode）：11 位。

6.2　STEP 7 - Micro/Win V4.0 的功能

6.2.1　STEP 7 - Micro/Win V4.0 功能简介

STEP 7 - Micro/Win V4.0 的基本功能可以简单地概括为：通过 Windows 平台用户自己编制应用程序。它的功能可以总结如下。

（1）在离线（脱机）方式下创建、编辑和修改用户程序。在离线方式下，计算机不直接与 PLC 联系，可以实现对程序的编辑、编译、调试和系统组态，此时所有的程序和参数都存储在计算机的存储器中。

（2）在在线（联机）方式下通过联机通信的方式上装和下载用户程序及组态数据，编辑和修改用户程序，可以直接对 PLC 进行各种操作。

（3）在编辑程序的过程中具有简单语法检查功能。利用此功能可提前避免一些语法和数据类型方面的错误；它主要在梯形图错误处下方自动加红色曲线或在语句表中错误行前加注红色叉，且在错误处下方加红色曲线。

（4）具有用户程序的文档管理和加密等一些工具功能。

此外，用户还可直接用编程软件设置 PLC 的工作方式、运行参数以及进行运行监控和强制操作等。

软件功能的实现可以在联机工作方式（在线方式）下进行，部分功能的实现也可以在脱机工作方式（离线方式）下进行。

在线与离线的主要区别如下。

（1）联机方式下可直接针对相连的 PLC 进行操作，如上装和下载用户程序和组态数据等。

（2）离线方式下不直接与 PLC 联系，所有程序和参数都暂时存放在计算机硬盘里，待联机后再下载到 PLC 中。

6.2.2　STEP 7 - Micro/Win V4.0 的窗口组件及其功能

在中文环境下运行 STEP 7 - Micro/Win V4.0 编程软件，它的主界面如图 6.5 所示。

STEP 7 - Micro/Win V4.0 编程软件主界面一般可以分为以下几个区域：主菜单条（包括 8 个主要菜单项）、工具条、浏览条、指令树、局部变量表、状态栏、输出窗口和编程区。

主界面采用了标准的 Windows 程序界面，如标题栏、主菜单条等，熟悉 Windows 操作的用户掌握起来会更加容易和便捷。

编程器窗口包含的各组件名称及功能如下。

1. 主菜单条

主菜单条同其他基于 Windows 系统的软件一样，位于窗口最上面的就是 STEP 7 - Micro/Win V4.0 编程软件的主菜单，它包括 8 个主菜单选项，这些菜单包含了通常情况

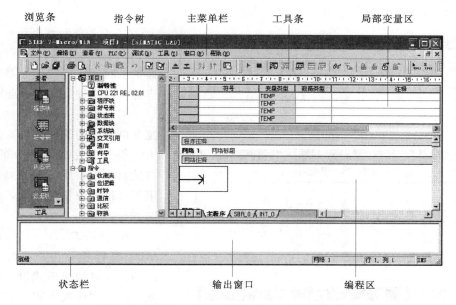

图 6.5 STEP 7 – Micro/Win V4.0 主界面的组成

下控制编程软件运行的功能和命令（括号后的字母为对应的操作热键），如图 6.6 所示。各主菜单项功能简介如下。

图 6.6 主菜单条

（1）文件（File）。文件操作的下拉菜单里包含如新建、打开、关闭、保存文件、上装和下载程序、文件的打印预览、设置和操作等。

（2）编辑（Edit）。程序编辑的工具。如选择、复制、剪切、粘贴程序块或数据块，同时提供查找、替换、插入、删除和快速光标定位等功能。

（3）检视（View）。视图可以设置软件开发环境的风格，如决定其他辅助窗口（如引导窗口、指令树窗口、工具条按钮）的打开与关闭；包含引导条中所有的操作项目；选择不同语言的编程器（包括 LAD、STL、FBD 等 3 种）；设置 3 种程序编辑器的风格，如字体、指令盒的大小等。

（4）PLC（可编程控制器）。PLC 可建立与 PLC 联机时的相关操作，如改变 PLC 的工作方式、在线编译、查看 PLC 的信息、清除程序和数据、时钟、存储器卡操作、程序比较、PLC 类型选择及通信设置等。在此还提供离线编辑功能。

（5）调试（Debus）。包括监控和调试中的常用工具按钮，主要用于联机调试。

（6）工具（Tools）。工具可以用复杂指令向导（包括 PID 指令、NETR/NETW 指令和 Hsc 指令），使复杂指令编程时操作大大简化。

（7）窗口（Windows）。窗口可以打开一个或多个，并可进行窗口之间的切换；可以设置窗口的排放形式，如层叠、水平和垂直等。

（8）帮助（Help）。它通过帮助菜单上的目录和索引可查阅几乎所有相关的使用帮助信息，帮助菜单还提供网上查询功能。在软件操作过程中的任何步骤或任何位置都可以按

F1 键来显示在线的帮助, 大大方便了用户的使用。

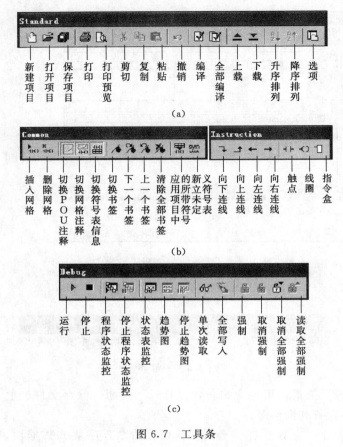

图 6.7　工具条

2. 工具条和指令树

STEP 7 - Micro/Win V4.0 提供了两行快捷按钮工具条, 用户也可以通过工具菜单自定义。

工具条是一种代替命令或下拉菜单操作的简便工具, 用户利用它们可以完成大部分的编程、调试及监控功能。下面列出了常用工具条各按钮的功能, 供读者速查与参考。

在 STEP 7 - Micro/Win V4.0 编程软件中, 将各种最常用的操作以按钮形式设定到工具条。单击"检视 (View)"菜单, 选择"工具条 (Toolbars)"命令, 设置显示或隐藏工具条。常用的工具条有标准 (Standard)、调试 (Debug)、公用 (Instructions) 及指令 (Instruction) 4 种, 图 6.7 所示为标准、调试、公用工具条所含快捷按钮及功能。指令工具条在编程时再进行讲解。

3. 浏览条

位于软件窗口的左方是浏览条, 它显示编程特性的按钮控制群组, 如程序块、符号表、状态图、数据块、系统块、交叉引用及通信等显示按钮控制。该条可用"视图 (View)"菜单中"引导条 (Navigatiion bar)"命令来选择是否打开。

浏览条为编程提供按钮控制, 可以实现窗口的快速切换, 在浏览条中单击任何一个按钮, 则主窗口切换成此按钮对应的窗口。

4. 指令树

指令树以树形结构提供编程时用到的所有快捷操作命令和 PLC 指令, 它由项目分支和指令分支组成。

在项目分支中, 右击"项目", 可将当前项目进行全部编译、比较和设置密码; 在项目中可选择 CPU 的型号; 右击"程序块"文件夹, 可插入新的子程序或中断程序; 打开"程序块"文件夹, 可以用密码保护本 POU, 也可以插入新的子程序、中断程序或重新命名。

指令分支主要用于输入程序。打开指令文件夹并选择相应指令时, 拖放或用双击指令，可在程序中插入指令；右击指令，可从弹出的快捷菜单中选择"帮助"命令，获得有关该指令的信息。

5. 局部变量表

每个程序块都对应一个局部变量表，局部变量表用来定义局部变量，局部变量只在建立局部变量的 POU 中才有效。例如，在带参数的子程序调用中，参数的传递就是通过局部变量表进行的。局部变量表包含对局部变量所做的赋值（即子例行程序和中断例行程序使用的变量）。在局部变量表中建立的变量使用暂时内存；地址赋值由系统处理；变量的使用仅限于建立此变量的 POU。

使用局部变量有以下两个优点。一是创建可移植的子程序时，可以不引用绝对地址或全局符号；二是使用局部变量作为临时变量（临时变量定义为 TEMP 类型）进行计算时，可以释放 PLC 内存。

6. 状态栏

状态栏又称为任务栏，提供了在 STEP 7 – Micro/Win V4.0 中操作时的操作状态信息。

7. 输出窗口

输出窗口用来显示 STEP 7 – Micro/Win V4.0 程序编译的结果，如编译是否有错误、错误编码和位置等。当输出窗口列出的程序有错误时，可双击错误信息，会在程序编辑区中显示相应的网络。

8. 程序编辑区

在程序编辑区，用户可以使用梯形图、指令表或功能块图编写 PLC 控制程序。在联机状态下，可以从 PLC 上载用户程序进行编辑和修改。

6.2.3　系统模块的设置及系统块配置（CPU 组态）

系统设置又称 CPU 组态，STEP 7 – Micro/Win V4.0 编程软件系统设置路径有 3 种方法：

（1）在"检视"菜单中选择"系统块"命令。

（2）在"浏览条"上单击"系统块"按钮。

（3）单击指令树内的系统块图标。

系统块配置的主要内容有数字量输入滤波、模拟量输入滤波、脉冲截取（捕捉）、输出表等配置。另外，还有通信口、保存范围、背景时间及密码设置等。

下面结合系统块主要配置内容对配置功能和方法加以说明。

1. 数字量输入滤波设置（滤波器的用途——抑制噪声干扰）

S7 – 200 CPU 全部主机数字量输入点有选择地设置输入滤波器。通过设定输入延迟时间，可以过滤输入信号。当输入状态发生改变时，才能被认为有效，以抑制输入噪声脉冲的干扰。

选择输入过滤器项，可以对数字量输入点进行延迟设定，如 CPU 22X 可定义的延迟时间为 0.2～12.8ms，系统默认延迟时间为 6.4ms。数字输入滤波器选择的系统设置界面如图 6.8 所示。

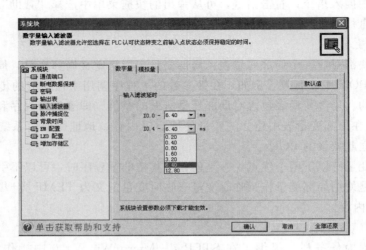

图 6.8　设置数字输入滤波

2. 模拟量输入滤波设置

使用 CPU 222、CPU 224 及 CPU 226 时，可以对各模拟输入选择软件滤波器进行模拟量的数字滤波设置。模拟量的数字滤波多用在输入信号变化缓慢的场合，高速变化信号一般不采用数字滤波。

模拟量输入信号经滤波后，求出平均值（滤波值）供用户程序使用。

滤波值的求解过程：CPU 运行时，系统按设定的周期采样个数，对模拟输入量进行采样，然后求出其总和的平均值，作为模拟输入滤波值。模拟输入滤波器选择的系统设置界面如图 6.9 所示。其中可选择的设置项共有 3 项：一是模拟输入点的选择，有 AIW0～AIW62 共 32 点；二是样本数目，即一个周期内的采样次数，在 32～256 范围内设置，系统默认值为 64；三是静区设置，静区又称死区，模拟输入滤波器反映信号速度变化是有

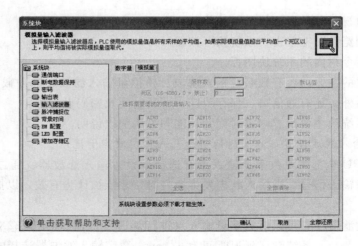

图 6.9　设置模拟输入滤波

一定能力的，当输入与平均的差超过静区设定范围时，滤波器对最近的模拟量输入值变化认作是一个阶跃函数，而不是平均值。静区的设定值采用模拟量输入的数字信号值，设定范围是 16～4080，系统默认值为 320。

3. 设置脉冲捕捉

设置脉冲捕捉功能的方法：首先正确设置输入滤波器的时间，使之不能将脉冲滤掉。然后在系统块选项卡中选择脉冲捕捉位选项对脉冲捕捉的数字量输

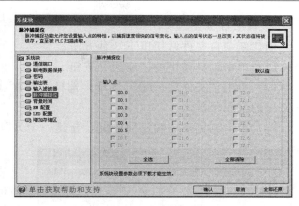

图 6.10 设置脉冲捕捉

入点进行选择，如图 6.10 所示，系统默认为所有点都不用脉冲捕捉。

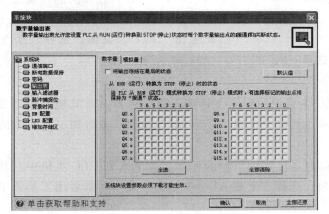

图 6.11 设置输出表

4. 输出表的设置

S7-200 CPU 为其数字量输出点提供两种性能：一种是预置数字量输出点在 CPU 变为 STOP 方式后为已知值；另一种是设置数字量输出保持 CPU 变为 STOP 方式之前的状态。

设置输出表的方法是在系统块界面单击输出表标签，进入设置输出状态界面，然后对各数字输出点进行设置，如图 6.11 所示。

输出状态表允许由 RUN 到 STOP 过渡时，使输出进入已知状态，设置方法是为欲设定为 ON（1 态）的各输出单击选项栏，默认值是 OFF（输出 0 态）。

6.3 程序编辑及运行

6.3.1 用户程序文件操作

1. 打开已有的项目文件

打开已有的项目文件常用以下两种方法。

（1）用"文件（File）"菜单中的"打开（Open）"命令，在弹出的对话框中选择要打开的程序文件。

（2）用 Windows 资源管理器找到适当的目录，项目文件在使用 .mwp 扩展名的文件中。

2. 创建新项目（文件）

创建新项目文件常用以下 3 种方法。

（1）单击工具条中的"新建"按钮。

（2）单击"文件（File）"菜单，选择"新建（New）"命令，在主窗口将显示新建程序文件的主程序区。

（3）单击浏览条中程序块图标，新建一个 STEP 7 - Micro/Win V4.0 项目。

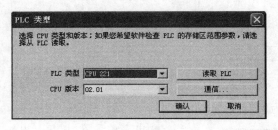

图 6.12　CPU 型号的选择

3. 选择主机 CPU 型号

一旦打开一个新项目，开始写程序之前可以选择 CPU 主机型号。确定 CPU 类型通常可采用以下两种方法。

（1）在指令树中右击"项目 1（Project1 CPU 221）"图标，在弹出的快捷菜单中选择"类型（Type）"命令。

（2）单击"PLC"菜单，选择"类型（Type）"命令，在弹出的对话框中选择 CPU 的型号，如图 6.12 所示。

4. 上载和下载程序文件

上载程序文件是指将存储在 PLC 主机中的程序文件装入到编程器（计算机）中。具体操作为：单击"文件（File）"菜单，选择"上载（Upload）"命令；或者用工具条中的 ▲（上载）按钮来完成操作。

下载程序文件是指将存储在编程器（计算机）中的程序文件装入到 PLC 主机中。具体操作为：单击"文件（File）"菜单，选择"下载（Download）"命令；或者用工具条中的 ▼（下载）按钮来完成操作。

6.3.2　编辑程序

STEP 7 - Micro/Win V4.0 编程软件有很强的编辑功能，熟练掌握编辑和修改控制程序操作可以大大提高编程的效率。

1. 输入编程元件

在使用 STEP 7 - Micro/Win V4.0 编程软件中，一般采用梯形图编程，编程元件有线圈、触点、指令盒、标号及连接线。触点 ┤├ 代表电源可通过的开关，电源仅在触点关闭时通过正常打开的触点（逻辑值零）；线圈 ⟨ ⟩ 代表由能流充电的中继或输出；指令盒 ▯ 代表当能流到达方框时执行的一项功能（如计时器、计数器或数学运算）。

输入编程元件的方法有两种。

方法 1：从指令树中双击或拖放。

（1）在程序编辑器窗口中将光标放在所需的位置，一个选择方框在该位置周围出现。

（2）在指令树中，浏览至所需的指令双击或拖放该指令。

（3）指令在程序编辑器窗口中显示。

方法 2：工具条按钮。

(1) 在程序编辑器窗口中将光标放在所需的位置，一个选择方框在光标位置周围出现。

(2) 单击指令工具条上的触点、线圈或指令盒等相应编程按钮，从弹出的下拉菜单中选择要输入的指令单击即可，也可使用功能键（F4＝触点、F6＝线圈、F9＝指令盒）插入一个类属指令。

在指令工具条上，编程元件输入有 7 个按钮：下行线、上行线、左行线和右行线按钮，用于输入连接线，可形成复杂梯形图结构；输入触点、输入线圈和输入指令盒按钮用于输入编程元件，如图 6.13 所示。

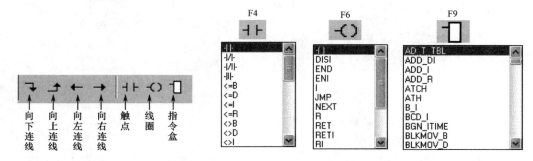

图 6.13　LAD 指令工具条　　　　　　　图 6.14　类属指令列表

按 F4、F6 或 F9 键（或单击相应的工具条按钮）时，一条类属指令会被放在光标位置，并在下方出现一个列表框。列表框包括一个相同类型全部指令的指令记忆符排序列表。F4 键或工具条按钮放置类属接点并显示一份接点指令列表。F6 键或工具条按钮放置类属线圈并显示一份线圈指令列表。F9 键或工具条按钮放置类属方框并显示一份方框指令列表，如图 6.14 所示。

2. 编程结构输入

(1) 顺序输入。此类结构输入非常简单，只需从网络的开始依次输入各编程元件即可，每输入一个元件，光标自动向后移动到下一列。在图 6.15 所示的网络 1 中，分支 1 所示为一个顺序输入例子，分支 3 中的图形就是一个网络的开始，此图形表示可在此继续输入元件。而分支 2 已经连续在一行上输入了两个触点，若想再输入一个线圈，可以直接在指令树中双击线圈图标；图中的方框为光标（大光标），编程元件就是在光标处被输入。

(2) 输入操作数。图 6.15 中的 "?? .?" 和 "????" 表示此处必须有操作数，此处的操作数为触点的名称。可单击 "?? .?" 或 "????" 然后输入操作数。

(3) 任意添加输入。如果想在任意位置添加一个编程元件，只需单击这一位置将光标移到此处，然后输入编程元件即可。

(4) 复杂结构。用指令工具条中的编程按钮 ↴↑←→，可编辑复杂结构的梯形图。例如，在图 6.15 中，单击图中第一行下方的编程区域，则在本行下一行的开始处显示光标（图中方框），然后输入触点，生成新的一行。输入完成后将光标移到要合并的触点处，单击↑按钮即可，网络 1 的分支 1 就是在 Q0.0 处单击↑按钮的结果。如果要在一行的某个元件后向下分支，可将光标移到该元件，单击↴按钮，然后便可在生成的分支处顺序输

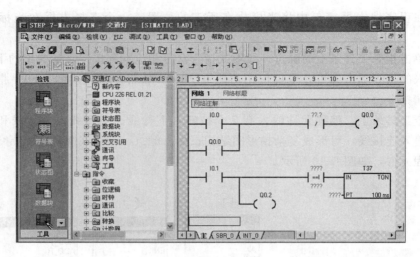

图 6.15　顺序程序结构输入

入各元件。网络 1 的分支 2 就是在 I0.1 处单击 按钮的结果。

3. 在 LAD 中编辑程序

(1) 剪切、复制、粘贴或删除网络。通过拖曳鼠标或使用 Shift 键和 Up（向上）、Down（向下）箭头键，可以选择多个相邻的网络，用于剪切、复制、粘贴或删除选项。使用工具条按钮或从"编辑"菜单选择相应的命令，或右击，在弹出的快捷菜单中选择命令。在编辑中，不能选择部分网络，当尝试选择部分网络时，系统会自动选择整个网络。

(2) 编辑单元格、指令、地址和网络。当单击程序编辑器中的空单元格时，会出现一个方框，显示已经选择的单元格。可以使用弹出菜单在空单元格中粘贴一个选项，或在该位置插入一个新行、列、垂直线或网络，也可以从空单元格位置删除网络或编辑网络，如图 6.16 所示。

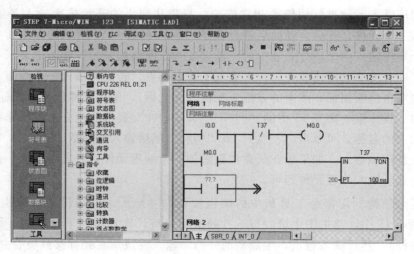

图 6.16　编辑网络

（3）插入和删除。编程中经常用到插入和删除一行、一列、一个网络、一个子程序或中断程序等。方法有两种：在编程区右击要进行操作的位置，弹出快捷菜单，选择"插入（Insert）"或"删除（Delete）"命令，再弹出子命令，单击要插入或删除的选项，然后进行编辑。也可用"编辑（Edit）"菜单中的命令进行上述相同的操作。

对于元件的剪切、复制和粘贴等操作方法也与上述类似。

4. 编写符号表

使用符号表，可将地址编号用具有实际含义的符号代替，有利于程序结构清晰易读。单击浏览条中的符号表按钮🔳，建立图 6.17 所示的符号表。操作步骤如下。

			符号	地址	注解
1			启动	I0.0	启动按钮SB1
2			停止	I0.1	停止按钮SB2
3			接触器KM1	Q0.0	控制KM1电动机
4			接触器KM2	Q0.1	控制KM1电动机
5					

图 6.17 符号表

（1）在"符号"列输入符号名（如启动、停止等）。符号名的长度不能超过 23 个字符。在给空号指定地址前，该符号下有绿色波浪下划线。在给定地址后，绿色波浪下划线自动消失。

（2）在"地址"列输入相应的地址编号（如 I0.0、I0.1 等）。

（3）在"注释"列输入相应的注释（如启动按钮、停止按钮等）。是否注释也可根据实际情况而定，可以不输入注释。输入注释时，注释的长度不能超过 79 个字符。

（4）编写好符号表后，单击"检视（View）"菜单，选择"符号表（Symbol Table）"，在弹出的级联菜单中单击"将符号表应用于项目（S）"命令，然后打开程序窗口，则对应的梯形图如图 6.18 所示。

5. 编写数据块

利用块操作对程序做大面积删除、移动、复制操作十分方便。块操作包括选择、剪切块、删除块、复制和粘贴块。这些操作非常简单，与一般的文字处理软件中的相应操作方法完全相同。

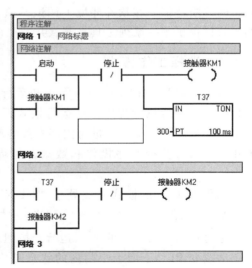

图 6.18 符号表应用

6. 编程语言转换

STEP7 - Micro/Win V4.0 软件可实现 3 种编程语言（编辑器）之间的任意切换。单击"检视（View）"菜单，选择"STL""梯形图（LAD）"或"FBD" 3 种程序的任何一种便可进入对应的编程环境。使用最多的是 STL 和梯形图（LAD）之间的互相切换，

STL 的编程可以按照或不按照网络块的结构顺序编程，但 STL 只有在严格按照网络块编程的格式编程才可切换到梯形图（LAD）；否则无法实现转换。

7. 注释

梯形图编程器中的"网络 n（Network n）"标志每个梯级，同时又是标题栏，可在此为该梯级加标题或必要的注释说明，使程序清晰易读。方法：单击"网络 n"，在其右边的空白区域输入相应的"网络标题"，在其正下方的方框区域输入相应的"网络注解"。每个梯形图程序也可在其最上方标注"程序注解"，如图 6.21 所示的"程序注解"、"网络标题"和"网络注解"等。

8. 编译

程序编辑完成后，单击"PLC"菜单，选择"编译（Compile）"或"全部编译（All Compile）"命令进行离线编译。或者直接单击工具条上的 ☑（编译）按钮或 ☑（全部编译）按钮，也可完成编译。编译结束，在输出窗口会显示编译结果信息。

9. 下载

如果编译无误，便直接单击下载按钮 ▾，或者单击"文件（File）"菜单，选择"下载"命令，将用户程序下载到 PLC 中。

6.4　程序调试运行监控与调试

在成功地完成下载程序后，则可利用 STEP 7 - Micro/Win V4.0 编程软件"调试"工具条的诊断特征，在软件环境下调试并监视用户程序的执行。STEP7 - Micro/Win V4.0 编程软件提供了一系列工具来调试并监控正在执行的用户程序。

6.4.1　选择工作模式

S7 - 200PLC 的 CPU 具有停止和运行两种操作模式。在停止模式下，可以创建、编辑程序，但不能执行程序；在运行模式下，PLC 读取输入，执行程序，写输出，反映通信请求，更新智能模块，进行内部事务管理及恢复中断条件，不仅可以执行程序，也可以创建、编辑及监控程序操作和数据。为调试提供帮助，加强了程序操作和确认编程的能力。

如果 PLC 上的模式开关处于"RUN"或"TERM"位置，可通过 STEP7 - Micro/Win V4.0 软件执行菜单命令"PLC"→"运行"或"PLC"→"停止"进入相应工作模式。也可单击工具栏中的 ▶（运行）按钮或 ■（停止）按钮，进入相应工作模式，还可以手动改变 PLC 下面上小门内的状态开关改变工作模式。"运行"工作模式时，PLC 上的黄色"STOP"指示灯灭，绿色"RUN"指示灯亮。

6.4.2　梯形图程序的状态监视

编程设备和 PLC 之间建立通信并向 PLC 下载程序后，STEP7 - Micro/Win V4.0 可对当前程序进行在线调试。利用菜单栏中"调试（D）"→"调试工具条"命令，可以在梯形图程序编辑器窗口查看以图形形式表示的当前程序的运行状况，还可直接在程序指令上进行强制或取消强制数值等操作。

运行模式下,单击"调试(D)"菜单,选择"开始程序状态(P)"命令,或单击工具条中的 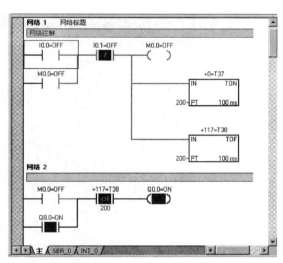(程序状态)按钮,用程序状态功能监视程序运行的情况,PLC 的当前数据值会显示在引用该数据的 LAD 旁边,LAD 以彩色显示活动能流分支。由于 PLC 与计算机之间有通信时间延迟,PLC 内所显示的操作数数值总在状态显示变化之前先发生变化。所以,用户在屏幕上观察到的程序监控状态并不是完全如实变化的元件状态。屏幕刷新的速率取决于 PLC 与计算机的通信速率以及计算机的运行速度。

1. 执行状态监控方式

"使用执行状态"功能使监控窗口能显示程序扫描周期内每条指令的操作数数值和能流状态,或者说,所显示的 PLC 中间数据值都是从一个程序扫描周期中采集的。

在程序状态监控操作之前,单击"调试(D)"菜单,选择"使用执行状态"命令(此命令行前面出现一个"√"即可),进入可监控状态,如图 6.19 所示。

在这种状态下,PLC 处于运行模式时,单击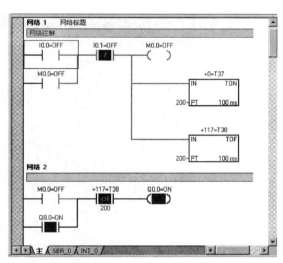(程序状态)按钮启动程序状态,STEP7 - Micro/Win V4.0 将用默认颜色(浅灰色)显示并更新梯形图中各元件的状态和变量数值。什么时候想退出监控,再单击此按钮即可。

启动程序状态监控功能后,梯形图中左边的垂直"母线"和有能流流过的"导线"变为蓝色;如果位操作数为逻辑"真",其触点和线圈也变成蓝色;有能流流入的指令盒的使能输入端变为蓝天

图 6.19 对 PLC 梯形图运行状态的监控

色;如该指令被成功执行,指令盒的方框也变为蓝色;定时器和计数器的方框为绿色时表示它们已处在工作状态;红色方框表示执行指令时出现了错误;灰色表示无能流、指令被跳过、未调用或 PLC 停止模式。

运行过程中,单击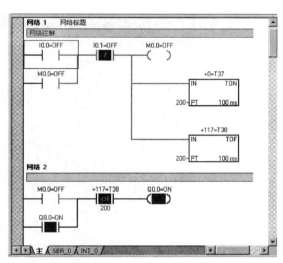(暂停程序状态)按钮,或者右击正处于程序监控状态的显示区,在弹出的快捷菜单中选择"暂停程序状态(M)"命令,将使这一时刻的状态信息静止地保持在屏幕上以提供仔细分析与观察,直到再次单击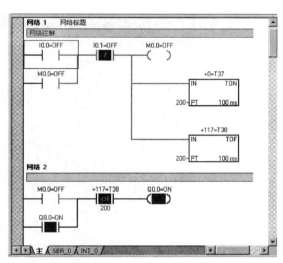(暂停程序状态)按钮,才可以取消该功能,继续维持动态监控。

2. 扫描结束状态的状态监控方式

"扫描结束状态"显示在程序扫描周期结束时读取的状态结果。首先使菜单中的"调试(D)"→"使用执行状态"命令行前面的"√"消失,进入扫描结束状态。由于快速的 PLC 扫描循环和相对慢速的 PLC 状态数据通信采集之间存在的速度差别,"扫描结束状态"显示的是多个扫描周期结束时采集的数据值,也就是说显示值并不是即时值。

在该状态 STEP7 - Micro/Win V4.0 经过多个扫描周期采集状态值,然后刷新梯形图

中各值的状态并显示。但是不显示 L 存储器或累加器的状态。在"扫描结束状态"下，"暂停程序状态"功能不起作用。

在运行模式下启动程序状态监控功能，电源"母线"或逻辑"真"的触点和线圈显示为蓝色，梯形图中所显示的操作数的值都是 PLC 在扫描周期完成时的结果。

6.4.3　语句表程序的状态监视

语句表和梯形图的程序状态监视方法是完全相同的。单击"工具（T）"菜单，选择"选项"命令，在打开的窗口中，选择"程序编辑器"中的"STL 状态"选项卡，如图 6.20 所示。可以选择语句表程序状态监视的内容，每条指令最多可以监控 17 个操作数、逻辑堆栈中 4 个当前值和 11 个指令状态位。

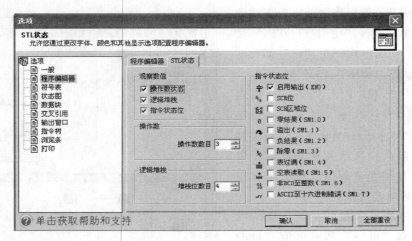

图 6.20　语句表程序状态监控选择

状态信息从位于编辑窗口顶端的第一条 STL 语句开始显示。当向下滚动编辑窗口时，将从 CPU 获取新的信息。如果需要暂停刷新，还是单击 🔲（暂停程序状态）按钮，过程与梯形图的相同，如图 6.21 所示。

6.4.4　用状态图监视与调试程序

如果需要同时监视的变量不能在程序编辑器中同时显示，可以使用状态表监视功能。虽然梯形状态监视的方法很直观，但受到屏幕的限制，只能显示很小一部分程序。利用 STEP7－Micro/Win V4.0 的状态表不仅能监视比较大的程序块或多个程序，而且可以编辑、读、写、强制和监视 PLC 的内部变量；还可使用如单次读取、全部写入、读取全部强制等功能，可以大大方便程序的调试。状态表始终显示"扫描结束状态"信息。

1. 打开和编辑状态图

在程序运行时，可以用状态图来读、写、强制和监视 PLC 的内部变量。单击浏览条中的"状态图"图标，或右击指令树中的"状态图"选项，在弹出的快捷菜单中选择"打开"命令，或单击"检视（V）"菜单，选择"元件（C）"命令，在弹出的级联菜单中单击"状态图（C）"子命令，均可以打开状态图，如图 6.22 所示。打开后对它进行编辑。

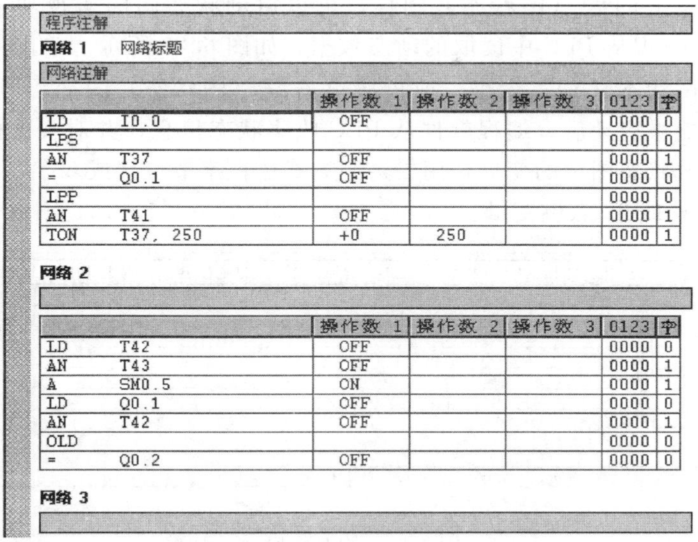

		操作数 1	操作数 2	操作数 3	0123	字

程序注解

网络 1 网络标题

网络注解

		操作数 1	操作数 2	操作数 3	0123	字
LD	I0.0	OFF			0000	0
LPS					0000	0
AN	T37	OFF			0000	1
=	Q0.1	OFF			0000	0
LPP					0000	0
AN	T41	OFF			0000	1
TON	T37, 250	+0	250		0000	1

网络 2

		操作数 1	操作数 2	操作数 3	0123	字
LD	T42	OFF			0000	1
AN	T43	OFF			0000	1
A	SM0.5	ON			0000	1
LD	Q0.1	OFF			0000	0
AN	T42	OFF			0000	1
OLD					0000	0
=	Q0.2	OFF			0000	0

网络 3

图 6.21　PLC 语句表程序运行状态的监控

如果项目中有多个状态图，可以用状态图询问的选项卡切换。

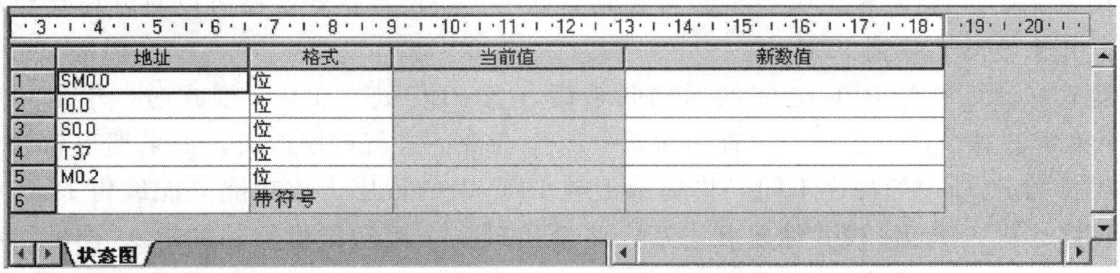

	地址	格式	当前值	新数值
1	SM0.0	位		
2	I0.0	位		
3	S0.0	位		
4	T37	位		
5	M0.2	位		
6		带符号		

状态图

图 6.22　状态图窗口

未启动状态图的监视功能时，可以在状态图中输入要监视变量的地址和数据类型，定时器和计数器可以分别按位或按字监视。如果按位监视，显示的是它们的输出位的 ON/OFF 状态；如果按字监视，显示的是它们的当前值。

单击"编辑（E）"菜单，选择"插入"命令，或右击状态图中的单元，在弹出的快捷菜单中选择"插入（I）"命令，可以在状态图中当前光标位置的上部插入新的行。将光标置于最后一行中的任意单元后，按向下的箭头键，可以将新的行插在状态图的底部。在等号表中选择变量并将其复制到状态图中，可以加快创建状态图的速度。

2．创建新的状态图

可以创建几个状态图，分别监视不同的元件组。右击指令树中的状态图图标或单击已经打开的状态图，在弹出的快捷菜单中选择"插入（I）"命令，再在弹出的级联菜单中单击"图（C）"子命令，可以创建新的状态图。

3．启动和关闭状态图的监视功能

与 PLC 的通信连接成功后，单击"调试（D）"菜单，选择"开始图状态（C）"命令或单击调试工具条上的 （图状态）图标，可以启动状态图的监视功能，在状态图的"当前值"列将会出现从 PLC 中读取的动态数据，如图 6.23 所示。单击"调试（D）"菜单，选择"停止图状态（C）"命令，或再次单击 （图状态）图标，可以关闭状态图。状态图的监视功能被启动后，编程软件从 PLC 收集状态信息，并对表中的数据更新。这时还可以强制修改状态图中的变量，用二进制方式监视字节、字或双字，可以在一行中同时监视 8 点、16 点或 32 点位变量。

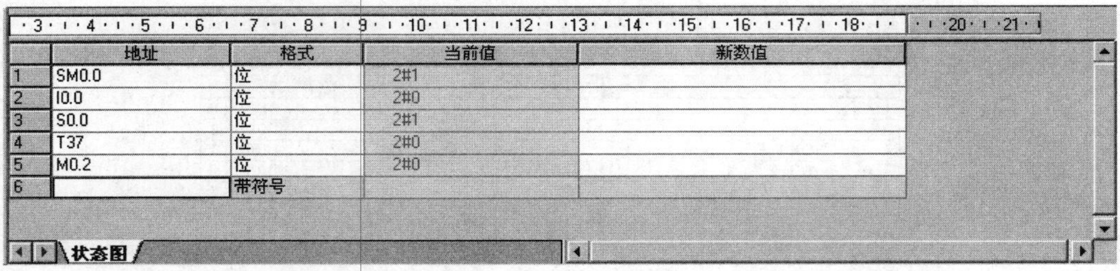

	地址	格式	当前值	新数值
1	SM0.0	位	2#1	
2	I0.0	位	2#0	
3	S0.0	位	2#1	
4	T37	位	2#0	
5	M0.2	位	2#0	
6		带符号		

图 6.23　状态图监控

6.4.5　在 RUN 模式下编辑用户程序

在 RUN（运行）模式下，不必转换到 STOP（停止）模式，便可以对程序作较小的改动，并将改动下载到 PLC 中。

建立好计算机与 PLC 之间的通信联系后，当 PLC 处于 RUN 模式时，单击"调试（D）"菜单，选择"'运行'中程序编辑（E）"命令，进行程序编辑，如果编程软件中打开的项目与 PLC 中的程序不同，将提示上载 PLC 中的程序。该功能只能编辑 PLC 中的已有程序。进入 RUN 模式编辑状态后，将会出现一个跟随鼠标移动的 PLC 图标。两次单击"调试（D）"菜单，选择"'运行'中程序编辑（E）"命令，将退出 RUN 模式编辑。

编辑前应退出程序状态监视，修改程序后，需要将改动下载到 PLC。下载之前一定要仔细考虑可能对设备或操作人员造成的各种影响。

在 RUN 模式编辑状态下修改程序后，CPU 对修改的处理方法可以查阅系统手册。

6.4.6　使用系统块设置 PLC 的参数

单击"检视（V）"菜单，选择"元件（C）"命令，在弹出的级联菜单中单击"系统块（B）"子命令，或直接单击浏览条中的 （系统块）图标，则可以直接进入"系统块"对话框。

系统块主要包括通信端口、断电数据保持、密码、数字量和模拟量输出表配置、数字量和模拟量输入滤波器、脉冲捕捉位和通信背景时间等，如图 6.24 所示。

打开系统块后，单击感兴趣的图标，进入对应的选项卡后，可以进行有关的参数设置。有的选项卡中有"默认"按钮，单击"默认"按钮可以自动设置编程软件推荐的设置值。

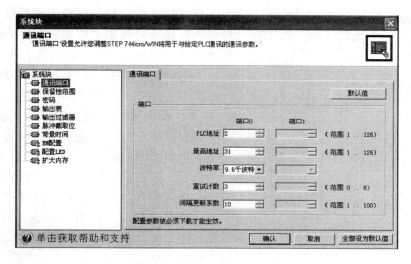

图 6.24 "系统块"对话框

设置完成后，单击"确认"按钮确认设置的参数，并自动退出"系统块"对话框。设置完所有的参数后，需要立即将新的设置下载到 PLC 中，参数便存储在 CPU 模块的存储器中。

6.4.7 梯形图程序状态的强制功能

在 PLC 处于运行模式时执行强制状态，此时右击某元件地址位置，在弹出的快捷菜单中可以对该元件执行写入、强制或取消强制的操作，如图 6.25 所示。强制和取消强制功能不能用于 V、M、AI 和 AQ 的位。执行"强制"命令后，默认情况下 PLC 上的故障灯显示为黄色。

在 PLC 处于停止模式时也会显示强制状态，但只有在非"使用执行状态"和

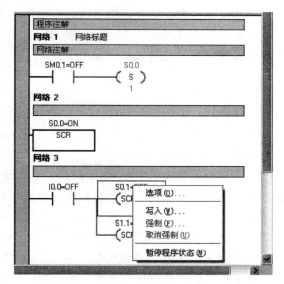

图 6.25 执行"强制"命令

"程序状态监控"条件下，单击"调试（D）"菜单，选择"'停止'模式中写入-强制输出（O）"命令后，才能执行对输出 Q 和 AQ 的写和强制操作。

6.4.8 程序的打印输出

打印的相关功能在"文件（F）"菜单中，包括页面设置、打印预览和打印。

单击"文件（F）"菜单，选择"页面设置（T）…"命令，或单击标准工具条上的 ![打印] （打印）按钮，在弹出的"打印"对话框中单击"页面设置（T）…"按钮，出现"页面设置"对话框，如图 6.26 所示。

图 6.26　页面设置对话框

可在"页面设置"对话框中单击"页眉/页脚……"按钮，弹出"页眉/脚注"对话框；可在该对话框中进行项目名、对象名称、日期、时间、页码以及左对齐、居中、右对齐的设定。

单击"文件（F）"菜单，选择"打印预览（V）"命令，或单击标准工具条上的 ![icon] （打印预览）按钮，显示打印预览窗口，可进行程序块、符号表、状态图、数据块、系统块、交叉引用的预览设置。如打印结果满意，可选择打印功能。

单击"文件（F）"菜单，选择"打印（P）"命令，或单击标准工具条上的 ![icon] （打印）按钮，在"打印"对话框中，可选择需要打印的文件的组件的复选框，选择打印主程序网络 1 至网络 20 的梯形图程序，但如果还希望打印程序的附加组件，如还要打印符号表等，则所选打印范围无效，将打印全部 LAD 网络。

单击标准工具条上的 ![icon] （选项）按钮，在出现的"打印选项"对话框中选择是否打印程序属性、局部变量表和数据块属性。

本　章　小　结

本章重点讲解 STEP 7 - Micro/Win V4.0 编程软件，以及程序的输入、编译、调试的方法。学习时应把握以下几点。

（1）用编程软件对 PLC 编程，首先要在计算机上安装 STEP 7 - Micro/Win V4.0 编程软件，然后建立硬件连接并对通信参数进行设置，最后建立与 PLC 的在线联系和测试。

（2）编程软件 STEP 7 - Micro/Win V4.0 功能丰富，界面友好，且有方便的联机帮助功能，应掌握各项常用的功能。

（3）程序编辑是学习编程软件的重点，可以用打开、新建或从 PLC 上装程序文件，并对其编辑修改。编辑中应熟练使用菜单、常用按钮及各个功能窗口。符号表的应用可以使程序可读性大大提高，好的程序应加注必要的标题和注释。同一程序可以用梯形图、语句表和功能块图 3 种编辑器进行显示和编辑，并可直接切换。

（4）使用状态图表可以强制设置和修改一些变量的值，实现程序调试。如果程序的改变对运行情况影响很小，可以在运行模式下编辑和修改程序及参数值。程序运行监控可用以下 3 种方法，即梯形图法、功能块图法和语句表法，其中语句表监视可以反映指令的实际运行状态。

本章重点应掌握用编程软件 STEP 7 - Micro/Win V4.0 进行程序编辑和程序调试的方法。

第7章 S7 - 200 系列 PLC 的基本指令

主要内容

本章以 S7 - 200 CPU 22X 系列 PLC 的 SIMATIC 指令系统为例，主要讲述基本指令的定义、梯形图和语句表的编程方法。另外，还将介绍定时器/计数器最常用的电路。

学习要求

1. 掌握基本逻辑指令、程序控制类等指令。

2. 熟练应用所学的基本指令进行简单的程序编写。

3. 熟练掌握梯形图和指令表两种编程语言之间的转换。

4. 通过定时器/计数器简单电路编程的学习，建立独立的编程思想，培养分析与解决实际问题的能力。

S7 - 200 系列 PLC 的指令丰富，一般分基本指令和功能指令。SIMATIC 指令有梯形图 LAD、语句表 STL、功能块图 3 种编程语言。而梯形图 LAD 和语句表 STL 是 PLC 最基本的编程语言。梯形图是在继电器控制系统的基础上发展起来的，其符号和规则充分体现了电气技术人员的思维和习惯，简洁直观。语句表是最基础的编程语言。本章以 S7 - 200 的系列 PLC 的指令系统为例，主要讲述基本逻辑指令的梯形图和语句表的基本编程方法。

7.1 基 本 逻 辑 指 令

S7 - 200 系列 PLC 共有 27 条逻辑指令。逻辑指令是指构成逻辑运算功能指令的集合，包括位操作指令，置位/复位指令、立即指令、边沿脉冲指令、逻辑堆栈指令、定时器、计数器、比较指令、取非和空操作指令。

7.1.1 位操作指令

PLC 位操作指令主要用来实现逻辑控制和顺序控制，是 PLC 常用的基本指令。触点和线圈指令是 PLC 应用最多的指令。触点又分为动合和动断触点两种形式，又以其在梯形图中的位置分为和母线相连的动合触点和动断触点、与前面触点串联的动合触点和动断触点、与前面触点并联的动合触点和动断触点。常用的位操作指令有以下几种。

1. 逻辑取及线圈驱动指令 LD（Load）、LDN（Load Not）、＝（Out）

LD（Load）：取指令，常开触点逻辑运算开始。

LDN（Load Not）：取反指令，常闭触点逻辑运算开始。

＝（Out）：线圈驱动指令。

（a）取指令　　　（b）取反指令　　　（c）输出指令

图 7.1　输入/输出指令

指令格式：逻辑取指令 LD、LDN 及线圈驱动指令＝的 LAD 及 STL 格式如图 7.1 所示。

指令使用说明如下。

（1）LD、LDN 指令用于与梯形图左侧母线相连的触点，也可以与 OLD、ALD 指令配合使用于分支回路的开头。

（2）并联的＝指令可以连续使用任意次。

（3）LD、LDN 指令的操作数有 I、Q、M、SM、T、C、V、S；＝指令的操作数有 Q、M、SM、T、C、S。

（4）在同一程序中不能使用双线圈输出，即同一元器件在同一程序中只能使用一次＝指令。

注意：＝指令不能用于驱动输入继电器 I 的线圈。

图 7.2 所示梯形图及指令表表示上述 3 条基本指令的用法

2. 触点串联指令 A（And）、AN（And Not）

A（And）：与指令，串联一个常开触点。

指令格式：A　　　　bit

AN（And Not）：与非指令，串联一个常闭触点。

指令格式：AN　　　bit

图 7.3 所示梯形图及指令表表示了上述两条基本指令的用法。

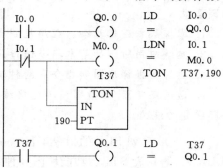

图 7.2　LD、LDN、＝指令
梯形图及语句表

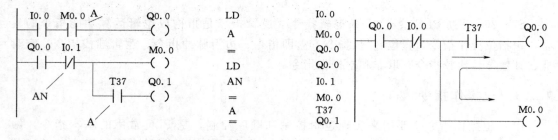

图 7.3　A、AN 指令梯形图及语句表　　　　图 7.4　错误次序编程图

A、AN 指令使用说明如下。

（1）A、AN 是单个触点串联连接指令，可连续使用。

（2）若要串联多个触点组合回路时，须采用后面说明的 ALD 指令。

（3）若按正确次序编程，可以反复使用＝指令。在图 7.3 中，＝Q0.1。但如果按图 7.4 所示的次序编程就不能连续使用＝指令了。

（4）A、AN 的操作数有 I、Q、M、SM、T、C、V、S。

3. 触点并联指令 O (Or)、ON (Or Not)

O (Or)：或指令，并联一个常开触点。

指令格式：O　　　　bit

ON (Or Not)：或非指令，并联一个常闭触点。

指令格式：ON　　　　bit

图 7.5 所示梯形图及语句表表示了 O 及 ON 指令的用法。

O、ON 指令使用说明如下。

(1) O、ON 指令可作为一个接点的并联连接指令，紧接在 LD、LDN 指令之后用，即对其前面 LD、LDN 指令所规定的触点再并联一个触点，可以连续使用。

(2) 若要将两个以上触点的串联回路和其他回路并联时，须采用后面说明的 OLD 指令。

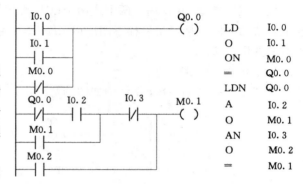

图 7.5　O、ON 指令梯形图及语句表

(3) O、ON 的操作数有 I、Q、M、SM、T、C、V、S。

在较复杂梯形图的逻辑电路图中，梯形图无特殊指令，绘制非常简单，但触点的串、并联关系不能全部用简单的与、或、非逻辑关系描述。语句表指令系统中设计了电路块的"与"操作和电路块的"或"操作指令（电路块指以 LD/LDN 为起始的触点串、并联网络）。下面对这类指令加以说明。

4. 块"与"指令 ALD (And Load)

块"与"指令 ALD 用于两个或两个以上触点并联连接的电路之间的串联，称之为并联电路块的串联连接，是将梯形图中以 LD/LDN 起始的电路块与另一以 LD/LDN 起始的电路块串联起来。

指令格式：ALD

块"与"指令 ALD 的操作示例如图 7.6 所示。

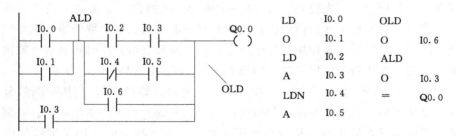

图 7.6　ALD 指令梯形图及语句表

ALD 指令使用说明如下。

(1) 分支电路（并联电路块）与前面电路串联连接时，使用 ALD 指令。分支的起始

141

点用 LD、LDN 指令，并联电路块结束后，使用 ALD 指令与前面电路串联。

（2）如果有多个并联电路块串联，顺次以 ALD 指令与前面支路连接，支路数量没有限制。

（3）ALD 指令无操作数。

5. 块 "或" 指令 OLD（Or Load）

块 "或" 指令 OLD 用于两个或两个以上触点串联连接的电路之间的并联，称之为串联电路块的并联连接，是将梯形图中以 LD/LDN 起始的电路块和另一以 LD/LDN 起始的电路块并联起来。

指令格式：OLD

块 "或" 指令 OLD 操作示例如图 7.7 所示。

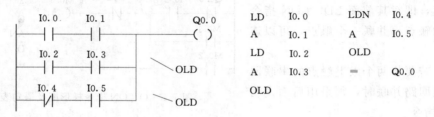

LD	I0.0	LDN	I0.4
A	I0.1	A	I0.5
LD	I0.2	OLD	
A	I0.3	=	Q0.0
OLD			

图 7.7　OLD 指令梯形图及语句表

OLD 指令使用说明如下。

（1）几个串联支路并联连接时，其支路的起点以 LD、LDN 开始，支路终点用 OLD 指令。

（2）如需将多个支路并联，从第二条支路开始，在每一支路后面加 OLD 指令。用这种方法编程，对并联支路的个数没有限制。

（3）OLD 指令无操作数。

6. 栈 操作 指令

堆栈是计算机中一个非常重要的概念。堆栈本身就是一个特殊的数据存储区，S7 - 200 有一个 9 位的堆栈。栈操作指令即逻辑堆栈操作指令，堆栈是一组能够存储和取出数据的暂存单元，其特点是 "先进后出"。每一次进行入栈操作，新值放入栈顶，栈底值丢失；每一次进行出栈操作，栈顶值弹出，栈底值补进随机数。逻辑堆栈指令主要用来完成对触点进行的复杂连接，主要作用是用于一个触点（或触点组）同时控制两个或两个以上线圈的编程，逻辑堆栈指令无操作数（LDS 例外），如图 7.8 所示。

（1）LPS（Logic Push）：逻辑入栈指令（分支电路开始指令）。在梯形图的分支结构中，可以形象地看出，它用于生成一条新的母线，其左侧为原来的主逻辑块，右侧为新的从逻辑块，因此可以直接编程。从堆栈使用上来讲，LPS 指令的作用是把栈顶值复制后压入堆栈。

（2）LRD（Logic Read）：逻辑读栈指令。在梯形图分支结构中，当新母线左侧为主逻辑块时 LPS 开始右侧的第一个从逻辑块编程，LRD 开始第二个以后的从逻辑块编程。从堆栈使用上来讲，LRD 读取最近的 LPS 压入堆栈的内容，而堆栈本身不进行 Push 和

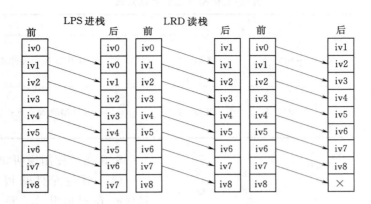

图 7.8　逻辑堆栈指令梯形图及语句表

Pop 工作。

（3）LPP（Logic Pop）：逻辑出栈指令（分支电路结束指令）。在梯形图分支结构中，LPP 用于 LPS 产生的新母线右侧的最后一个从逻辑块编程，它在读取完离它最近的 LPS 压入堆栈内容的同时复位该条新母线。从堆栈使用上来讲，LPP 把堆栈弹出一级，堆栈内容依次上移。

上述这 3 条指令也称为多重输出指令，主要用于一些复杂逻辑的输出处理。用法如图 7.9 所示。

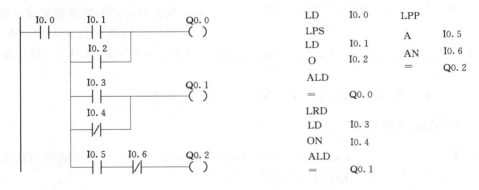

图 7.9　逻辑堆栈指令梯形图及语句表

LDS（Load Stack）：装入堆栈指令。它的功能是复制堆栈中的第 n 个值到栈顶，而栈底丢失。

指令格式：LDS n（n 为 0～8 的整数）

该指令在编程中使用较少，此处不多加说明了。

7.1.2　置位 S（Set）、复位 R（Reset）指令

置位/复位指令的 LAD 和 STL 格式以及功能见表 7.1。图 7.10 所示为 S/R 指令的用法。

表 7.1　　　　　　　　　　　置位/复位指令格式及功能表

指令名称	LAD	STL	功　　能
置位指令	bit ——(S) N	S bit N	从 bit 开始 N 个元件置 1 并保持
复位指令	Bit ——(R) N	R bit N	从 bit 开始的 N 个元件清 0 并保持

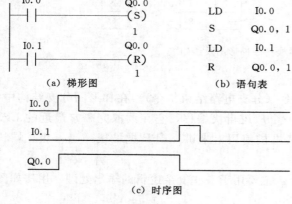

(a) 梯形图　　　　　　(b) 语句表

```
I0.0                Q0.0          LD      I0.0
—| |—             —(S)          S       Q0.0, 1
                     1            LD      I0.1
I0.1                Q0.0          R       Q0.0, 1
—| |—             —(R)
                     1
```

(c) 时序图

图 7.10　S/R 指令应用程序及时序图

S/R 指令使用说明如下。

(1) 对位元件来说一旦被置位，就保持在通电状态，除非对它复位；而一旦被复位就保持在断电状态，除非再对它置位。

(2) S/R 指令可以互换次序使用，但由于 PLC 采用扫描工作方式，所以写在后面的指令具有优先权。如在图 7.10 中，若 I0.0 和 I0.1 同时为 1，则 Q0.0 肯定处于复位状态而为 0。

(3) 如果对计数器和定时器复位，则计数器和定时器的当前值被清零。

(4) N 的范围为 1～255，N 可为 VB、IB、QB、MB、SMB、SB、LB、AC、常数、＊VD、＊AC 和 ＊LD。一般情况下使用常数。

(5) S/R 指令的操作数为 Q、M、SM、T、C、V、S 和 L。

7.1.3　边沿脉冲指令

边沿脉冲指令为 EU（Edge Up）、ED（Edge Down）。边沿脉冲指令的使用及说明见表 7.2。边沿脉冲指令 EU/ED 用法如图 7.11 所示。

表 7.2　　　　　　　　　　　边沿脉冲指令的格式及功能表

STL	LAD	功　　能	操 作 元 件
EU（Edge Up）	——| P |——（ ）	上升沿微分输出	无
ED（Edge Down）	——| N |——（ ）	下降沿微分输出	无

EU 指令对其之前的逻辑运算结果的上升沿产生一个宽度为一个扫描周期的脉冲；ED 指令对逻辑运算结果的下降沿产生一个宽度为一个扫描周期的脉冲。这两个脉冲可以用来启动一个运算过程、启动一个控制程序、记忆一个瞬时过程、结束一个控制过程等。

【例 7 - 1】　图 7.12 是一个库门自动控制示意图。当有汽车接近库门时，超声波开关动作（超声波开关为 ON），库门打开，直到上限位开关动作，汽车通过库门，红外线光

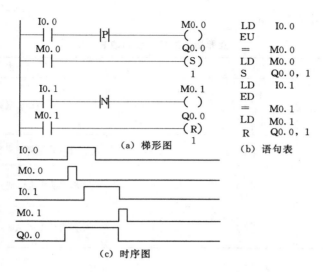

(a) 梯形图

(b) 语句表

(c) 时序图

图 7.11 边沿脉冲指令 EU/ED 应用程序及时序图

电开关动作（汽车遮断了光束，光电开关为 ON），汽车完全进入库门后，库门开始关门，直到下限位开关动作，完成一个自动控制过程。

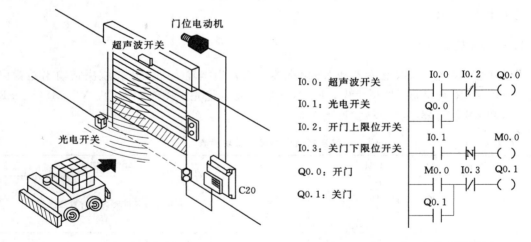

图 7.12 自动库门示意图　　　图 7.13 地址分配与控制梯形图

　　根据上述过程，地址分配和控制程序如图 7.13 所示。值得一提的是，当汽车完全进入库门后，光电开关 OFF，由边沿脉冲指令 ED 给出一个只有一个扫描周期的脉冲 M0.0 使 Q0.1 动作并自锁。其余程序请读者自己分析。

7.1.4　立即指令 I（Immediate）

　　立即指令是为了提高 PLC 对输入/输出的响应速度而设置的，它不受 PLC 循环扫描工作方式的影响，允许对输入和输出点进行快速直接存取。当用立即指令读取输入点的状态时，对 I 进行操作，相应的输入映像寄存器中的值并未更新；当用立即指令访问输出点时，对 Q 进行操作，新值同时写到 PLC 的物理输出点和相应的输出映像寄存器。立即指

145

令的名称和使用说明见表 7.3。

表 7.3　　　　　　　　　　　立即指令的格式及功能表

指　令　名　称	LAD	STL	功　能　说　明
立即触点	bit —|I|— bit —|/I|—	LDI/LDNI bit AI/ANI bit OI/ONI bit	立即动合触点和动断触点
立即输出	bit —(I)	＝I bit	立即将运算结果输出到某个继电器
立即置位	bit —(SI) N	SI bit N	立即将从指定地址开始的 N 个位置置位
立即复位	bit —(RI) N	RI bit N	立即将从指定地址开始的 N 个位置复位

使用说明如下。

(1) 立即触点指令根据触点所处的位置决定使用 LD、A、O，如 LDI bit、ONI bit 等。

(2) 立即输出、立即置位、立即复位指令的操作数只能是 Q。立即置位、立即复位 N 的范围为 1～128。

7.1.5　触发器指令

触发器指令分为 SR 触发器和 RS 触发器，它是根据输入端的优先权决定输出是置位还是复位，SR 触发器是置位优先，RS 触发器是复位优先。操作数为 Q、V、M、S。SR 触发器和 RS 触发器的指令格式见表 7.4。

表 7.4　　　　　　　　　　　触发器指令的格式及功能表

指令名称	LAD	STL	功　　能
SR 触发点	bit SI OUT SR R	SR	置位与复位同时为 1 时置位优先
RS 触发点	bit S OUT RS R1	RS	置位与复位同时为 1 时复位优先

如设计一个单按钮控制启停的电路，也是一个二分频电路，它的控制梯形图如图 7.14 所示。它是由 RS 触发器构成的，复位优先，I0.0 第一个脉冲来时，Q0.0 置位；第二个脉冲来时，Q0.0 复位。

7.1.6　取反和空操作指令

1. 取反指令 NOT

取反指令，指将它左边电路的运算结果取反，运算结果若为 1 则变为 0，为 0 则变为

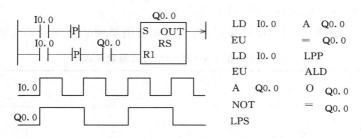

图 7.14 二分频电路控制梯形图

1，该指令没有操作数。能流到达该触点时停止，若能流未到达该触点，该触点给右侧供给能流。NOT 指令将堆栈顶部的值从 0 改为 1，或从 1 改为 0。

2. 空操作指令 NOP（No Operation）

空操作指令，起增加程序容量的作用。使能输入有效时，执行空操作指令，将稍微延长扫描周期长度，不影响用户程序的执行，不会使能量流输出断开。

操作数 N 为执行空操作指令的次数，$N=0\sim255$。

取反和空操作指令格式见表 7.5。

表 7.5　　　　　　　　　　　　取反和空操作指令格式及功能表

LAD	STL	功　　能
─┤NOT├─	NOT	取反
N ─┤NOP├─	NOP N	空操作指令

取反和空操作指令的用法如图 7.15 所示。

（a）梯形图　　　　（b）语句表

图 7.15　取反指令和空操作指令应用程序

```
LDI   I0.1
NOT
NOP   I0
```

7.1.7　比较指令

比较指令是将两个操作数（IN1、IN2）按指定的比较关系作比较。比较关系成立则比较触点闭合。比较指令为上下限控制以及数值条件判断提供了极大的方便。

比较指令的操作数可以是整数，也可以是实数（浮点数）。在梯形图中用带参数和运算符的触点表示比较指令，比较条件满足时，触点闭合；否则断开。梯形图程序中，比较触点可以装入，也可以串联、并联。

比较指令的运算符号有＝（等于）、＜＝（小于等于）、＞＝（大于等于）、＜（小于）、＞（大于）、＜＞（不等于）。

比较指令的操作数类型有以下几种。

（1）字节比较 B（Byte）：无符号整数。

（2）整数比较 I（Int）/W（Word）：有符号整数。

（3）双字比较 DW（Double Int/Word）：有符号整数。

147

（4）实数比较 R（Real）：有符号双字浮点数。

比较指令的指令格式（LAD 及 STL 格式）和应用举例分别如表 7.6 和图 7.16 所示。

表 7.6　　　　　　　　　　　比较指令的 LAD 及 STL 格式及功能表

STL	LD□×× n1, n2	LD　　　　　　　n A□×× 　　　　n1, n2	LD　　　　　　n O□×× 　　　　n1, n2
LAD	⊢ n1 ××□ n2 ⊣	⊢n⊢⊢ n1 ××□ n2 ⊣	⊢n⊢ 并 ⊢ n1 ××□ n2 ⊣
功能	比较触点接起始总线	比较触点的"与"	比较触点的"或"

表中"××"表示操作数 n1、n2 所需满足的条件。

＝＝：等于比较，如 LD□＝＝n1, n2，即 n1＝＝n2 时触点闭合。

＞＝：大于等于比较，如 $\dashv$ n1 $\ge$□ n2 $\vdash$，即 n1＞＝n2 时触点闭合。

＜＝：大于等于比较，如 $\dashv$ n1 $\le$□ n2 $\vdash$，即 n1＜＝n2 时触点闭合。

"□"表示操作数 n1、n2 的数据类型及范围，有字节、字、双字和实数，如 LDB＝＝IB2，MB2、AW＞＝MW2、VW12、OD＜＝VD24，MD50。

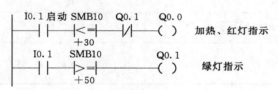

图 7.16　比较指令的应用程序

【例 7－2】　有一个恒温水池，要求温度在 30～50℃ 之间，当温度低于 30℃ 时，启动加热器加热，红灯亮；当温度高于 50℃ 时，停止加热，指示绿灯亮。假设温度存放在 SMB10 中。控制程序如图 7.16 所示。

7.1.8　定时器

定时器是 PLC 中最常用的元器件之一，掌握它的工作原理对 PLC 的程序设计非常重要。S7－200 PLC 的定时器为增量型定时器，用于实现时间控制，可以按照工作方式和时间基准（时基）分类，时间基准又称为定时精度和分辨率。

1. 工作方式

按照工作方式，定时器可分为通电延时型（TON）、有记忆的通电延时型（又叫保持型（TONR））、断电延时型（TOF）3 种。

2. 时基标准

按照时基标准，定时器可分为 1ms、10ms、100ms 等 3 种类型，不同的时基标准，其定时精度、定时范围和定时器的刷新方式不同。

（1）定时精度。定时器的工作原理是定时器使能输入有效后，当前值寄存器对 PLC 内部的时基脉冲增 1 计数，最小计时单位为时基脉冲的宽度。故时间基准代表着定时器的定时精度，又称分辨率。

（2）定时范围。定时器能使输入有效后，当前值寄存器对时基脉冲递增计数，当计数值不小于定时器的预置值后，状态位置 1。从定时器输入有效到状态位输出有效经过的时间为定时时间。定时时间 T 等于时基乘预置值，时基越大，定时时间越长，但精度越差。

（3）定时器的刷新方式。1ms 定时器每隔 1ms 刷新一次，定时器刷新与扫描周期和程序处理无关，它采用的是中断刷新方式。扫描周期较长时，定时器一个周期内可能多次被刷新（多次改变当前值）。

10ms 定时器在每个扫描周期开始时刷新。每个扫描周期之内当前值不变（如果定时器的输出与复位操作时间间隔很短，调节定时器指令盒与输出触点在网络段中位置是必要的）。

100ms 定时器是定时器指令执行时被刷新，下一条执行的指令即可使用刷新后的结果，非常符合正常思维，使用方便可靠。但应当注意，如果该定时器的指令不是每个周期都执行（如条件跳转时），定时器就不能及时刷新，可能会导致出错。

CPU 22X 系列 PLC 的 256 个定时器分属 TON（TOF）和 TONR 工作方式，以及 3 种时基标准，TOF 和 TON 共享同一组定时器，不能重复使用。详细分类方法及定时范围见表 7.7。

表 7.7 定时器工作方式及类型

工作方式	分辨率/ms	最大定时时间/s	定时器号
TONR	1	32.767	T0、T64
	10	327.67	T1～T4、T65～T68
	100	3276.7	T5～T31、T69～T95
TON/TOF	1	32.767	T32、T96
	10	327.67	T33～T36、T97～T100
	100	3276.7	T37～T63、T101～T255

使用定时器时应参照表 7.7 的时基标准和工作方式合理选择定时器编号，同时要考虑刷新方式对程序执行的影响。

3. 定时器指令格式

定时器指令格式见表 7.8。表中，IN 是使能输入端，编程范围为 T0～T255。

表 7.8 定时器指令格式及功能表

LAD	STL	功能、注释
???? — IN TON ???? —PT	TON	通电延时型
???? — IN TONR ???? —PT	TONR	有记忆通电延时型
???? — IN TOF ???? —PT	TOF	断电延时型

PT 是预置值输入端，最大预置值 32767；PT 数据类型为 INT。

4. 定时器工作原理分析

下面从原理、应用等方面，分别叙述通电延时型（TOF）、有记忆通电延时型和断电延时型等 3 种类型定时器的使用方法。

（1）通电延时定时器 TON（On - Delay Timer）。使能端（IN）输入有效时，定时器开始计时，当前值从 0 开始递增，不小于预置值（PT）时，定时器输出状态位置 1（输出触点有效），当前值的最大值为 32767。使能端无效（断开）时，定时器复位（当前值清零，输出状态位置 0）。通电延时型定时器应用程序及运行结果时序分析如图 7.17 所示。

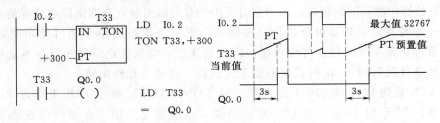

图 7.17　通电延时定时器应用程序及运行时序图

（2）有记忆通电延时型 TONR（Retentive On - Delay Timer）。使能端（IN）输入有效时（接通），定时器开始计时，当前值递增，当前值不小于预置值（PT）时，输出状态位置 1。使能端输入无效（断开）时，当前值保持（记忆）；使能端（IN）再次接通有效时，在原记忆值的基础上递增计时。有记忆通电延时型（TONR）定时器采用线圈的复位指令（R）进行复位操作，当复位线圈有效时，定时器当前值清零，输出状态位置 0。有记忆通电延时型定时器的应用程序及运行结果时序分析如图 7.18 所示。

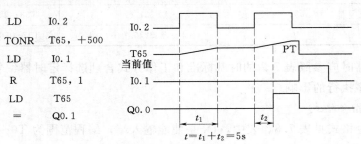

图 7.18　有记忆通电延时型定时器应用程序及运行时序图

（3）断电延时型 TOF（Off - Delay Timer）。使能端（IN）输入有效时，定时器输出状态位立即置 1，当前值复位（为 0）。使能端（IN）断开时，开始计时，当前值从 0 递增，当前值达到预置值时，定时器状态位复位置 0，并停止计时，当前值保持。断电延时型定时器应用程序及程序运行结果时序分析如图 7.19 所示。

5. S7 - 200 系列 PLC 定时器的正确使用

图 7.20 所示为使用定时器本身的动断触点作为激励输入，希望经过延时产生一个机器扫描周期的时钟脉冲输出。定时器状态位置位时，依靠本身的动断触点（激励输入）的断开使定时器复位，重新开始设定时间，进行循环工作。采用不同时基标准的定时器时会

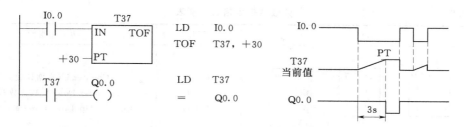

图 7.19 断电延时型定时器应用程序及运行时序图

有不同的运行结果，具体分析如下。

（1）T32 为 1ms 时基定时器，每隔 1ms 定时器刷新一次当前值，CPU 当前值若恰好在处理动断触点和动合触点之间被刷新，Q0.0 可以接通一个扫描周期，但这种情况出现的概率很小，一般情况下，不会正好在这时刷新。若在执行其他指令时，定时时间到，1ms 的定时刷新，使定时器输出状态位置位，动断触点打开，当前值复位，定时器输出状态位立即复位，所以输出线圈 Q0.0 一般不会通电。

（2）若将图 7.20 中定时器 T32 换成 T33，时基变为 10ms，当前值在每个扫描周期开始刷新，定时器输出状态位置位，动断触点断开，立即将定时器当前值清零，定时器输出状态位复位（为 0），这样，输出线圈 Q0.0 永远不可能通电（ON）。

（3）若将图 7.20 中定时器 T32 换成 T37，时基变为 100ms，当前指令执行时刷新，Q0.0 在 T37 计时时间到时准确地接通一个扫描周期。可以输出一个 OFF 时间为定时时间，ON 时间为一个扫描周期的时钟脉冲。

综上所述，用本身触点激励输入的定时器，时基为 1ms 和 10ms 时不能可靠工作，一般不宜使用本身触点作为激励输入。若将图 7.20 改成图 7.21，无论何种时基都能正常工作。

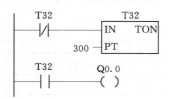

图 7.20 自身激励输入程序

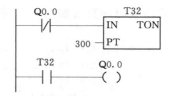

图 7.21 非自身激励输入程序

7.1.9 计数器

计数器利用输入脉冲上升沿累计脉冲个数，在实际应用中用来对产品进行计数或完成复杂的逻辑控制任务。S7-200 系列 PLC 有递增计数（CTU）、增/减计数（CTUD）、递减计数（CTD）等 3 类计数指令。计数器的使用方法和基本结构与定时器基本相同，主要由预置值寄存器、当前值寄存器、状态位等组成。

1. 指令格式

计数器的梯形图指令符号为指令盒形式，指令格式见表 7.9。

表 7.9　　　　　　　　　　　　　　　计数器指令格式功能表

LAD	STL	功　能
 ???? 　 ???? 　 ???? CU CTU　 CD CTD　 CUCTUD R 　 LD 　 CD ????—PV 　 ????—PV 　 R 　　　 　　　 ???—PV	CTU CTD CTUD	（Counter Up）增计数器 （Counter Down）减计数器 （Counter Up/Down）增/减计数器

梯形图指令符号中 CU 为增 1 计数脉冲输入端；CD 为减 1 计数脉冲输入端；R 为复位脉冲输入端；LD 为减计数器的复位脉冲输入端。编程范围为 C0～C255；PV 预置值最大范围为 32767；PV 数据类型为 INT。

2. 工作原理分析

下面从原理、应用等方面分别叙述增计数指令（CTU）、增/减计数指令（CTUD）、减计数指令（CTD）等 3 种类型计数指令的应用方法。

（1）增计数指令 CTU（Count Up）。计数指令在 CU 端输入脉冲上升沿，计数器的当前值增 1 计数。当前值不小于预置值（PV）时，计数器状态位置 1。当前值累加的最大值为 32767。复位输入（R）有效时，计数器状态位复位（置 0），当前计数值清零。增计数指令的应用可以参考图 7.22 理解。

（2）增/减计数指令 CTUD（Count Up/Down）。增/减计数器有两个脉冲输入端，其中 CU 端用于递增计数，CD 端用于递减计数，执行增/减计数指令时，CU/CD 端的计数脉冲上升沿增 1/减 1 计数。当前值不小于计数器预置值（PV）时，计数器状态位置位。复位输入（R）有效或执行复位指令时，计数器状态位复位，当前值清零。达到计数器最大值 32767 后，下一个 CU 输入上升沿将使计数值变为最小值（－32768）。同样，达到最小值（－32768）后，下一个 CD 输入上升沿将使计数值变为最大值（32767）。增/减计数器指令应用程序段及时序分析如图 7.22 所示。

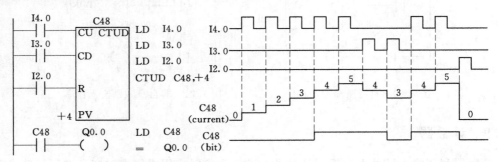

图 7.22　增/减计数器应用程序及运行时序

（3）减计数指令 CTD（Count Down）。复位输入（LD）有效时，计数器把预置值（PV）装入当前值存储器，计数器状态位复位（置 0）。CD 端每一个输入脉冲上升沿，减计数器的当前值从预置值开始递减计数，当前值等于 0 时，计数器状态位置位（置 1），停止计数。减计数指令应用程序及时序如图 7.23 所示，减计数器在计数脉冲 I3.0 的上升沿减 1 计数，当前值从预置值开始减至 0 时，定时器输出状态位置 1，Q0.0 通电（置 1）。在复位脉冲 I1.0 的上升沿，定时器状态位置 0（复位），当前值等于预置值，为下次计数工作做好准备。

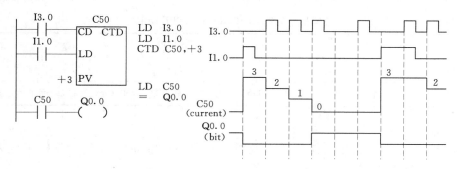

图 7.23　减计数指令应用程序及运行时序

7.2　程 序 控 制 指 令

　　程序控制类指令大部分属于无条件执行指令，用于控制程序的走向。合理使用该类指令可以使程序结构得到优化，增强程序的功能及灵活性。程序控制类指令主要包括结束指令、暂停指令、看门狗指令、跳转指令、循环指令、子程序调用指令、顺序控制指令等。

7.2.1　结束指令 END/MEND

　　结束指令的 LAD 和 STL 格式以及功能介绍见表 7.10。

表 7.10　　　　　　　　　　　**结束指令的 LAD 和 STL 格式以及功能**

LAD	——(END)
STL	END
功能	根据前一个逻辑条件终止用户主程序

　　使用说明如下。

　　（1）结束指令的功能是结束主程序，它只能在主程序中使用，不能在子程序和中断服务程序中使用。

　　（2）梯形图结束指令直接连在左侧电源母线时，为无条件结束指令（MEND），不直接连在左侧母线时，为条件结束指令（END）。

　　（3）无条件结束指令执行时（指令直接连在左侧母线，无使能输入），立即终止用户程序的执行，返回主程序的第一条指令执行。STEP7 – Micro/Win V4.0 编程软件在主程序的结尾自动生成无条件结束（MEND）指令，用户不得输入无条件结束指令；否则编译将出错。

　　（4）条件结束指令在使能输入有效时，终止用户程序的执行返回主程序的第一条指令执行（循环扫描工作方式）。

7.2.2　暂停指令 STOP

暂停指令的 LAD 和 STL 格式以及功能介绍见表 7.11。

表 7.11　　　　　　　暂停指令的 LAD 和 STL 格式以及功能

LAD	——(STOP)
STL	STOP
功能	通过将 S7‐200 CPU 从 RUN（运行）状态转换为 STOP（停止）状态，终止程序执行

使用说明如下。

（1）暂停指令的功能是使能输入有效时，立即终止程序的执行，CPU 工作方式由 RUN 切换到 STOP 方式。

（2）暂停指令可以用在主程序、子程序和中断程序中。在中断程序中执行 STOP 指令，该中断立即终止，并且忽略全部执行的中断，继续扫描程序的剩余部分，在本次扫描结束时，将 CPU 由 RUN（运行）状态切换到 STOP（停止）状态。

7.2.3　看门狗复位指令 WDR（Watch Dog Reset）

在 PLC 中，为了避免出现程序死循环的情况，有一个专门监视扫描周期的警戒时钟，常称其为看门狗定时器。它有一设定的重启动时间，若程序扫描周期超过 300ms，看门狗复位指令重新触发看门狗定时器，可以增加一次扫描时间。

看门狗指令的 LAD 和 STL 格式以及功能介绍见表 7.12。

表 7.12　　　　　　　看门狗指令的 LAD 和 STL 格式以及功能

LAD	——(WDR)
STL	WDR
功能	重新触发 S7‐200 CPU 的系统监控程序定时器，可以延长扫描周期，避免出现看门狗超时错误

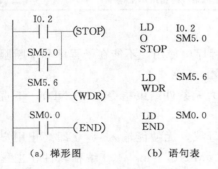

（a）梯形图　　　（b）语句表

图 7.24　结束指令、暂停指令和
看门狗复位指令的用法

使用说明如下。

（1）看门狗复位指令的功能是使能输入有效时，将看门狗定时器复位。在没有看门狗错误的情况下，可以增加一次扫描允许的时间。

（2）若使能输入无效，看门狗定时器定时时间到，程序将中止当前指令的执行，重新启动，返回到第一条指令重新执行。

注意：使用 WDR 指令时，要防止过度延迟扫描完成时间，否则，在终止本扫描之前，下列操作过程将被禁止（不予执行）：通信（自由端口方式除外）、I/O 更新（立即 I/O 除外）、强制更新、SM 更新（SM0、SM5～SM29 的位不能被更新）、运行时间诊断、中断程序中的 STOP 指令。扫描时间超过 25s，将使 10ms 和 100ms 定时器不能正确计时。

图 7.24 所示是结束指令、暂停指令和看门狗复位指令的用法。

7.2.4 跳转指令 JMP 与标号指令 LBL

跳转指令可以使 PLC 编程的灵活性大大提高，使主机可根据对不同条件的判断，选择不同的程序段执行程序。

跳转指令和标号指令的 LAD 和 STL 格式见表 7.13。跳转指令和标号指令的应用如图 7.25 所示。

表 7.13　跳转指令和标号指令的 LAD 和 STL 格式

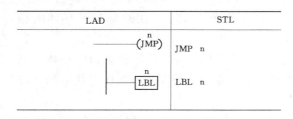

LAD	STL
─(JMP) (n)	JMP n
─\[LBL\] (n)	LBL n

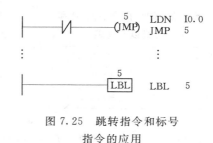

图 7.25　跳转指令和标号指令的应用

使用说明如下。

(1) 跳转指令和标号指令必须配合使用，而且只能使用在同一程序块中，如主程序、同一个子程序或同一个中断程序。不能在不同的程序块中互相跳转。

(2) 执行跳转后，被跳过程序段中的各元器件的状态如下。

1) Q、M、S、C 等元器件的位保持跳转前的状态。

2) 计数器 C 停止计数，当前值存储器保持跳转前的计数值。

3) 对定时器来说，因刷新方式不同而工作状态不同。在跳转期间，分辨率为 1ms 和 10ms 的定时器会一直保持跳转前的工作状态，原来工作的继续工作，到设定值后其位的状态也会改变，输出触点动作，其当前值存储器一直累积到最大值 32767 才停止。对分辨率为 100ms 的定时器来说，跳转期间停止工作，但不会复位，存储器里的值为跳转时的值，跳转结束后，若输入条件允许，可继续计时，但已失去了准确计时的意义。所以在跳转段里的定时器要慎用。

(3) "跳转"及其对应的"标号"指令必须始终位于相同的代码段中（主程序、子程序或中断程序）。

7.2.5 循环指令 FOR 和 NEXT

在 PLC 的编程设计中有时会碰到相同功能的程序段需要重复执行，S7 - 200 CPU 指令系统提供了循环指令，它为处理程序中重复执行相同功能的程序段提供了方便，合理地利用该指令可以大大简化程序的结构。

循环指令有两条，即循环开始指令 FOR 和循环结束指令 NEXT。这两条指令的 LAD 和 STL 格式以及功能介绍见表 7.14 和表 7.15。

表 7.14　　　　　　　　　**循环开始指令的 LAD 和 STL 格式以及功能**

LAD	FOR EN　ENO ????—INDX ????—INIT ????—FINAL
STL	FOR INDX, INIT, FINAL
功能	执行 FOR 和 NEXT 之间的指令。INDX 为当前循环计数；INIT 为循环初始值；FINAL 为循环终止值

表 7.15　循环结束指令的 LAD 和 STL 格式以及功能

LAD	——(NEXT)
STL	NEXT
功能	循环结束

使用说明如下。

（1）循环开始指令 FOR：用来标记循环体的开始。

（2）循环结束指令 NEXT：用来标记循环体的结束。无操作数。

（3）FOR 和 NEXT 之间的程序段称为循环体，每执行一次循环体，当前计数值增 1，并且将其结果同终值进行比较，如果大于终值，则终止循环。

（4）循环开始指令在使用时必须指定当前循环计数、初始值和终止值。FOR 和 NEXT 可以循环嵌套，嵌套最多为 8 层，但各个嵌套之间不可有交叉现象。初始值大于终止值时，循环体不被执行。

（5）循环开始指令 FOR 和循环结束指令 NEXT 必须成对使用。

（6）每次使能输入（EN）重新有效时，指令将自动复位各参数。

表 7.16 为循环开始指令在输入时对应的操作数及数据类型。

表 7.16　　　　　　　　　**循环开始指令的操作数说明**

输入	操 作 数	数据类型
INDX	VW、IW、QW、MW、SW、SMW、LW、T、C、AC、＊VD、＊LD、＊AC	整数
INIT	VW、IW、QW、MW、SW、SMW、T、C、AC、LW、AIW、常量、＊VD、＊LD、＊AC	整数
FINAL	VW、IW、QW、MW、SW、SMW、T、C、AC、LW、AIW、常量、＊VD、＊LD、＊AC	整数

循环指令的应用举例如图 7.26 所示。该段程序的功能是：当 I1.0 接通时，外层循环 1 执行 50 次；当 I1.1 接通时，内层循环 2 执行 5 次。

7.2.6　子程序

S7 - 200 PLC 的程序主要包括三大类，即主程序（OB1）、子程序（SBR _ N）和中断程序（INT _ N）。子程序在结构化程序设计中是一种方便有效的工具。S7 - 200 PLC 的指令系统具有简单、方便、灵活的子程序调用功能。与子程序有关的操作有建立子程序、子程序的调用和返回。

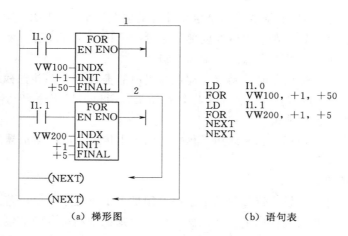

（a）梯形图　　　　　　（b）语句表

图 7.26　循环指令的应用举例

1. 建立子程序

建立子程序是通过编程软件来完成的。可用编程软件"编辑"菜单中的"插入"命令，选择"子程序"，以建立或插入一个新的子程序，同时在指令树窗口可以看到新建的子程序图标，默认的程序名是 SBR _ N，编号 N 从 0 开始按递增顺序生成，也可以在图标上直接更改子程序的程序名，把它变为更能描述该子程序功能的名字。在指令树窗口双击子程序的图标就可进入子程序，并对它进行编辑。

2. 子程序调用

（1）子程序调用指令 CALL。在使能输入有效时，主程序把程序控制权交给子程序。子程序的调用可以带参数，也可以不带参数。它在梯形图中以指令盒的形式编程。指令格式见表 7.17。

（2）子程序条件返回指令 CRET。在使能输入有效时，结束子程序的执行，返回主程序中（此子程序调用的下一条指令）。梯形图中以线圈的形式编程，指令不带参数。指令格式见表 7.17。

表 7.17　　　　　　　　　　　子程序调用指令格式

格　　式	子程序调用指令	子程序条件返回指令
LAD	SBR_0 —EN	—（RET）
STL	CALL SBR _ 0	CRET

（3）应用举例。图 7.27 所示的程序实现用外部控制条件分别调用两个子程序。

使用说明如下。

（1）CRET 多用于子程序的内部，由判断条件决定是否结束子程序调用，CRET 用于子程序的结束。用 Micro/Win V4.0 编程时，编

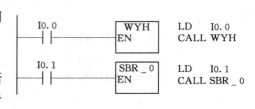

图 7.27　子程序调用程序

157

程人员不需要手工输入 RET 指令，而是由软件自动加在每个子程序结尾。

（2）子程序嵌套。如果在子程序的内部又对另一子程序执行调用指令，则这种调用称为子程序的嵌套。子程序的嵌套深度最多为 8 级。

（3）当一个子程序被调用时，系统自动保存当前的堆栈数据，并把栈顶置 1，堆栈中的其他置为 0，子程序占有控制权。子程序执行结束，通过返回指令自动恢复原来的逻辑堆栈值，调用程序又重新取得控制权。

（4）累加器可在调用程序和被调用子程序之间自由传递，所以累加器的值在子程序调用时既不保存也不恢复。

3. 带参数的子程序调用

子程序中可以有参变量，带参数的子程序调用扩大了子程序的使用范围，增加了调用的灵活性。子程序的调用过程如果存在数据的传递，则在调用指令中应包含相应的参数。

（1）子程序参数。子程序最多可以传递 16 个参数。参数在子程序的局部变量表中加以定义。参数包含下列信息，即变量名、变量类型和数据类型。

1）变量名。变量名最多用 8 个字符表示，第一个字符不能是数字。

2）变量类型。变量类型是按变量对应数据的传递方向来划分的，可以是传入子程序（IN）、传入和传出子程序（IN/OUT）、传出子程序（OUT）和暂时（TEMP）4 种类型。4 种变量类型的参数在变量表中的位置必须按以下先后顺序。

IN 类型：传入子程序参数。所接的参数可以是直接寻址数据（如 VB100）、间接寻址数据（如 AC1）、立即数（如 16♯2344）和数据的地址值（如 ＆VB106）。

IN/OUT 类型：传入传出子程序参数。调用时将指定参数位置的值传到子程序，返回时从子程序得到的结果值被返回到同一地址。参数可以采用直接和间接寻址，但立即数（如 16♯1234）和地址值（如 ＆VB100）不能作为参数。

OUT 类型：传出子程序参数。它将从子程序返回的结果值送到指定的参数位置。输出参数可以采用直接和间接寻址，但不能是立即数或地址编号。

TEMP 类型：暂时变量类型。在子程序内部暂时存储数据，不能用来与主程序传递参数数据。

3）数据类型。局部变量表中还要对数据类型进行声明。数据类型可以是能流、布尔型、字节型、字型、双字型、整数型、双整型和实型。

能流：仅允许对位输入操作，是位逻辑运算的结果。在局部变量表中布尔能流输入处于所有类型的最前面。

布尔型：布尔型用于单独的位输入和输出。

字节、字和双字型：这 3 种类型分别声明一个 1B、2B 和 4B 的无符号输入或输出参数。

整数、双整数型：这两种类型分别声明一个 2B 或 4B 的有符号输入或输出参数。

实型：该类型声明一个 IEEE 标准的 32 位浮点参数。

（2）参数子程序调用的规则。常数参数必须声明数据类型。例如，把值为 223344 的无符号双字作为参数传递时，必须用 DW♯223344 来指明。如果缺少常数参数的这一描述，常数可能会被当作不同类型使用。

输入或输出参数没有自动数据类型转换功能。例如，局部变量表中声明一个参数为实型，而在调用时使用一个双字，则子程序中的值就是双字。

参数在调用时必须按照一定的顺序排列，先是输入参数，然后是输入/输出参数，最后是输出参数。

（3）变量表使用。按照子程序指令的调用顺序，参数值分配给局部变量存储器，起始地址是L0.0。使用编程软件时，地址分配是自动的。在局部变量表中要加入一个参数，右击要加入的变量类型区可以得到一个选择菜单，选择"插入"→"下一行"命令。局部变量表使用局部变量存储器。当在局部变量表中加入一个参数时，系统自动给各参数分配局部变量存储空间。

参数子程序调用指令格式：CALL 子程序，参数1，参数2，…，参数n。

（4）程序实例。图7.28所示为一个带参数调用的子程序实例，其局部变量分配见表7.18。

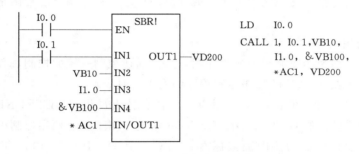

图 7.28　带参数子程序调用程序

表 7.18　　　　　　　　　　局 部 变 量 表

L 地址	参数	参数类型	数据类型	说　　明
无	EN	IN	BOOL	指令使能输入参数
LB0.0	IN1	IN	BOOL	第1个输入参数，布尔型
LB1	IN2	IN	BYTE	第2个输入参数，字节型
LB2.0	IN3	IN	BOOL	第3个输入参数，布尔型
LD3	IN4	IN	DWORD	第4个输入参数，双字型
LW7	IN/OUT1	IN/OUT	WORD	第1个输入/输出参数，字型
LD9	OUT1	OUT	DWORD	第1个输入参数，双字型

7.2.7　与 ENO 指令

ENO是LAD中指令盒的布尔能流输出端。如果指令盒的能流输入有效，则执行没有错误，ENO就置位，并将能流向下传递。ENO可以作为允许位表示指令成功执行。

STL指令没有EN输入，但对要执行的指令，其栈顶值必须为1。可用"与"ENO（AENO）指令来产生和指令盒中的ENO位相同的功能。

指令格式：AENO

　　AENO 指令无操作数，且只在 STL 中使用，它将栈顶值和 ENO 位进行逻辑与运算，运算结果保存到栈顶。AENO 指令的用法如图 7.29 所示，如果＋I 指令执行正确，则调用中断程序 INT-0，中断事件号为 I0。

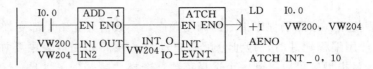

图 7.29　AENO 指令应用程序

7.2.8　顺序控制指令

　　顺序控制指令是 PLC 生产厂家为用户提供的可使功能图编程简单化和规范化的指令。顺序控制指令可以将顺序功能流程图转换成梯形图程序，顺序功能流程图是设计梯形图程序的基础。

　　1. 顺序功能图简介

　　顺序功能图又称为功能流程图或功能图，它是描述控制系统的控制过程、功能和特性的一种图形，也是设计 PLC 的顺序控制程序的有力工具。

　　（1）功能图的产生。20 世纪 80 年代初，法国科技人员根据 PETRI NET 理论，提出了可编程序控制器设计的 Grafacet 法。Grafacet 法是专用于工业顺序控制程序设计的一种功能说明语言，现在已成为法国国家标准（NFC 03190）。IEC 于 1988 年公布了类似的《控制系统功能图准备》标准（IEC 848）。我国也在 1986 年颁布了《电气制图功能表图国家标准》（GB 6988.6—86），1994 年 5 月公布的 IEC PLC 标准（IEC 1131）中，顺序功能图被确定为 PLC 位居首位的编程语言。

　　（2）顺序功能图的基本概念。顺序功能图主要由步、转移及有向线段等元素组成。如果适当运用组成元素，就可得到控制系统的静态表示方法，再根据转移触发规则模拟系统的运行，就可以得到控制系统的动态过程。

　　1）步。将控制系统的一个周期划分为若干个顺序相连的阶段，这些阶段称为步，并用编程元件来代表各步。步的符号如图 7.30 所示。矩形框中可写上该步的编号或代码。

　　2）初始步。与系统初始状态相对应的步称为初始步，初始状态一般是系统等待启动命令的相对静止的状态，一个控制系统至少要有一个初始步。初始步的图形符号为双线的矩形框，如图 7.31 所示。在实际使用时，有时也画成单线矩形框，有时画一条横线表示功能图的开始。

　　3）活动步。当控制系统正处于某一步所在的阶段时，该步处于活动状态，称该步为"活动步"。步处于活动状态时，相应的动作被执行；处于不活动状态时，相应的非存储型的动作被停止执行。

　　4）与步对应的动作或命令。在每个稳定的步下，可能会有相应的动作。动作的表示方法如图 7.32 所示。

图 7.30　步的图形符号　　　图 7.31　初始步的图形符号　　　图 7.32　动作的表示

5）转移。为了说明从一个步到另一个步的变化，要用转移概念，即用一个有向线段来表示转移的方向。两个步之间的有向线段上再用一段横线表示这一转移。转移的符号如图 7.33 所示。

转移是一种条件，当此条件成立，称为转移使能。该转移如果能够使步发生转移，则称为触发。一个转移能够触发必须满足步为活动步及转移使能。转移条件是指使系统从一个步向另一个步转移的必要条件，通常用文字、逻辑方程及符号来表示。

（3）功能图的构成规则。控制系统功能图的绘制必须满足以下规则。

1）步与步不能相连，必须用转移分开。

2）转移与转移不能相连，必须用步分开。

3）步与转移、转移与步之间的连接采用有向线段，从上向下画时，可以省略箭头；当有向线段从下向上画时，必须画上箭头，以表示方向。

4）一个功能图至少要有一个初始步。

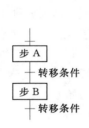

图 7.33　转移符号

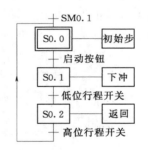

图 7.34　冲压机运行过程图

用一个例子来说明功能图的绘制。某一冲压机的初始位置是冲头抬起，处于高位；当操作者按动启动按钮时，冲头向工件冲击；到最低位置时，触动低位行程开关；然后冲头抬起，回到高位，触动高位行程开关，停止运行。图 7.34 所示为功能图表示的冲压机运行过程。冲压机的工作顺序可分为 3 步，即初始步、下冲和返回。从初始步到下冲步的转移必须满足启动信号和高位行程开关信号同时为 ON 才能发生；从下冲步到返回步，必须满足低位行程开关为 ON 才能发生。

2. 顺序控制指令

S7 - 200 PLC 提供了 3 条顺序控制指令，它们的 STL 形式、LAD 形式和功能见表 7.19。从表中可以看出，顺序控制指令的操作对象为状态继电器 S，每一个 S 的位都表示功能图中的一步。S 的范围为 S0.0～S31.7。

从 LSCR 指令开始到 SCRE 指令结束的所有指令组成一个顺序控制（SCR）段，对应功能图中的一步。LSCR 指令标记一个 SCR 步的开始，当该步的状态继电器置位时，允许

表 7.19　　　　　　　　　　　　　　顺序控制指令的形成及功能

STL	LAD	功　能	操作对象
Load Sequential Control Relay，LSCR bit	bit ─┤ SCR ├	顺序状态开始	S
Sequential Control Relay Transition，SCRT bit	bit ─(SCRT)	顺序状态转移	S
Sequential Control Relay End，SCRE	─(SCRE)	顺序状态结束	无

该 SCR 步工作。SCR 步必须用 SCRE 指令结束。当 SCRT 指令的输入端有效时，一方面置位下一个 SCR 步的状态继电器 S，以便使下一个 SCR 步工作；另一方面同时使该步的状态继电器复位，使该步停止工作。由此可以总结出每一个 SCR 程序步一般有 3 种功能。

（1）驱动处理。即在该步状态继电器有效时，要做什么工作；有时也可能不做任何工作。

（2）指定转移条件和目标。即满足什么条件后活动步移到何处。

（3）转移源自动复位功能。步发生转移后，使下一个步变为活动步的同时，自动复位原步。

3. 举例说明

在使用功能图编程时，应先画出功能图，然后对应于功能图画出梯形图。图 7.35 所示的两条传送带用来传送钢板之类的长物体，要求尽可能地减少传送带的运行时间。在传送带端部设置了两个光电开关 I0.1 和 I0.2，传送带 A、B 的电机分别由 Q0.1 和 Q0.2 驱动。SM0.1 使系统进入初始步，按下启动按钮，I0.0 变为"1"状态时，系统进入步 S0.1，传送带 Q0.1 开始运行，被传送的物体的前沿使 I0.1 变为"1"状态时，系统进入步 S0.2，两条传送带同时运行。被传送物体的后沿离开 I0.1 时，传送带 A 停止运行，物体的后沿离开 I0.2 时，传送带 B 也停止运行，系统返回初始步。

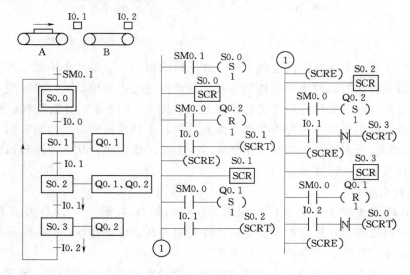

图 7.35　顺序功能图和控制梯形图

在该例中，初始化脉冲 SM0.1 用来置位 S0.0，即把 S0.0（步 1）激活；在步 1 的 SCR 段要做的工作是复位 Q0.2。按启动按钮 I0.0 后，步发生转移，I0.0 即为步转移条件，I0.0 的常开触点将 S0.1（步 2）置位（激活）的同时，自动使原步 S0.0 复位。在步 2 的 SCR 段，要做的工作是置位 Q0.1，当 I0.1 变为"1"状态时，步从步 2（S0.1）转移到步 3（S0.2），同时步 2 复位。在步 3 的 SCR 段，要做的工作是置位 Q0.2，当 I0.1 断开时，步从步 3（S0.2）转移到步 4（S0.3）。在步 4 的 SCR 段，要做的工作是复位 Q0.1，当 I0.2 断开时，步从步 4（S0.3）转移到步 1（S0.0）。

在 SCR 段输出时，常用特殊中间继电器 SM0.0（常 ON 继电器）执行 SCR 段的输出操作。因为线圈不能直接和母线相连，所以必须借助一个常闭的 SM0.0 来完成任务。有时也用发生转移条件的常闭触点来执行输出。

4. 使用说明

（1）顺控指令仅对元件 S 有效，状态继电器 S 也具有一般继电器的功能，所以对它能够使用其他指令。

（2）SCR 段程序能否执行取决于该步（S）是否被置位，SCRE 与下一个 LSCR 之间的指令逻辑不影响下一个 SCR 段程序的执行。

（3）不能把同一个 S 位用于不同程序中。例如，如果在主程序中用了 S1.1，则在子程序中就不能再使用它。

（4）在 SCR 段中不能使用 JMP 和 LBL 指令，就是说不允许跳入、跳出或在内部跳转，但可以在 SCR 段附近使用跳转和标号指令。

（5）在 SCR 段中不能使用 FOR、NEXT 和 END 指令。

（6）在步发生转移后，所有的 SCR 段的元器件一般也要复位，如果希望继续输出，可使用置位/复位指令，如图 7.35 中的 Q0.1。

（7）在使用功能图时，状态继电器的编号可以不按顺序安排。

7.3 PLC 的梯形图程序设计方法及应用实例

程序设计也就是上一章所指的软件设计，PLC 的程序设计是 PLC 应用最关键的问题，也是整个电气控制的设计核心。由于 PLC 所有的控制功能都是以程序的形式来体现，故大量的工作时间将用在程序设计上。PLC 的程序设计方法通常有经验设计法、逻辑设计法、翻译法和顺序功能设计法。本章就这几种设计方法和应用加以说明。

7.3.1 PLC 梯形图的经验设计法及应用

在 PLC 发展的初期，沿用了设计继电器电路图的方法来设计比较简单的 PLC 的梯形图，即在一些典型电路的基础上，根据被控对象对控制系统的具体要求，不断地修改和完善梯形图。有时需要多次反复地调试和修改梯形图，增加一些中间编程元件和触点，最后才能得到一个较为满意的结果。

这种 PLC 梯行图的设计方法没有普遍的规律可以遵循，具有很大的试探性和随意性，最后的结果不是唯一的，设计所用的时间、设计的质量与设计者的经验有很大的关系，所以有人把这种设计方法叫做经验设计法，它可以用于较简单的梯形图（如手动程序）的设计。

梯形图的经验设计法是目前使用比较广泛的一种设计方法，该方法的核心是输出线圈，这是因为 PLC 的动作就是从线圈输出的（可以称为面向输出线圈的梯形图设计方法）。以下是一些经验设计法的基本步骤。

（1）分解控制功能，画输出线圈梯级。根据控制系统的工作过程和工艺要求，将要编制的梯形图程序分解成独立的子梯形图程序。以输出线圈为核心画输出位梯级图，并画出该线圈的得电条件、失电条件和自锁条件。在画图过程中，注意程序的启动、停止、连续运行、选择性分支和并发分支。

（2）建立辅助位梯级。如果不能直接使用输入条件逻辑组合作为输出线圈的得电和失电条件，则需要使用工作位、定时器或计数器以及功能指令的执行结果作为条件，建立输出线圈的得电和失电条件。

（3）画互锁条件和保护条件。互锁条件是可以避免同时发生互相冲突的动作，保护条件可以在系统出现异常时，使输出线圈动作，保护控制系统和生产过程。

在设计梯形图程序时，要注意先画基本梯形图程序，当基本梯形图程序的功能能够满足要求后，再增加其他功能。在使用输入条件时，注意输入条件是电平、脉冲还是边沿。调试时要将梯形图分解成小功能块调试完毕后，再调试全部功能。

经验设计法具有设计速度快等优点，但是在设计问题变得复杂时，难免会出现设计漏洞。下面先介绍经验设计法中常用的一个基本电路，然后再介绍几个程序设计实例。

1. 启动、保持和停止电路

图 7.36 所示是异步电动机单向全压启动控制电路，图 7.37 所示是 PLC 控制系统的控制梯形图程序，称为启动、保持和停止电路（简称为起保停电路），它是经验设计法的一个模型电路。图 7.37（a）中的启动信号 I0.2 和停止信号 I0.1（如启动按钮 SB2 和停止按钮 SB1 提供的信号）持续为 ON 的时间一般都很短，这种信号称为短信号。起保停电路最主要的特点是具有"记忆"功能，按下启动按钮，I0.2 的常开触点接通，如果这时

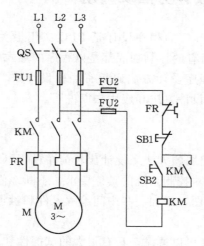

图 7.36　单向全压启动控制电路　　　　图 7.37　单向全压启动控制电路梯形图

未按停止按钮和过载保护没有动作，I0.1 和 I0.0 的常闭触点接通，Q0.0 的线圈"通电"，它的常开触点同时接通。放开启动按钮，I0.0 的常开触点断开，"能流"经 Q0.0 的常开触点和 I0.1、I0.0 的常闭触点流过 Q0.0 的线圈，Q0.0 仍为 ON，这就是"自锁"或"自保持"功能。按下停止按钮或过载保护动作，I0.1 或 I0.0 的常闭触点断开，使 Q0.0 的线圈"断电"，其常开触点断开，以后即使放开停止按钮和过载保护不动作，I0.1 和 I0.0 的常闭触点恢复接通状态，Q0.0 的线圈仍然"断电"。去掉过载保护触点 I0.0，标准的起保停电路如图 7.37（b）所示，这也是经验法编程的模型电路。这种功能也可以用 S 和 R 指令来实现。

2. 运货小车的自动控制

（1）运货小车的工艺过程。

运货小车在限位开关 SQ0 装料（图 7.38）10s 后，装料结束。开始右行碰到限位开关 SQ1 后，停下来卸料，15s 后左行，碰到 SQ0 后，停下来装料，10s 后又开始右行，碰到限位开关 SQ1 后，继续右行，直到碰到限位开关 SQ2 后停下卸料，15s 后又开始左行，这样不停地循环工作，直到按下停止按钮 SB0，小车还设有右行和左行的启动按钮 SB1 和 SB2。

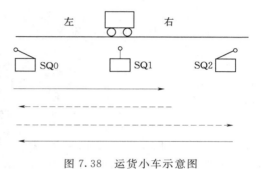

图 7.38 运货小车示意图

（2）程序设计。

1）输入/输出点地址分配。

停止按钮 SB0	I0.0
右行启动按钮 SB1	I0.1
左行启动按钮 SB2	I0.2
限位开关 SQ0	I0.3
限位开关 SQ1	I0.4
限位开关 SQ2	I0.5
小车右行	Q0.0
小车左行	Q0.1
小车装料	Q0.2
小车卸料	Q0.3

2）在电动机正/反转控制的梯形图的基础上，设计出小车控制梯形图如图 7.39 所示。

（3）程序说明。

为使小车自动停止，将 I0.5 和 I0.3 的常闭触点分别与 Q0.0 和 Q0.1 的线圈串联。为使小车自动启动，将控制装、卸料延时的定时器 T37 和 T38 的常开触点，分别与手动右行和左行的 I0.1、I0.2 的常开触点并联，并用限位开关对应的 I0.3、I0.4 和 I0.5 的常开触点分别接通装料、卸料电磁阀和相应的定时器。

设小车在启动时是空车，按下左行启动按钮 I0.2，小车开始左行，碰到 SQ0 时，I0.3 的常闭触点断开，使 Q0.1 的线圈"断电"，小车停止左行。I0.3 的常开触点接通，

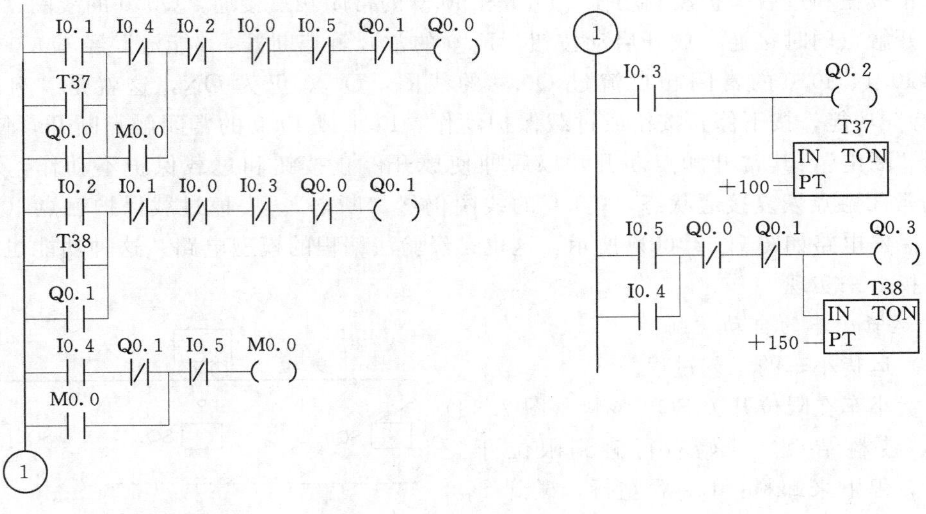

图 7.39　小车控制梯形图

使 Q0.2 和 T37 的线圈"通电"，开始装料和延时。10s 后 T37 的常开触点闭合，使 Q0.0 的线圈"通电"，小车右行。小车在第一次碰到 I0.4 和碰到 I0.5 时都应停止右行，所以将它们的常闭触点与 Q0.0 的线圈串联。其中 I0.4 的触点并联了中间环节 M0.0 的触点，使 I0.4 停止右行的作用受到 M0.0 的约束，M0.0 的作用是记忆 I0.4 是第几次被碰到，它只在小车第二次右行经过 I0.4 时起作用。为了利用 PLC 已有的输入信号，用起保停电路来控制 M0.0，它的启动条件和停止条件分别是小车碰到限位开关 I0.4 和 I0.5，即 M0.0 在图 7.38 中虚线所示的行程内为"1"状态，在这段时间内它的常开触点将 Q0.0 控制电路中 I0.4 的常闭触点短接，因此小车第二次经过 I0.4 时不会停止右行。小车第一次碰到 I0.4 或第二次碰到 I0.5 时，小车停下来卸料，为了实现两处卸料，将 I0.5 和 I0.4 的触点并联后驱动 Q0.3 和 T38，15s 后小车左行。如果小车正在运行时按停止按钮 I0.0，小车将停止运动，系统停止工作。

但在实际调试时发现小车从 I0.5 开始左行，经过 I0.4 时 M0.0 也被置位，使小车下一次右行到达 I0.4 时无法停止运行，因此在 M0.0 的启动电路中串入 Q0.1 的常闭触点。另外，还发现小车往返经过 I0.4 时，虽然不会停止运动，但是出现了短暂的卸料动作，将 Q0.1 和 Q0.0 的常闭触点与 Q0.3 的线圈串联，就可解决这个问题。

系统在装料和卸料时按停止按钮不能使系统停止工作，请读者考虑怎样解决这个问题。

3. 交通指挥信号灯的控制

十字路口的交通指挥信号灯的控制要求如下。

(1) 控制开关。

信号灯受一个启动开关控制。当启动开关接通时，信号灯系统开始工作，且先南北红灯亮，东西绿灯亮；当启动开关断开时，所有信号灯都熄灭。

(2) 控制要求。

1）南北绿灯和东西绿灯不能同时亮。如果同时亮应关闭信号灯系统，并立即报警。

2）南北红灯亮维持 25s。在南北红灯亮的同时东西绿灯也亮，并维持 20s。20s 时，东西绿灯闪亮，闪亮 3s 后熄灭。在东西绿灯熄灭时，东西黄灯亮，并维持 2s。到 2s 时，东西黄灯熄灭，东西红灯亮。同时，南北红灯熄灭，南北绿灯亮。

3）东西红灯亮，维持 30s。南北绿灯亮，维持 25s，然后闪亮 3s，再熄灭。同时南北黄灯亮，维持 2s 后熄灭，这时南北红灯亮，东西绿灯亮。

4）周而复始，循环往复。

根据控制要求可知，这是一个时序逻辑控制系统。图 7.40 是其时序图。

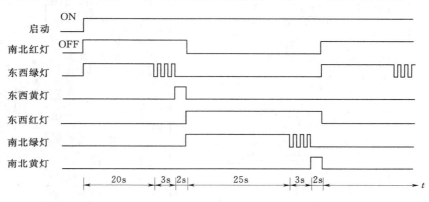

图 7.40 交通指挥信号灯时序图

（3）输入/输出地址分配。

根据时序图，交通信号灯输入/输出地址分配如下。

启动按钮：I0.0	警灯：Q0.0
南北红灯：Q0.1	东西绿灯：Q0.2
南北绿灯：Q0.5	东西黄灯：Q0.3
南北黄灯：Q0.6	东西红灯：Q0.4

（4）程序设计及说明。

根据控制要求和 I/O 地址分配，编制的交通灯控制梯形图如图 7.41 所示。需要说明的有以下几点。

1）本控制程序采用时间继电器和计数器进行编程，并且在每一个循环周期中，全部时间继电器都处于受控状态，只是在一个循环周期结束的瞬间才全部复位，复位时间为一个扫描周期。计数器也是在一个周期后由 T40 复位，如果是中途，由 I0.0 断开脉冲复位。

2）在程序中使用了两个闪烁电路，输出一个先 OFF 0.5s，再 ON 0.5s 的周期性振荡波，完成绿灯的 3 次闪烁，包括绿灯的一次常亮，共 4 次计数。并且振荡与 T37（T39）定时到同步。闪烁电路由 T33、T34（T35、T36）构成，M0.1（M0.2）作为输出。如果想简单一些，可以用 SM0.5 代替，但不能保证绿灯常亮之后，停 0.5s 后再亮，原因是机控特殊继电器无法与现场控制设备要求的时间同步。

3）本控制程序在南北绿灯和东西绿灯同时亮。由 Q0.0 报警，在程序中没有显示要关闭信号灯系统，要做到这一点，可以在程序的第一行加入 Q0.0 的常闭触点。

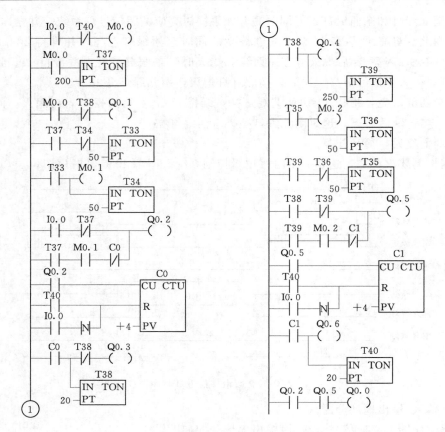

图 7.41　交通指挥信号灯控制梯形图程序

7.3.2　梯形图的逻辑设计法及应用

逻辑设计方法的理论基础是逻辑代数，而继电器控制系统的本质是逻辑线路。看一个电气控制线路都会发现，线路的接通和断开，都是通过继电器等元件的触点来实现的，故控制线路的各种功能必定取决于这些触点的开、合两种状态。因此，电控线路从本质上说是一种逻辑线路，它符合逻辑运算的基本规律。

PLC 是一种新型的工业控制计算机，在某种意义上可以说 PLC 是"与""或""非"3 种逻辑线路的组合体。而 PLC 的梯形图程序的基本形式是与、或、非的逻辑组合。它们的工作方式及其规律完全符合逻辑运算的基本规律。因此，用变量及其函数只有"0""1"两种取值的逻辑代数作为研究 PC 应用程序的工具就是顺理成章的事了。

例如，三相异步电动机的启/停继电控制电路（图 7.36）和梯形图（图 7.37）的逻辑代数分别为

$$f(\mathrm{KM}) = (\mathrm{SB2} + \mathrm{KM}) \cdot \overline{\mathrm{SB1}} \cdot \overline{\mathrm{FR}}$$
$$f(\mathrm{Q0.0}) = (\mathrm{I0.2} + \mathrm{Q0.0}) \cdot \overline{\mathrm{I0.1}} \cdot \overline{\mathrm{I0.0}}$$

用逻辑设计法对 PLC 组成的电控系统进行设计，一般可分为下面几步。

（1）首先，明确控制任务和控制要求。通过分析工艺过程绘制工作循环和检测元件分

布图，取得电气元件执行功能表。

（2）其次，详细绘制电控系统的状态转换表。通常它由输出信号状态表、输入信号状态表、状态主令表和中间记忆装置状态表 4 个部分组成。状态转换表全面、完整地展示了电控系统各部分、各时刻的状态和状态之间的联系及转换，非常直观，对建立电控系统的整体联系，动态变化的概念有很大帮助，是进行电控系统分析和设计的有效工具。

有了状态转换表，便可进行电控系统的逻辑设计。包括列写中间记忆元件的逻辑函数式和列写执行元件（输出端点）的逻辑函数式两个内容。这两个函数式组，既是生产机械或生产过程内部逻辑关系和变化规律的表达形式，又是构成电控系统实现控制目标的具体程序。

PLC 程序的编制就是将逻辑设计结果转化。PLC 作为工业控制机，逻辑设计的结果（逻辑函数式）能够很方便地过渡到 PLC 程序，特别是语句表达式。当然，如果设计者需要由梯形图程序作为一种过渡，或者选用的 PLC 的编程器具有图形输入的功能，也可以首先由逻辑函数式转化为梯形图程序。程序的完善和补充是逻辑设计法的最后一步，包括手动调整工作方式的设计、手动与自动工作方式的选择、自动工作循环及保护措施等。

1. 集选电梯外呼信号停站控制

集选三层电梯的示意图如图 7.42 所示。三层电梯的限位开关分别为 SQ1、SQ2、SQ3。一层的向上呼按钮 SB11，二层的向下呼按钮 SB22，二层的向上呼按钮 SB12，三层的向下呼按钮 SB23。

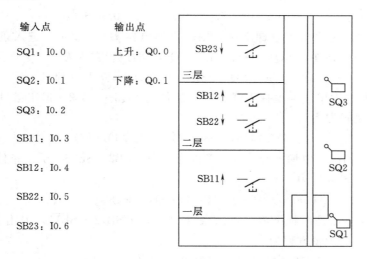

图 7.42　三层电梯地址分配和示意图

（1）三层电梯动作控制要求。

1）当电梯位于一层或二层时，若按三层的向下外呼按钮 SB23，则电梯上升到三层，由行程开关 SQ3 停止电梯上升。

2）当电梯位于一层时，若按二层的向上外呼按钮 SB12，则电梯上升到二层，由行程开关 SQ2 停止电梯上升。

3）当电梯位于二层或三层时，若按一层的向上外呼按钮 SB11，则电梯下降到一层，由行程开关 SQ1 停止电梯下降。

4) 当电梯位于三层时，若按二层的向下外呼按钮 SB22，则电梯下降到二层，由行程开关 SQ2 停止电梯下降。

5) 当电梯位于三层时，若按二层的向下外呼按钮 SB22，此时三层的向下外呼按钮 SB23 不按，则电梯上升到二层，行程开关 SQ2 停止电梯上升。

6) 当电梯位于三层时，若下方仅出现二层的向上外呼信号 SB12，即一层的向上外呼按钮 SB11 不按，则电梯下降到二层，由行程开关 SQ2 停止电梯下降。

7) 电梯在上升途中，不允许下降。

8) 电梯在下降途中，不允许上升。

(2) 根据控制要求，三层电梯输入点和输出点对应分配如下。

(3) 下面逐条对上面的动作要求 1)～8) 用逻辑设计法进行设计。

对 1)：这条输出为电梯上升，用输出继电器 Q0.0 表示。其进入条件是 SB23 呼叫，且电梯位于一层或二层。分别用 SQ1 或 SQ2 表示一层或二层停的位置。

进入条件表示为（SQ1＋SQ2）· SB23，退出条件是 SQ3 动作。

因此 Q0.0 的逻辑方程为

$$f(Q0.1) = [(SQ1+SQ2) \cdot SB23 + Q0.1] \cdot \overline{SQ3}$$

对 2)：这条输出也是电梯上升，进入条件为 SQ1 · SB12，退出条件为 SQ2 动作。因此，Q0.0 的逻辑方程为

$$f(Q0.0) = (SQ1 \cdot SB12 + Q0.0) \cdot \overline{SQ3}$$

对 3)：这种情况输出为电梯下降，用输出继电器 Q0.1 表示。进入条件为（SQ2＋SQ3）· SB11，退出条件为 SQ1 动作。因此，Q0.1 的逻辑方程为

$$f(Q0.1) = [(SQ2+SQ3) \cdot SB11 + Q0.1] \cdot \overline{SQ1}$$

对 4)：这种情况输出为电梯下降，进入条件为 SQ3 · SB22，退出条件为 SQ2 动作。因此，Q0.1 的逻辑方程为

$$f(Q0.1) = (SQ3 \cdot SB22 + Q0.1) \cdot \overline{SQ2}$$

对 5)：这条输出是电梯上升，进入条件为 SQ1 · SB2 · $\overline{SB23}$，退出条件是 SQ2 动作。因此，Q0.1 的逻辑方程为

$$f(Q0.0) = (SQ1 \cdot SB22 \cdot \overline{SB23} + Q0.0) \cdot \overline{SQ2}$$

对 6)：这条输出是电梯下降，进入条件为 SQ3 · SB12 · $\overline{SB11}$，退出条件为 SQ2 动作。因此，Q0.1 的逻辑方程为

$$f(Q0.1) = (SQ3 \cdot SB12 \cdot \overline{SB11} + Q0.1) \cdot \overline{SQ2}$$

对 7)：为了满足电梯在上升途中不允许下降，只需在 Q0.1 逻辑式中串联 Q0.0 的"非"，也就是实现联锁。当 Q0.0 动作时，不允许 Q0.1 动作。

对 8)：同上，只是在 Q0.0 中串联 Q0.1 的"非"。

将上面的逻辑方程整理为

$$f(Q0.0) = \{[(SQ1+SQ2) \cdot SB23 + Q0.0] \cdot \overline{SQ3} + (SQ1 \cdot SB12 + Q0.0) \cdot SQ2 +$$
$$(SQ1 \cdot SB22 \cdot SB23 + Q0.0) \cdot SQ2\}\overline{Q0.1}$$

$$f(Q0.1) = \{[(SQ2+SQ3) \cdot SB11 + Q0.1] \cdot \overline{SQ1} + (SQ3 \cdot SB22 + Q0.1) \cdot \overline{SQ2} +$$

$(SQ3 \cdot SB12 \cdot SB11 + Q0.1) \cdot \overline{SQ2}\} \overline{Q0.0}$

（4）绘制控制梯形图，集选三层电梯的梯形图如图 7.43 所示。

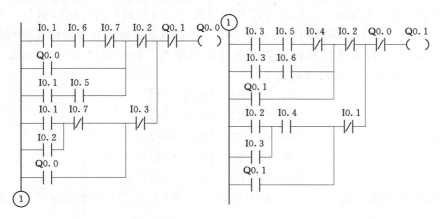

图 7.43 三层电梯的控制梯形图

2. 装卸料小车多方式运动控制

在生产现场中，尤其是在一些自动化生产线上，经常会遇到一台送料车在生产线上根据请求，多地点随机搜集成品（或废品）的情况。如图 7.44 所示的装卸料小车，可根据请求在 5 个停车位置卸料。因此，它有 3 个状态：左行（电机正转）、右行（电机反转）及停车。SQ1～SQ5 为 5 个停车位置的行程开关，小车压上时为

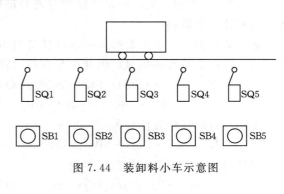

图 7.44 装卸料小车示意图

ON，SB1～SB5 为选择小车停车位置的按钮。

（1）控制要求。

1）如果所按选择小车停车位置的按钮号与小车所压下的行程开关号时，按下启动按钮 SB，小车仍停车。

2）如果所按选择小车停车位置的按钮号大于小车所压下的行程开关号时，按下启动按钮 SB，小车右行，直到两者相等时停车。

3）如果所按选择小车停车位置的按钮号小于小车所压下的行程开关号相等时，按下启动按钮 SB，小车左行，直到两者相等时停车。

（2）根据控制要求，装卸料小车输入点和输出点对应分配。

输入 I/输出 Q 地址分配：

SB：I0.0		小车右行：Q0.1
SB1：I1.1	SQ1：I0.1	小车左行：Q0.2
SB2：I1.2	SQ2：I0.2	
SB3：I1.3	SQ3：I0.3	
SB4：I1.4	SQ4：I0.4	

SB5：I1.5　　　　SQ5：I0.5

（3）用逻辑设计法设计上述问题。

1）根据控制要求知道，选择小车停车位置按钮 SB1～SB5 信号是短信号，而且这个信号是启动小车左、右行的呼叫信号，而小车左、右行的决定信号或者说立即动作信号为 SB，因此应对小车行走选择按钮短信号设计记忆电路。设存储位 M0.1～M0.5 分别对 SB1～SB5 进行记忆，其逻辑表达式为

$$M0.1 = SB1 + M0.1 \cdot \overline{SQ1}$$
$$M0.2 = SB2 + M0.2 \cdot \overline{SQ2}$$
$$M0.3 = SB3 + M0.3 \cdot \overline{SQ3}$$
$$M0.4 = SB4 + M0.4 \cdot \overline{SQ4}$$
$$M0.5 = SB5 + M0.5 \cdot \overline{SQ5}$$

对于记忆逻辑表达式，采用输入优先的方式，断电信号为小车到达该停车位置时的限位开关信号。

2）在 7.3 节中，采用的是启保停方式的逻辑表达式，为了简化表达式，本例用置位指令与复位指令编程。

通过分析知道，小车右行的基本条件是当小车处于按钮开关的左边任一位置时，按下本按钮，启动右行准备信号，因此小车右行的置位信号为

$$S1 = SB5 \cdot (SQ4 + SQ3 + SQ2 + SQ1) + SB4 \cdot (SQ3 + SQ2 + SQ1)$$
$$+ SB3 \cdot (SQ2 + SQ1) + SB2 \cdot SQ1$$

小车右行的复位置信号为

$$R1 = SB5 \cdot SQ5 + SB4 \cdot SQ4 + SB3 \cdot SQ3 + SB2 \cdot SQ2 + SB1 \cdot SQ1$$

同样对于小车左行，置位信号为

$$S2 = SB1(SQ2 + SQ3 + SQ4 + SQ5) + SB2(SQ3 + SQ4 + SQ5)$$
$$+ SB3(SQ4 + SQ5) + SB4 \cdot SQ5$$

复位信号为

$$R2 = SB1 \cdot SQ1 + SB2 \cdot SQ2 + SB3 \cdot SQ3 + SB5 \cdot SQ4 + SB5 \cdot SQ5$$

3）启动信号 SB 是立即动作，是个先决条件，先将其串入左右行置位输入端。考虑左右行的安保，即左、右行必须互锁。

4）根据上述逻辑关系和条件，用 M0.1～M0.5 代替 SB1～SB5。绘制的控制梯形图如图 7.45 所示。

3. 深孔钻床的自动控制

（1）深孔钻床的控制要求。

设计一个深孔钻床的控制程序，钻孔时要求每个孔钻 3 次完成，工作循环图如图 7.46 所示。

在工作循环图中各行程开关的工作状态为：SQ1（压下，1 状态）表示油缸在原位；SQ2（压下，1 状态）表示油缸第一次工进完毕；SQ3（压下，1 状态）表示油缸第二次工进完毕；SQ4（压下，1 状态）表示油缸最后一次工进完毕。

（2）程序设计。

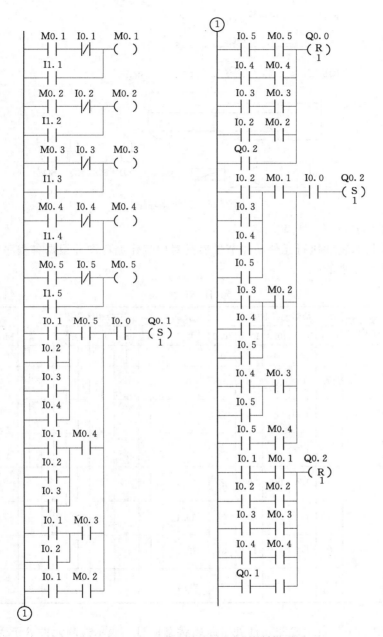

图 7.45 装卸料小车多方式运动控制梯形图

1）作出执行元件动作节拍表及检测元件状态表，见表 7.20。

检测元件和执行元件对应 I/O 点分配如下。

启动按钮 SB：	I0.0	液压电磁阀 YV：	Q0.0
行程开关 SQ1：	I0.1		
行程开关 SQ2：	I0.2		
行程开关 SQ3：	I0.3		

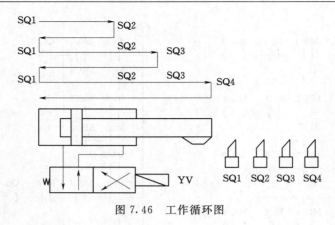

图 7.46　工作循环图

行程开关 SQ4：　　　　　　I0.4

检测元件状态表和执行元件动作节拍表是对照工作循环图并根据各程序中检测元件状态变化情况列写出来的。

表 7.20　　　　　　　　　　　　　　　元 件 节 拍 表

程序	名称	执行元件 Q0.0	检测元件状态表					转换主令	待相区分组						中间线圈		
			I0.1	I0.2	I0.3	I0.4	I0.0		A	B	C	D	E	F	M0.0	M0.1	M0.2
0	原始	—	1	0	0	0	0			■							
1	第一次工进	+	1/0	0	0	0	1/∅	I0.0		■							
2	退回	—	0	1/0	0	0	∅	I0.2		■							
3	第二次工进	+	1/0	1/0	0	0	∅	I0.1		■							
4	退回	—	0	1/0	1/0	0	∅	I0.3			■			■			
5	第三次工进	+	1/0	1/0	1/0	0	∅	I0.1					■	■			
6	退回	—	0	1/0	1/0	1/0	0	I0.4									
0	原始	—	1/0	0	0	0	0	I0.1									

表 7.20 中，"0"表示检测元件处于原始状态；"1"表示检测元件处于受激状态；"0/1"表示检测元件的状态由原始状态转为受激状态；"1/0"表示受激状态转为原始状态；"∅"表示检测元件的状态可能不定。执行元件节拍表一栏，"＋"表示 Q0.0 通电；"－"表示 Q0.0 断电。

2）设置中间线圈

中间线圈的设置首先确定程序的特征码（就是某一程序中所有检测元件和主令元件状态开关量所构成的二进制数码）。根据特征码确定待相区分组并填入表 7.20 中。表中"粗实线"表示已相区分的程序；"黑点"表示相邻两个程序不能区分。通过计算本例设置 3

个中间线圈，每个中间线圈用带箭头的线段表示，中间线圈在线段通过的程序是通电的，反之为失电，中间线圈填写在中间线圈表中，见表 7.20。

3）列写中间线圈开关、执行元件逻辑函数式，并画出梯形图。

a. 开关逻辑函数式的列写。依据熟悉的继电接触式控制线路中的开关逻辑函数式，即

$$F=I_i \cdot \overline{I_{开约}}+(I_{i+n+1}+I_{关约}) \cdot KA$$

有

$$M0.0=I0.0 \cdot \overline{I0.2}+(\overline{I0.1}+\overline{M0.1}) \cdot M0.0$$
$$M0.1=I0.2 \cdot M0.0+(\overline{I0.1}+\overline{M0.2}) \cdot M0.1$$
$$M0.2=I0.3 \cdot \overline{M0.0} \cdot M0.1+(\overline{I0.4}+M0.1) \cdot M0.2$$

b. 执行元件逻辑函数式的列写。

$$Q0.0=M0.0 \cdot \overline{M0.1}+\overline{M0.0} \cdot M0.1 \cdot \overline{M0.2}+\overline{M0.1} \cdot M0.2$$

c. 画出梯形图，如图 7.47 所示。

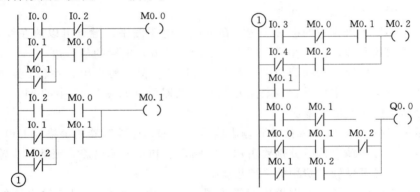

图 7.47 深孔钻床的控制梯形图

4）按 PLC 程序的逻辑函数式画出梯形图。

还需进一步检查和修改，以缩短系统的研制周期，检查的主要内容是：能否符合控制要求，合理利用指令，提高内存的利用率，缩短运行周期，提高系统的运行速度。修改的目的是：从梯形图的可靠性、经济性、简明性全面考虑看是否增加必要的中间线圈并加入必需的信号指示。在本例中，各中间线圈的逻辑函数式和执行逻辑函数式符合控制要求，但在梯形图中需加入停止按钮及必要的信号指示（略）。

采用逻辑设计法设计 PLC 程序虽然过程较繁琐，特别是当系统比较复杂时，列表可能过于复杂，梯形图的检查和修改出现困难，但此法有很强的规律性，易于掌握。

7.3.3 PLC 梯形图的"翻译"设计法及应用

PLC 的梯形图是在继电器控制系统的基础上发展起来的，如果用 PLC 改造继电器控制系统，根据继电器电路图来设计梯形图是一条捷径。这是因为原有的继电器控制系统经过长期使用和考验，已经被证明能完成系统要求的控制功能，而继电器电路图又与梯形图有很多相似之处，因此可以将继电器电路图"翻译"成梯形图，即用 PLC 的外部硬件接线和梯形图软件来实现继电器系统的功能，这种方法习惯上也称为翻译法。

将继电器控制系统电路图转换为功能相同的 PLC 的外部接线图和梯形图的步骤如下。

（1）了解和熟悉被控设备的工艺过程和机械的动作情况，根据继电器电路图分析和掌握控制系统的工作原理，做到在设计和调试控制系统时心中有数。

（2）确定 PLC 的输入信号和输出负载，以及与它们对应的梯形图中的输入位和输出位的地址，画出 PLC 的外部接线图。

（3）确定与继电器电路图的中间继电器、时间继电器对应的梯形图中的存储器位（M）和定时器（T）的地址。这两步建立了继电器电路图中的元件和梯形图中的位地址之间的对应关系。

（4）根据上述对应关系画出梯形图。

在设计时应注意 PLC 的梯形图与继电器电路图的区别，梯形图是一种软件，是 PLC 图形化的程序。在继电器电路图中，各继电器可以同时动作，而可编程序控制器的 CPU 是串行工作的，即 CPU 某一时间只能处理 1 条指令。根据继电器电路图设计 PLC 的外部接线图和梯形图时应注意以下问题。

（1）遵守梯形图语言中的语法规定。在继电器电路图中，触点可以放在线圈的左边，也可以放在线圈的右边，但是在梯形图中，线圈必须放在电路的最右边。

（2）设置中间单元。在梯形图中，若多个线圈都受某一触点串、并联电路的控制，为了简化电路，在梯形图中可设置该电路控制的存储器位（如图 7.47 中的 M0.1），它类似于继电器电路中的中间继电器。

（3）尽量减少 PLC 的输入信号和输出信号。可编程序控制器的价格与 I/O 点数有关，每一输入信号和每一输出信号分别要占用一个输入点和一个输出点，因此减少输入信号和输出信号的点数是降低硬件费用的主要措施。

某些器件的触点如果在继电器电路图中只出现一次，并且与 PLC 输出端的负载串联（如有锁存功能的热继电器的常闭触点），不必将它们作为 PLC 的输入信号，可以将它们放在 PLC 外部的输出回路，仍与相应的外部负载串联。继电器控制系统中某些相对独立且比较简单的部分，可以用继电器电路控制，这样同时减少了所需的 PLC 的输入点和输出点。

（4）外部联锁电路的设立。在许多实际应用中，为了防止控制电机的正/反转、3 位 2 通电磁阀的两侧同时通电等造成电源短路、设备损坏等现象的发生，除了在程序上进行处理外，还应在 PLC 外部设置硬件联锁电路。图 7.48 中的 KM1、KM2、KM3 的线圈不能同时通电，除了在梯形图中设置与它们对应的输出位的线圈串联的常闭触点组成的联锁电路外，还在 PLC 外部设置硬件联锁电路。

1. 三速异步电动机启动和自动加速的控制

（1）三速异步电动机启动和自动加速的继电器控制原理简介。

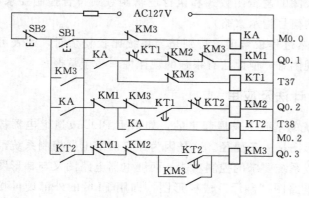

图 7.48　继电器控制电路图

图 7.48 是某三速异步电动机启动
和自动加速的继电器控制电路。接触
器 KM1 控制电动机启动，KM2 控制
电动机加速，KM3 控制电动机稳定运
行。按下启动按钮 SB1，KM1 得电，
经 KT1 延时，KM2 得电，再经 KT2
延时，KM3 得电，自动完成 3 种速度
的变化。按 SB2，KM1、KM2、KM3
同时失电。

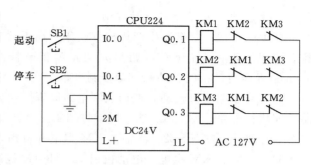

图 7.49 PLC 控制系统的外部接线

（2）程序设计。

根据上述原理，要实现相同功能的 PLC 控制系统的外部接线及地址分配，如图 7.49
所示，利用"翻译"法设计的 PLC 梯形图如图 7.50 所示。

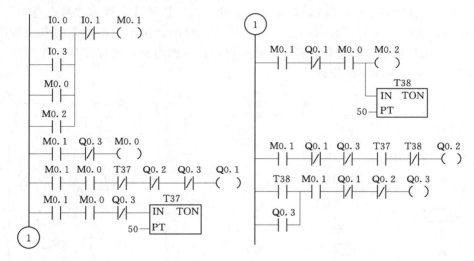

图 7.50 梯形图程序

（3）说明。

以上梯形图程序是在继电器控制系统的基础上"翻译"过来的，逻辑关系没有任何变
化，只是为了简化梯形图，增加可读性，加设了一个存储器位（M0.1）。按钮、控制开
关、限位开关、光电开关等用来给 PLC 提供控制命令和反馈信号，它们的触点接在 PLC
的输入端，一般使用常开触点，如停车按钮 SB2，接入 PLC 的是常开触点，在梯形图里
I0.1 是它的原位状态，即常开为常开，常闭为常闭。继电器电路图中的交流接触器和电
磁阀等执行机构如用 PLC 的输出位来控制，它们的线圈接在 PLC 的输出端。继电器电路
图中的中间继电器和时间继电器（如图 7.48 中的 KA、KT1 和 KT2）的功能由 PLC 内部
的存储器位和定时器来完成，它们与 PLC 的输入位、输出位无关。图 7.48 中左边的时间
继电器 KT2 的触点是瞬动触点，即该触点在 KT2 的线圈通电的瞬间接通，在梯形图中，
在与 KT2 对应的 T38 功能块的两端并联有 M0.2 的线圈，用 M0.2 的常开触点来模拟
KT2 的瞬动触点。

2. 异步电动机长动与点动控制

在生产实践中，有些生产机械（机床）在正常工作时，一般需要电动机处于连续运动状态，即长动，但在试车（调整刀架）等特殊情况下，又需要电动机能点动控制。图9.16 是异步电动机的长动和点动控制电路。

（1）异步电动机长动与点动控制电路原理介绍。图 7.51（a）所示是电动机主控制电路，即执行电路。图 7.51（b）所示是利用主令开关 SA 实现长动和点动转换的控制电路。当 SA 闭合时，按下 SB2，接触器 KM 得电并自锁，从而实现了长动；当 SA 断开时，按下 SB2，接触器 KM 得电，电动机启动，即点动控制。图 7.51（c）所示是利用 SB3 的一对联锁触点来实现长动和点动控制。当长动时，按下 SB2，接触器 KM 得电并自锁；当点动工作时，按下 SB3，接触器 KM 线圈得电，电动机启动，SB3 的常闭触点断开，切断自锁回路，手一离开按钮，KM 失电，从而实现了点动。若接触器 KM 的释放时间大于按钮的恢复时间，则点动结束 SB3 常闭触点复位时，接触器 KM 的常开触点尚未断开，使接触器自锁电路继续通电，线路就无法实现点动控制。这种现象称为"触点竞争"。在实际应用中应保证接触器的释放时间大于按钮的恢复时间，从而实现可靠的点动控制。图7.51（d）所示是利用中间继电器实现长动和点动控制的电路，其优点是工作可靠，缺点是成本增加。工作原理不再分析。

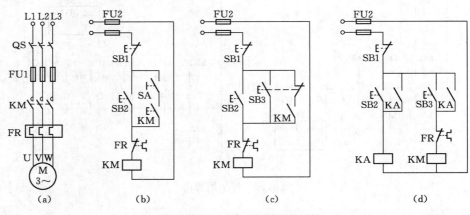

图 7.51   长动与点动控制电路

（2）这里只对图 7.51（c）、（d）所示的两种长动和点动控制电路进行"翻译"编程。

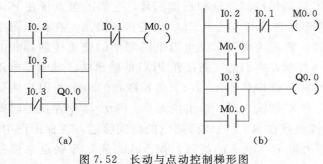

图 7.52   长动与点动控制梯形图

为了更加简便和直接，热继电器不予考虑。输入信号：停止按钮SB1：I0.1，长动按钮 SB2：I0.2，点动按钮 SB3：I0.3；输出接触器KM：Q0.0。

（3）根据继电器控制电路图7.51（c）、（d），分别绘制 PLC控制程序如图 7.52（a）、（b）所示。翻译过来的图 7.52（a）程序，当按点动按钮 SB3 时，程序只能实现长动功能，因此这种硬翻译就完成不了点动控制功能，分析原因有两点，主要是继电器控制系统与 PLC 控制系统的工作方式不同，继电器是并行工作方式，PLC 是串行工作方式，每一个梯级的输出是它前面控制逻辑运算的结果；另一点是，对于 I0.3 的触点在它的线圈失电恢复原态的时候，很可能出现像上面所说的触点竞争现象。所以在旧设备的改造中，要熟悉继电器控制系统的工作原理和工作工程，才能做到准确无误。图 7.52（b）是理想的长动与点动控制程序。

7.3.4 PLC 梯形图的顺序控制设计法及应用

顺序控制就是按照生产工艺预先规定的顺序，在各个输入信号的作用下，根据内部状态和时间的顺序，在生产过程中各个执行机构自动、有秩序地进行操作。使用顺序控制设计法时首先根据系统的工艺过程，画出顺序功能图，然后根据顺序功能图画出梯形图。有的 PLC 为用户提供了顺序功能图语言，在编程软件中生成顺序功能图后便完成了编程工作。它是一种先进的设计方法，很容易被初学者接受，对于有经验的工程师，也会提高设计的效率，程序的调试、修改和阅读也很方便。

顺序控制设计法最基本的思想是将系统的一个工作周期划分为若干个顺序相连的阶段，这些阶段称为步（Step），并用编程元件（如位存储器 M 和顺序控制继电器 S）来代表各步。步是根据输出量的状态变化来划分的，在任何一步之内，各输出量的 ON/OFF 状态不变，但是相邻两步输出量的状态是不同的。

步与步之间的过渡则是通过转换条件实现的，转换条件可以是外部的输入信号，如按钮、指令开关、限位开关的接通/断开等；也可以是 PLC 内部产生的信号，如定时器、计数器常开触点的接通等。转换条件还可能是若干个信号的与、或、非逻辑组合。

顺序控制设计法就是用转换条件控制代表各步的编程元件，让它们的状态按一定的顺序变化，然后用代表各步的编程元件去控制 PLC 的各输出位。

顺序功能图根据序列中有无分支及实现转换的不同，功能图的基本结构可分为 3 种，即单序列、选择序列和并列序列。本章对这 3 种结构的编程加以说明。

根据系统的顺序功能图设计梯形图的方法，称为顺序控制梯形图的编程方式。顺序功能图的一般格式如图 7.53（a）所示，假设 M_X、M_{X-1} 和 M_{X+1} 是顺序功能图中相连的 3 步，I_X、I_{X+1} 是转换条件，这里用 M 代替状态继电器 S 是为了表示通用的格式，不拘于顺序功能指令编程一种格式。根据功能图，介绍 3 种编程方式。

（1）顺序功能指令编程方式。

顺序功能指令编程方式是本章重点介绍的方法。对于图 7.53（a）所示的功能图，采用顺序功能指令编程的格式示意图如图 7.53（b）所示。由 SCRT 指令来激活 M_X 步，复位 M_{X-1} 步，在 M_X 步中，一般采用特殊功能继

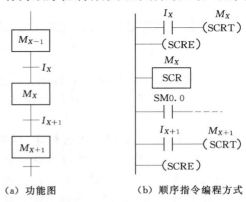

(a) 功能图　　　　(b) 顺序指令编程方式

图 7.53　功能图及顺序功能
指令编程方式示意图

电器 SM0.0 即常闭触点来带输出，满足条件再转移到下一步。不过特别要注意的是，采用顺序功能指令编程时，不能用位存储器 M，只能用状态继电器 S（这里是为了就功能图的格式才采用图 7.53（b）的方式表示），否则不能用顺序功能指令编程。

（2）启保停电路编程方式。

启保停电路编程方式的格式如图 7.54（a）所示。这是一种具有记忆的电路，它是经验法和逻辑法编程的基础，M_{x-1} 是转换的前提条件，I_x 是转换条件，下一步 M_{x+1} 是 M_x 退出条件，启保停电路仅仅使用与触点和线圈有关的指令，任何一种 PLC 的指令系统都有这一类的指令，因此这是一种通用的编程方式。

（3）以转换为中心的编程方式。

对于启保停电路，可以用具有同样功能的 SET 和 RST 指令来代替它，如图 7.54（b）所示，图 7.54（a）、（b）的区别是图 7.54（b）复位的是由它的上一步驱动。其他的与图 7.54（a）具有相同功能。

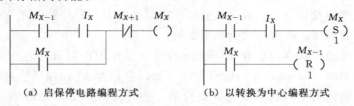

(a) 启保停电路编程方式　　　　(b) 以转换为中心编程方式

图 7.54　启保停编程方式和以转换为中心的编程方式

在这一节中，主要通过顺序功能图的 3 种结构来介绍顺序功能指令编程方式，以转换为中心的编程方式在 7.3.1～7.3.3 中介绍。本书 7.4.3 节将介绍顺序功能指令编程方式。

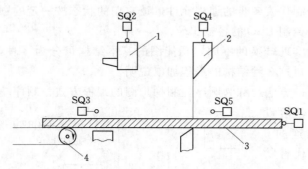

图 7.55　液压剪板机的结构原理简图

1—压块；2—剪刀；3—物料；4—送料机

1. 液压剪切机的控制

（1）液压剪切机液压工作过程。液压剪切机液压工作原理在前面已经介绍过了，它的示意图如图 7.55 所示。液压剪切机在初始位置时，压紧板料的压块 1 在上面位置，行程开关 SQ2 压合，剪刀 2 也在上面，行程开关 SQ4 压合。行程开关 SQ1、SQ3 和 SQ5 均为断开状态。剪切机进入工作状态前，物料放在送料带上，然后启动液压系统并升压到工作压力后，开动送料机 4，向前输送物料 3，当物料送至规定的剪切长度时压下行程开关 SQ1，送料机 4 停止，压块 1 由液压缸带动下落，当压块下落到压紧物料位置触动 SQ3 时，剪刀 2 由另一液压缸带动下降，剪刀切断物料后，行程开关 SQ5 接通。料下落，行程开关 SQ1 复位断开。与此同时，压块 1 和剪刀 2 分别回程复位，即完成一次自动工作循环。然后自动重复上述过程，实现剪切机的工作过程自动控制。

（2）输入/输出地址分配。

启动：　　　　　　　　　　I0.0　　　　板料送料：Q0.0

压钳原位（SQ2）：　　　　I0.1　　　　压钳压行：Q0.1

压钳压力到位（SQ3）：　　I0.2　　　　压钳返回：Q0.2

剪刀原位（SQ4）：　　　　I0.3　　　　剪刀剪行：Q0.3

剪刀剪到位（SQ5）：　　　I0.4　　　　剪刀返回：Q0.4

板料到位（SQ1）：　　　　I0.5

（3）绘制顺序功能流程如图 7.56 所示。这是一个单序列加并列序列的简单功能图。需要说明的是，当压钳到位后，剪刀下行的同时，压钳要保持，即 Q0.1 在 M0.2、M0.3 步都为 ON，即常说的存储性命令。编程的时候有两种简单的解决办法，一种是用置位指令，另一种是用位存储器过渡。当剪刀剪断板料后，是一个并列结构，压钳和剪刀返回后，都加了一个空操作步，是为了并列结构的合并，同时满足后转移到下一步。

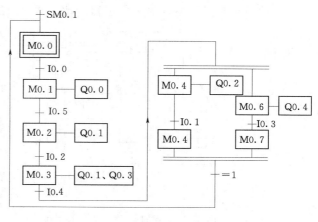

图 7.56　液压剪板机的顺序功能图

（4）根据工作过程编制控制梯形图程序。这里采用以转换为中心的编程方式，编制控制程序如图 7.57 所示。

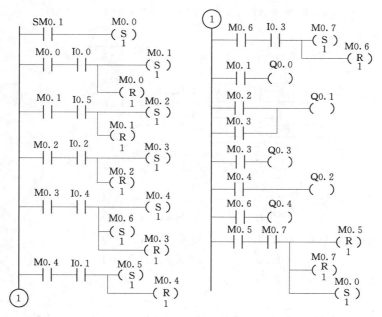

图 7.57　液压剪板机控制梯形图

181

在控制梯形图中，每一步的输出接点作为下一步的启动的条件，而这一步的终止条件是下一步启动的决定条件，一旦下一步变为活动步，同时也要复位上一步。在以转换为中心的编程方式中，运动要注意置位和复位指令的使用，对某一位置位，在该程序中，一定也要对它复位，否则这一位永远处于一种状态，无法循环使用。如在压钳和剪刀都返回原位后，M0.5 和 M0.7 都要复位，在程序的最后面。

　　2. 组合机床动力滑台的控制

　　(1) 动力滑台液压系统的工作过程。动力滑台液压系统图如图 7.58 (a) 所示。

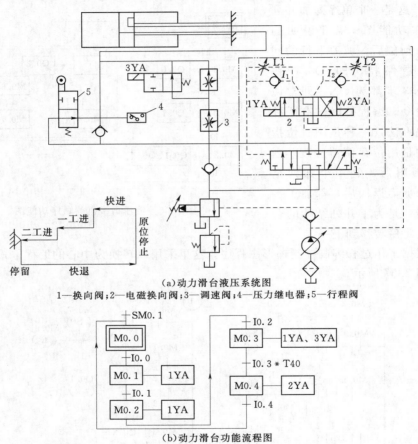

(a)动力滑台液压系统图

1—换向阀；2—电磁换向阀；3—调速阀；4—压力继电器；5—行程阀

(b)动力滑台功能流程图

图 7.58　动力滑台系统图

　　(2) 输入/输出地址分配。

启动：　　　　　　　　I0.0　　　电磁阀 1YA：Q0.0

行程阀 11 动作信号：　I0.1　　　电磁阀 3YA：Q0.1

行程开关：　　　　　　I0.2　　　电磁阀 2YA：Q0.2

压力继电器：　　　　　I0.3

原位行程开关：　　　　I0.4

　　(3) 动力滑台功能流程图 (图 7.58)。按下启动按钮 SM0.1，电磁阀 1YA 通电，滑台差动快进。当滑台快进终了时，滑台上的挡块压下行程阀 5 (I0.1)，切断换向阀 1 快速运动的进油路，滑台实现由调速阀 3 调速的第一次工作进给，在这个过程中，是电磁阀 1YA 和行程阀共同作用的结果，行程阀由液压油控制，不受 PLC 控制。第一次工作进给终了时，挡块压下行程开关 I0.2，使电磁铁 3YA 通电。滑台完成第二次工作进给后，液压缸碰到滑台座前端的止位钉（可调节滑台行程的螺钉）后停止运动。这时液压缸左腔压力升高，当压力升高到压力继电器 4 的开启压力时，压力继电器动作，向时间继电器发出电信号，由时间继电器延时控制滑台停留时间（时间继电器在功能图中没画出）。滑台停留时间结束时，时间继电器发出电信号，使电磁铁 2YA 通电，1YA、3YA 断电，滑台快速退回。当滑台快速退回到其原始位置时，挡块压下原位行程开关，使电磁铁 2YA 断电，电磁换向阀 2 恢复中位，液动换向阀 1 也恢复中位，液压缸两腔油路被封闭，滑台被锁紧在起始位置上。

（4）动力滑台控制梯形图程序（图 7.59）。

这是采用启保停电路编程方式编制的梯形图程序，程序的启动由初始化脉冲 SM0.1 或者原位开关启动。

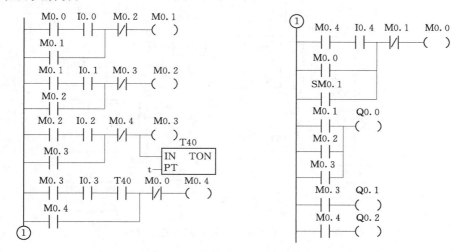

图 7.59 动力滑台控制梯形图

3. 交通指挥信号灯的顺序控制

交通指挥信号灯的控制要求在本章 7.3.1 小节中的 3 中已经介绍过了。在这里用顺序功能指令来编程。

（1）交通信号灯输入/输出地址分配如下。

启动按钮：	I0.0	警灯：Q0.0
南北红灯：	Q0.1	东西绿灯：Q0.2
南北绿灯：	Q0.5	东西黄灯：Q0.3
南北黄灯：	Q0.6	东西红灯：Q0.4

（2）根据控制要求和动作编制顺序功能流程图，如图 7.60 所示。这是一个典型的并列结构，在并列结构中还有选择结构，但是控制功能清晰。在功能图中，严格按照工艺流程过程编制顺序功能图，以便于理解。

（3）绘制控制梯形图，如图 7.61 所示。S7 - 200 PLC 的顺控指令不支持直接输出（＝）的双线圈操作。如果在图 7.61 中的状态 S0.1 的 SCR 段有 Q0.2 输出，在状态 S0.3 的 SCR

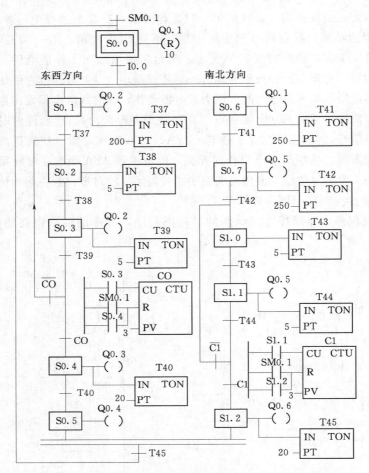

图 7.60　交通指挥信号灯控制功能流程图

段也有 Q0.2 输出，则不管在什么情况下，在前面的 Q0.2 永远不会有效，这是 S7 - 200 PLC
顺控指令设计方面的缺陷，为用户的使用带来了极大的不便，所以在使用 S7 - 200 PLC 的顺
控指令时一定不要有双线圈输出。为解决这个问题，如在本例中的绿灯亮和闪烁的控制逻辑
设计，这里的 Q0.2 用中间继电器 M0.1 和 M0.2 过渡一下，Q0.5 用中间继电器 M0.5 和
M0.6 过渡一下，即在 SCR 段中先用中间继电器表示其分段的输出逻辑，在程序的最后再进
行合并输出处理，这是解决这一缺陷的最佳方法。另一种方法是在功能指令应用编程中介绍
过的，使用跳转指令，但是在 SCR 段中不能使用 JMP 和 LBL 指令，就是说不允许跳入、跳
出或在内部跳转，但可以在 SCR 段附近使用跳转和标号指令。

　　在功能图中使用了两个计数器，如在 S0.3 中使用了 C0 来计绿灯的闪烁次数，而且
作为选择支路的转换条件，但是在程序中，计数器不能在活动部 S0.3 的编程阶梯中，必
须编制在公共段程序中；否则无法实现计数和复位功能。计数器的计数脉冲和复位脉冲分
别是满足条件后转换的两个相邻步。

　　还要注意，并列结构步进功能指令的编程方法，尤其是合并，在本程序中，当 S0.5 和
S1.2 都变成活动步后，而且 T45 定时时间到后转换到起始步，同时复位 S0.5 和 S1.2。

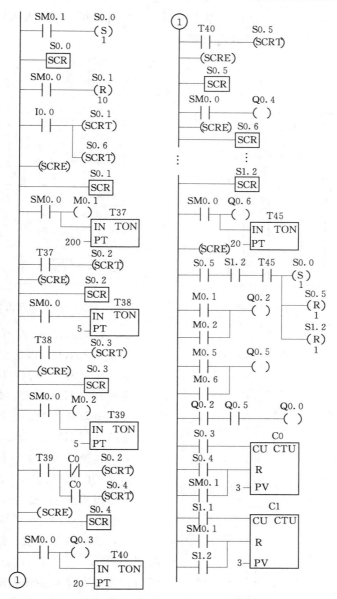

图 7.61　交通指挥信号灯顺序控制梯形图

由于是并列结构，而且两个方向的程序基本相同，所以在程序中省略了一部分，请读者参考前面的程序补上。

4. 自动门顺序控制

自动门如图 7.62 所示，K1 是微波人体检测开关，SQ3、SQ4 是开门限位开关，SQ1、SQ2 是关门限位开关。开、关门的主电机 M，电机高速控制接触器 KM2、KM4 和低速控制接触器 KM1、KM3，电机和门运动系统之间有安全离合器。

（1）控制要求及过程。微波人体检测开关检测到有人，高速开门，高速开门减速开关动作，转为低速开门，开门到位，停止开门并延时；延时到，高速关门，高速关门减速开关动作，转为低速关门，关门到位，停止关门；在关门期间，微波人体检测开关检测到有人，停止关门，延时 1s，自动转换为高速开门。

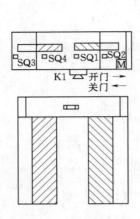

图 7.62　自动门示意图

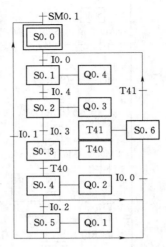

图 7.63　自动门顺序功能流程图

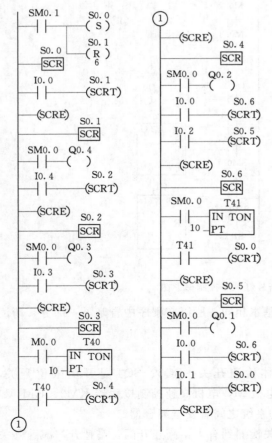

图 7.64　自动门控制梯形图程序

（2）自动门输入/输出地址分配。

微波开关 K1：I0.0。

开门减速开关 SQ4：I0.4。

高速开门 KM4：Q0.4。

开门极限开关 SQ3：I0.3。

低速开门 KM3：Q0.3。

关门减速开关 SQ2：I0.2。

高速关门 KM2：Q0.2。

关门极限开关 SQ1：I0.1。

低速关门 KM1：Q0.1。

（3）根据控制要求，设计的顺序功能流程图如图 7.63 所示。这是典型的选择结构序列。微波人体检测开关检测到有人；或者是在关门期间，不管是高速还是低速，微波人体检测开关检测到有人；自动门都高速开门。其余情况按正常程序运行。

（4）设计自动门控制梯形图程图如图 7.64 所示。

5. 皮带传输线的顺序控制

（1）皮带传输线及控制要求。皮带传输线电力拖动有 M1、M2、M3、M4 这 4 台电动机组成，如图 7.65 所示。启动时，为了避免在前段传输皮带上造成物料堆积，要求逆物流方向按一定的时间间隔顺序启动，其启动顺序为 M4→M3→M2→M1，级间间隔时间为 4s。停车时，为了使传输带上不残留物料，要求顺物流方向按一定的时间间隔顺序停止，其停止顺序为 M1→M2→M3→M4，级间间隔时间为 4s。并且要求如下。

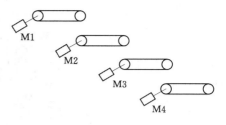

图 7.65 带传输线示意图

1）紧急停车时，无条件地将 M1、M2、M3、M4 立即全部同时停车。

2）皮带传输线正常启动后，任何一台电动机发生故障时，该传输带前面的传输带立即停止工作，而该传输带后面的传输带必须间隔 4s 依次停止工作。例如，M2 发生故障，则 M1 和 M2 立即停止工作，而 M3 在 M2 停止工作 4s 后停止工作，M4 在 M3 停止工作 4s 后停止工作。

3）在启动过程中，一台电动机发生故障时，立即终止启动过程，对已启动的皮带，马上反方向间隔 4s 依次停止工作。

（2）PLC 的输入/输出地址分配如下。

启动按钮：	I0.0	皮带电机 M4：Q0.1
停止按钮及 M1 故障信号：	I0.1	皮带电机 M3：Q0.2
M2 故障信号：	I0.2	皮带电机 M2：Q0.3
M3 故障信号：	I0.3	皮带电机 M1：Q0.4
紧急停车及 M4 故障信号：	I0.4	

（3）根据控制要求及过程，编制的顺序功能流程图如图 7.66 所示，这是一个比较复杂的选择结构功能图。需要解释的几个问题如下。

1）如果 M4 发生了故障，第一种情况是在启动过程中，M3、M2、M1 都没发生故障，满足条件 A（图 7.66 右上角），立即返回 S0.0，复位 Q0.1（M4）；另外一种情况是皮带机已全部启动，也是返回 S0.0，复位 Q0.1、Q0.2、Q0.3、Q0.4。

2）如果是 M3 故障，同样的，第一种情况是在启动过程中，满足条件 B，跳到 S0.7，停止启动 M2、M1，复位 M4、M3。另外一种情况是皮带机已全部启动，M3 故障（I0.3），跳到 S1.1，复位 M3、M2、M1，延时复位 M4。M2 故障，依据上述进行分析。M1 故障和停止信号功能一样。

3）有一种情况，在这里没有考虑。比如，如果 M4、M3、M2 已启动，M1 还没有启动，M3 发生故障，程序跳到 S1.1 步，即立即停 M3、M2；如果 M4、M3、M2 已启动，M1 还没有启动，M4 发生了故障，程序跳到 S0.0，即立即停 M4、M3、M2；如果 M4、M3 已启动，M2、M1 还没有启动，M4 发生故障，程序跳到 S0.0 步，即立即停 M4、M3。如果在工程实践中就必须考虑。

4）当皮带机都启动后，就是一个选择结构了，根据具体的故障信号选择其中一条分支执行程序。

（4）用步进功能指令编制控制梯形图。根据功能图编制的控制梯形图如图 7.67

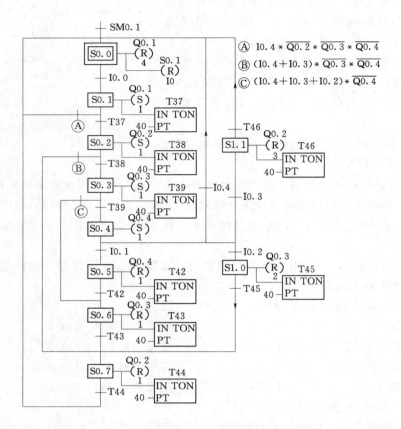

图 7.66 皮带传输线控制功能流程图

所示。

6. 大、小球分捡机械臂装置的控制

(1) 大、小球分捡机械臂装置的工作过程。大、小球分捡机械臂装置如图 7.68 所示。当机械臂处于原始位置时，即上限位开关 LS1 和左限位开关 LS3 压下，抓球电磁铁处于失电状态，这时按动启动按钮后，机械臂下行，碰到下限位开关后停止下行，且电磁铁得电吸球。如果吸住的是小球，则大、小球检测开关 SQ 为 ON；如果吸住的是大球，则 SQ 为 OFF。1s 后，机械臂上行，碰到上限位开关 LS1 后右行，它会根据大、小球的不同，分别在 LS4（小球）和 LS5（大球）处停止右行，然后下行至下限位停止，电磁铁失电，机械臂把球放在小球箱里或大球箱里，1s 后返回。如果不按停止按钮，则机械臂一直工作下去；如果按了停止按钮，则不管何时按，机械臂最终都要停止在原始位置。再次按动启动按钮后，系统可以再次从头开始循环工作。

(2) 输入/输出点地址分配如下。

启动按钮 SB1：	I0.0	原始位置指示灯 HL：	Q0.0
停止按钮 SB2：	I0.1	抓球电磁铁 K：	Q0.1
上限位开关 LS1：	I0.2	下行接触器 KM1：	Q0.2

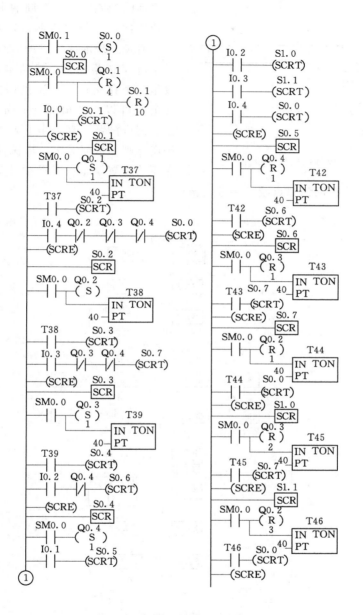

图 7.67 皮带传输线控制梯形图

（本图右上方①接左下方①）

下限位开关 LS2：	I0.3	上行接触器 KM2：	Q0.3
左限位开关 LS3：	I0.4	右行接触器 KM3：	Q0.4
小球右限位开关 LS4：	I0.5	左行接触器 KM4：	Q0.5
大球右限位开关 LS5：	I0.6	大、小球检测开关 SQ：	I0.7

（3）绘制大、小球分捡机械臂装置顺序功能图如图 7.69 所示。这是一个单序列加选

189

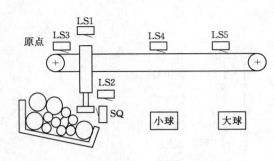

图 7.68　大、小球分捡机械臂装置示意图

择序列的功能图，一个周期中机械臂的上行出现 3 次，下行出现两次，右行出现两次，为了避免出现前面所讲的双线圈输出，编程时用位存储器代替；抓球电磁铁 K 从抓到放是一个存储命令，这里用置位指令执行，其余的可以用线圈指令；如果不按停止按钮，则机械臂一直工作下去，如果按了停止按钮，则不管何时按，机械臂最终都要停止在原始位置，根据这个要求，这里用 M1.0

作为选择条件，选择回到原点或直接进入循环。

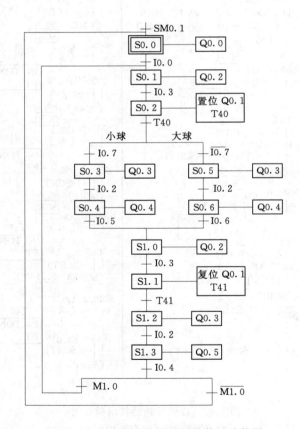

图 7.69　大、小球分捡机械臂装置功能图

（4）设计控制梯形图程序如图 7.70 所示。机械臂用 SM0.1 启动，同时加了一个启动选择存储位 M1.0，选择系统是进行单周期操作还是循环操作。机械臂的上行出现 3 次，分别用 M0.1、M0.3、M0.6 标志，下行出现两次，分别用 M0.0、M0.5 标志，右行出现两次，分别用 M0.2、M0.6 标志，最后合并输出处理，其余的直接用本位线圈输出。机械手上、下、左、右行走的控制中，加上了一个软件联锁触点，替代了 SM0.0。

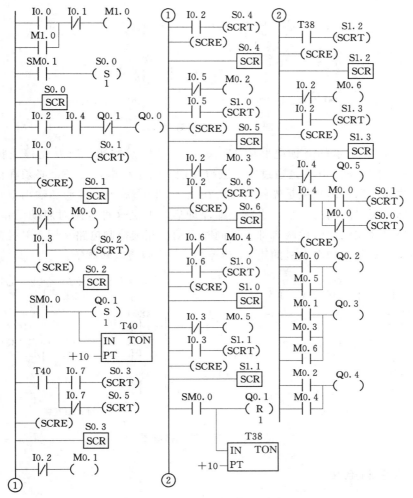

图 7.70　大、小球分捡机械臂装置控制梯形图
（本图右上方①、②接左下方①、②）

7.4　基本指令的应用实例

7.4.1　自锁控制电路

　　自锁控制是控制电路中最基本的环节之一，常用于对输入开关和输出继电器的控制电路。在图 7.71 所示的自锁程序中，I0.0 是启动按钮，I0.1 是停止按钮，图 7.71（a）是失电优先电路，图 7.71（b）是得电优先电路。自锁控制电路常用于以无锁定开关作启动开关的情况，或者用只接通一个扫描周期的触点去启动一个持续动作的控制电路。

7.4.2　互锁控制电路

　　互锁控制也是控制电路中最基本的环节之一，同样常用于对输入开关和输出继电器的

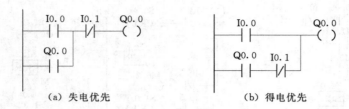

图 7.71　自锁控制梯形图

控制电路。图 7.72 所示的互锁电路中 I0.1、I0.2 是启动按钮，I0.0 是停止按钮。在图 7.72 （a）中，Q0.1 和 Q0.2 是通过输出进行互锁，一个得电，另一个必须在停止前一个的基础上，才能启动，即只能是先停后启。在图 7.22 （b）中，启动和输出双重互锁，在停一个的基础上可以启动另一个，也就是即停即启，但是这种电路对启动设备冲击很大。这两种电路都保证在任何时候两者都不能同时启动。互锁控制电路常用于被控的是一组不允许同时动作的对象，如电动机的正/反转控制、3 位四通电磁阀等。

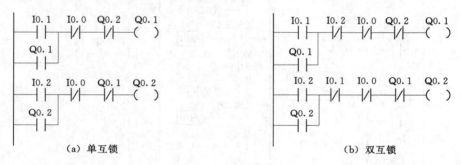

图 7.72　互锁控制梯形图

7.4.3　多点控制电路

多点控制电路适宜控制面积大、范围广、不方便上下等场所。图 7.73 是一个两地控制电路。I0.1、I0.0 是两地启动按钮，I0.2、I0.3 是两地停止按钮。

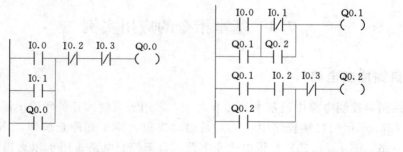

图 7.73　两地控制梯形图　　　　图 7.74　关联控制梯形图

7.4.4　关联控制电路

在很多的生产机械控制中，存在着先后关联关系，即前者的启动是后者启动的条件，后者停止是前者停止的条件。例如，机床的冷却泵电机和主轴电机，先开冷却泵，才能启动主轴电机，只有停了主轴电机，才能停冷却泵。再比如，磨床的电磁吸盘和砂轮电机，工作时，电磁吸盘先得电，吸牢工件，再开砂轮电机，工件加工结束，先停砂轮电机，再停电磁吸盘；否则将造成严重事故。图 7.74 是实现这种关系的控制梯形图，I0.0、I0.2 分别是 Q0.1、Q0.2 的启动按钮，I0.1、I0.3 分别是 Q0.1、Q0.2 的停止按钮。启动时，按 I0.0，Q0.1 得电，按 I0.2，Q0.2 才能启动；停止时，按 I0.3，Q0.2 失电，再按 I0.1，Q0.1 才停。

7.4.5 顺序控制电路

顺序控制电路分手动和自动顺序控制电路，手动顺序控制电路和 7.4.4 小节所述原理相同，这里介绍一种自动顺序启动，方向顺序停止的电路。比如，有 3 台电机，按启动按钮 I0.0，3 台电机 Q0.0、Q0.1、Q0.2 依次顺序启动，按停止按钮 I0.1，3 台电机 Q0.0、Q0.1、Q0.2 依次反向顺序停止。这个程序在如皮带机控制等顺序控制机械中应用广泛。顺序控制的设计比较简单，如果用 4 个时间继电器，很容易编制控制程序，这里只用两个时间继电器来设计程序。顺序控制电路控制梯形图如图 7.75 所示。

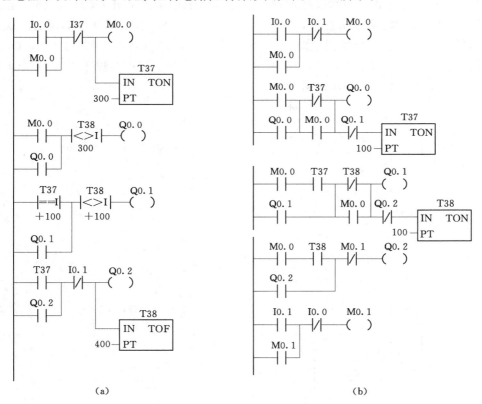

(a)　　　　　　　　　　　　　(b)

图 7.75　顺序控制梯形图

在图 7.75（a）中，启动时，I0.0 ON，用通电延时时间继电器 T37 通过比较指令来依次启动电机，当 T37 的当前值等于 100 时，即定时 10s 时启动 Q0.1，20s 到，启动

Q0.2，这里也可以用比较指令。停止时，I0.1 ON，用断电延时时间继电器 T38 通过比较指令来依次反向停止电机。

在图 7.75 （b） 中，启动时，I0.0 ON，顺序方向存储器 M0.0 ON，通电延时时间继电器 T37、T38 通过延时按顺序方向启动 Q0.1 和 Q0.2。停止时，I0.1 ON，反向存储器 M0.1 ON，M0.0 OFF，T38 延时，由于 M0.0 断开，T38 只能去停止 Q0.1，同样由 T37 去停止 Q0.0。用断电延时时间继电器 T38 通过比较指令来依次反向停止电机。

7.4.6　二分频电路

二分频电路也叫单按钮电路。在许多控制场合，需要对控制信号进行分频，有时为了节省一个输入点，也需要采用此种电路。图 7.76 是二分频电路时序图。

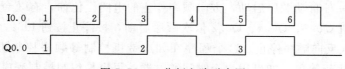

图 7.76　二分频电路时序图

图 7.77 所示是实现二分频时序控制的 4 种梯形图程序。在图 7.77 （a） 中，I0.0 第一个脉冲到来时，PC 第一次扫描，M0.0 ON 一个扫描周期，Q0.0 ON，第二次扫描，Q0.0 自锁；I0.0 第二个脉冲到来时，PC 第一次扫描，M0.0 ON，M0.1 ON，Q0.0 断开，第二次扫描，M0.0 断开，Q0.0 保持断开；依次类推。梯形图程序图 7.77 （b） 和图 7.77 （a） 的原理差不多，不作说明。

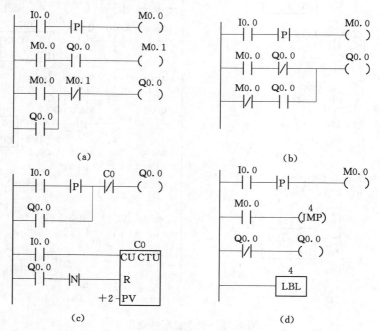

图 7.77　二分频控制梯形图的 4 种程序

梯形图程序图 7.77 （c） 是用计数器设计的梯形图，计数器的复位采用输出断开信号。在第一个输入脉冲到来后的第一次扫描，Q0.0 ON，计数器计一次数，第二次扫描，Q0.0 自锁；第二个输入脉冲到来后的第一次扫描，计数器计数，达到两次，第二次扫描，Q0.0 断开，同时计数器复位。

梯形图程序图 7.77（d）是利用跳转指令编制的程序，在第 1 个输入脉冲到来后的第一次扫描，M0.0 ON，第二行的 M0.0 断开，不跳转，Q0.0 ON，第二次扫描，M0.0 断开，第二行的 M0.0 常闭触点闭合，执行跳转，跳转到标号 4 处，以后多次扫描都跳转，Q0.0 保持 ON；第 2 个输入脉冲到来时，PC 第一次扫描，M0.0 ON，第二行的 M0.0 断开，不跳转，Q0.0 的常闭触点断开，Q0.0 断开，第二次扫描，M0.0 断开，第二行的 M0.0 常闭触点闭合，执行跳转，跳转到标号 4 处，以后多次扫描都跳转，Q0.0 保持 OFF；第 3 个输入脉冲到来时，又执行以上循环，周而复始。

7.4.7 闪烁电路

闪烁电路也称为振荡电路。闪烁电路实际上就是一个时钟电路，它可以是等间隔的通断，也可以是不等间隔的通断。

图 7.78 是 3 个典型闪烁电路的时序图及程序。实际的程序设计中，如果电路中用到闪烁功能，往往直接用两个定时器或一个定时器组成闪烁电路，图 7.78（b）是一个简易的闪烁电路，它适应于控制精度不高的场合。图 7.78（d）和图 7.78（f）是两个常用的闪烁电路，这个电路不管其他信号如何，I0.0 一通电，它就开始工作，通断的时间值可以根据需要任意设定。图 7.78（d）所示为一个通 2s、断 1s 的闪烁电路。图 7.78（f）所示为一个断 2s、通 1s 的闪烁电路。

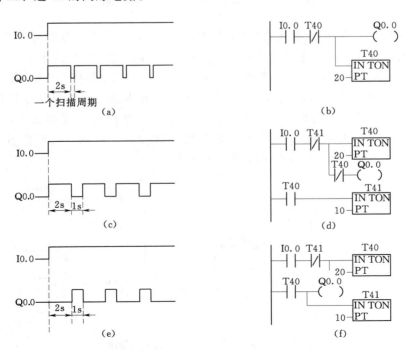

图 7.78 闪烁电路的时序图及梯形图程序

7.4.8　特殊时间控制电路

特殊时间控制电路是通过时间继电器等指令编制的完成某一特殊功能的电路，如图

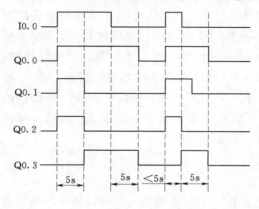

7.79 所示。根据输入 I0.0 的时序图，编制 Q0.0、Q0.1、Q0.2 和 Q0.3 的控制电路梯形图。

根据时序图可以看出，Q0.0 是 I0.0 一个瞬时输出，延时断开电路。这类电路在制动控制的电路中应用广泛，比如港吊停止了，大车行走和电缆卷筒制动必须延时。它可以用一个断电延时的继电器直接构成，如图 7.80（a）所示；也可以用通电延时定时器构成，当 I0.0 断开时，T37 开始延时，延时时间到，Q0.0 断开，如图 7.80（b）所示。

图 7.79　特殊定时电路时序图

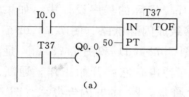

(a)

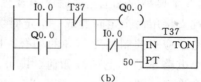

(b)

图 7.80　瞬时接通，延时断开电路梯形图

根据时序图图 7.79 可以看出，Q0.1 是 I0.0 是一个输出脉冲宽度可以控制的电路。该电路在输入信号宽度不规范的情况下，要求在每一个输入信号的上升沿产生一个宽度固定的脉冲，该脉冲宽度可以调节。即本例不管 I0.0 的输入宽度如何，Q0.1 都输出一个宽度为 5s 的脉冲。如图 7.81 所示，梯形图图 7.78（a）是利用边沿指令编制的程序，它是以采集 I0.0 的边沿为基础延时 5s。梯形图图 7.78（b），如果 I0.0 是短脉冲，M0.0 得电自锁，延时到，断开自锁回路和输出；如果是长脉冲，延时到，只是断开自锁回路，M0.0 继续 ON，T40 ON，由 T40 的常闭触点断开输出。

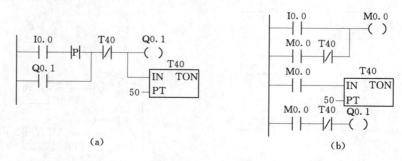

图 7.81　脉冲宽度可以控制电路梯形图

196

根据时序图图 7.79 可以看出，Q0.2 是 I0.0 的一个一般的电路，它的控制程序如图 7.82 所示。

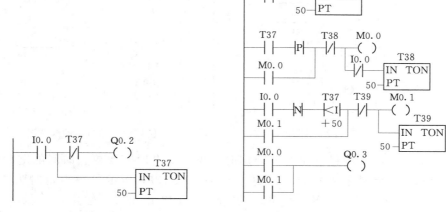

图 7.82　图 7.79 时序图 Q0.2 的控制梯形图

图 7.83　图 7.79 所示时序图 Q0.3 的控制梯形图

根据时序图图 7.79 可以看出，Q0.3 是 I0.0 的一个特殊电路，它的控制程序如图 7.83 所示。从时序图图 7.79 可以看出，当 I0.0 的宽度大于 5s 时，是一个接通延时输出，断开延时断开输出电路；当 I0.0 的宽度小于 5s 时，断开瞬时输出 5s 的电路。根据时序图图 7.79，设计控制梯形图如图 7.83 所示，它用了两个位存储器 M0.0 和 M0.1，M0.0 完成接通延时输出，断开延时断开输出；M0.1 通过一个比较电路完成断开瞬时输出 5s 的电路。

7.4.9　扩展定时器和计数器

S7-200 PLC 中的一个定时器最长定时时间为 3276.7s，一个计数器最大计数值为 32767。但在一些实际应用中，往往需要几小时甚至更长时间的定时控制和计数控制，这就需要编制程序来完成该任务。

图 7.84 所示是由两个定时器组成的 1h 的定时器。当 I0.0 闭合（保持闭合），T37 定时 10min 后，T38 开始定时，再过 50min，Q0.0 有输出。

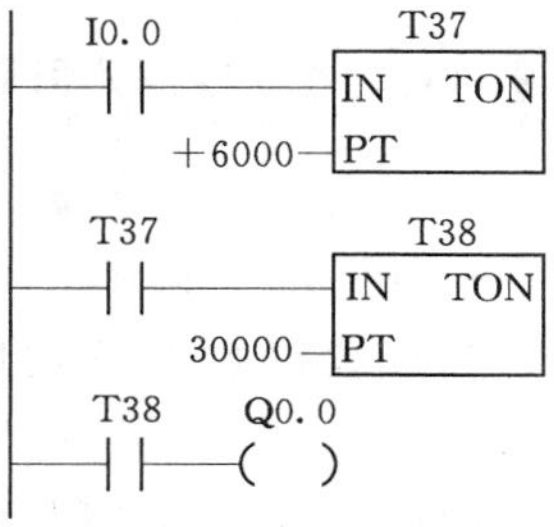

图 7.85 所示是由两个计数器组成的扩展计数器，C0 对 I0.0（脉冲信号）计数 6000 次后给 C1 提供一个信号，同时使自身复位，C1 也计一次数，计满 6000×300000 次后，Q0.0 有输出。在该例的计数器复位逻辑中，C0 使用的是自己的输出信号，C1 使用外部输入信号，它们都可以用初始化脉冲 SM0.1 完成复位操作，如果所使用的计数器不是设置为掉电保护模式，则不需要初始化复位，本例中为了简便，没有在程序中画出。这两种扩展电路是最基本的扩展电路。

图 7.84　由两个定时器组成的扩展定时器梯形图

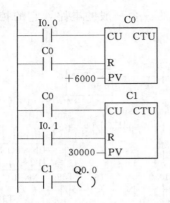 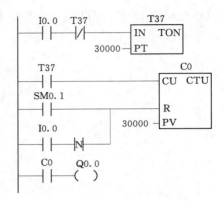

图 7.85　扩展计数器电路的梯形图　　　图 7.86　扩展定时器电路的梯形图

由两个定时器组成的扩展定时器，定时也不长，有时需要更长时间的定时器，用一个定时器和一个计数器就可以完成这个任务。图 7.86 所示是一个定时为 3000s×30000＝25000h 的扩展定时器。当 I0.0 闭合时，T37 每 50min 输出一个脉冲，C0 计一次数，计数 30000 次，Q0.0 输出。C0 采用初始化脉冲 SM0.1 复位或 I0.0 断开脉冲复位。

7.4.10　报警电路

报警电路在工业电气自动控制中的应用相当普遍。工作过程中，当故障发生时，报警指示灯闪烁，报警电铃鸣响。操作人员知道故障发生后，按消铃按钮，把电铃关掉，报警指示灯从闪烁变为长亮。故障消失后，报警灯熄灭。另外，还应设置试灯、试铃按钮，用于平时检测报警指示灯和电铃的好坏。

根据要求分配输入/输出地址如下。

故障信号：I0.0。

消铃按钮：I0.1。

试灯按钮：I0.2。

报警灯：Q0.0。

报警电铃：Q0.1。

设计控制梯形图程序如图 7.87 所示。

7.4.11　照明灯控制电路

1. 楼梯灯控制装置

控制要求：只用一个按钮 I0.0 控制。当按一次按钮时，楼梯灯亮 2min 后自动熄灭；当连续按两次按钮时（2s 内），灯常亮不灭；当按下按钮的时间超过 2s 时，灯熄灭。

设计控制梯形图程序如图 7.88 所示。

按钮：I0.0。

楼梯灯：Q0.0。

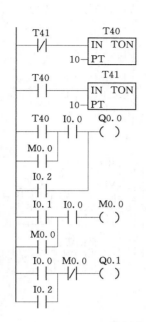

图 7.87　报警电路梯形图程序

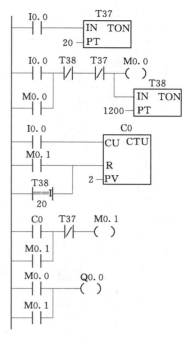

图 7.88　楼梯灯控制梯形图程序

2. 三层楼梯灯的多地点控制

三层楼梯灯的控制要求：在每层楼梯都有一个开关，按任何一个开关（不管开关的状态），楼梯灯都亮，再按任何一个开关，楼梯灯灭，即不管开关是开还是关，只要有开关动作则灯的状态就发生变化。

楼梯灯开关：I0.0、I0.1、I0.2。

楼梯灯：Q0.0。

设计控制梯形图程序如图 7.89 所示。图 7.89（a）和图 7.89（b）所示程序是借用了组合逻辑电路的设计方法，利用逻辑关系编制的程序；图 7.89（c）所示程序是利用了微分指令和 RS 触发器编制的程序，每一个开关的开与关都给触发器一个脉冲，使触发器翻转；图 7.89（d）所示程序利用比较指令，把输入开关字节状态和由传送指令送入的输入信号状态比较，如果开关状态发生了变化，则输出一个脉冲使触发器翻转，同时把新的状态字节送到变量存储器字节 VB0，为下一次比较做准备。而且这个程序可以实现 8 个地点的控制。

3. 城市隧道照明灯

在城市中的隧道要求 24h 不间断照明，有时考虑到要节约用电和延长灯的使用寿命，需要分时控制，同时又要有足够的照明，如隧道中有 A、B、C 这 3 组灯，每天 7：00—19：00，第 1 组灯亮，19：00—22：00 3 组灯都亮（车多），22：00 至第二天 7：00 第 2、3 组灯亮，要求用一个开关控制 3 组灯的亮和灭。

控制开关：I0.0。

三组灯：Q0.1、Q0.2、Q0.3。

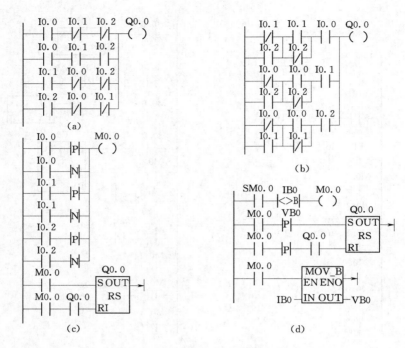

图 7.89　楼梯灯的控制梯形图

设计控制梯形图如图 7.90 所示。通过开关 I0.0 控制计数器，由比较指令的触点控制 3 组灯的亮和灭（控制时间没有在程序中显示）。

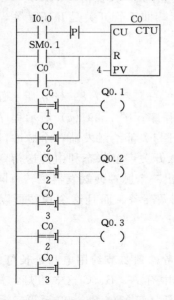

图 7.90　隧道照明灯的控制梯形图　　　图 7.91　译码电路梯形图程序

7.4.12　译码电路

译码电路是通过输入不同的组合，分别构成不同的输出。如 2 - 4 线译码器，即通过两个输入 I0.1 和 I0.2 的 4 种不同组合，控制 4 个输出 Q0.1～Q0.4。图 7.91 所示为 2 - 4 线译码器电路。

本 章 小 结

本章介绍了 SIMATIC 指令集所包含的基本指令及使用方法。在基本指令中，位操作指令是最常用的，也是最重要的，是其他所有指令的基础。

基本逻辑指令包括基本位操作指令、置位/复位指令、立即指令、边沿脉冲指令、逻辑堆栈指令、定时器、计数器、比较指令、取反和空操作指令。这些指令是 PLC 编程的基础。要求大家熟练掌握这些指令在梯形图和语言表中的使用方法，尤其是定时器和计数器指令的工作原理。

程序控制器指令包括结束、暂停、看门狗、跳转、循环、子程序调用、顺序控制等指令。这类指令主要用于程序结构的优化，增强程序功能。本节要重点掌握顺序功能图的基本概念、构成原则和顺序功能图的绘制及顺序功能指令的用法。

本章第 3 节主要介绍了一些常用的简单控制电路梯形图，为今后 PLC 梯形图的设计打下了基础，大家可以在理论的基础上加以掌握。

通过基本指令的使用和编程，对 S7 - 200 PLC 使用梯形图编程的认识有了进一步加深。

（1）在梯形图中，用户程序是多个程序网络（Network）的有序组合。

（2）每个程序网络是各种编程元件的触点、线圈及功能框在左、右母线之间的编程元件的有序排列。

（3）与能流无关的线圈和功能框可以直接接在左母线上；与能流有关的线圈和功能框不能直接接在左母线上。

（4）在绝大多数的功能框上，有允许输入端 EN 和允许输出端 ENO，EN 和 ENO 都是布尔量。对于要执行指令的功能框，EN 输入端必须存在能流。如果指令执行正确，输出端 ENO 将把能流向下传送。如果在执行指令过程中存在错误，则能流终止在当前的功能框。

（5）具有 EN 和 ENO 的功能框是允许串级连接的，即前一个功能框的 ENO 端与后一个功能框的 EN 端相连。

习 题

7.1　写出图 7.92 所示梯形图程序对应的语句表指令。

7.2　根据下列语句表图程序，写出梯形图程序。

（1）LD　　I0.0　　　A　　　I0.6
　　　AN　　I0.1　　　=　　　Q0.1
　　　LD　　I0.2　　　LPP
　　　A　　　I0.3　　　A　　　I0.7

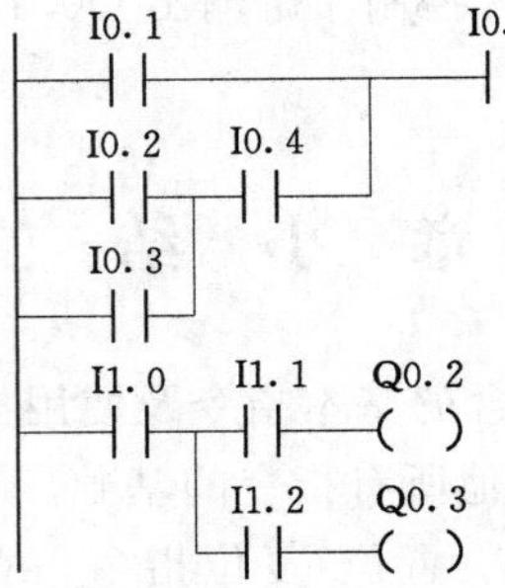

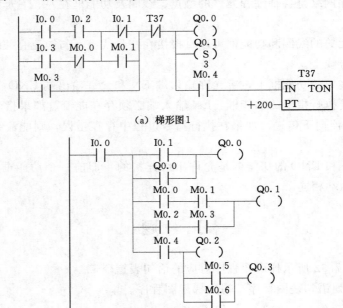

图 7.92　题 7.1 图

```
O       I0.4      =        Q0.2
A       I0.5      A        I1.1
OLD               =        Q0.3
LPS
(2) LD  I0.0      LD  M10.2      ALD
A       I1.2      A   Q0.3       O    M100.3
LD      I1.3      LD  I1.0       A    M10.5
AN      I0.2      AN  Q1.3       =    Q0.0
OLD               OLD
```

7.3　写出图 7.93 所示梯形图程序对应的语句表指令。

(a) 梯形图 1

(b) 梯形图 2

图 7.93　题 7.3 图

7.4　使用置位、复位指令，编写两套电动机（两台）的控制程序，两套程序控制要求如下。

（1）启动时，电动机 M1 先启动，才能启动电动机 M2，停止时，电动机 M1、M2 同时停止。

（2）启动时，电动机 M1、M2 同时启动，停止时，只有在电动机 M2 停止时，电动机 M1 才能停止。

7.5　写出断电延时 5s 后，M0.0 置位的程序。

7.6　写出能循环执行 5 次程序段的循环梯形图。

7.7　试设计一个照明灯的控制程序。当按下接在 I0.0 上的按钮后，接在 Q0.0 上的照明灯可发光 30s。如果在这段时间内又有人按下按钮，则时间间隔从头开始。这样可确保在最后一次按完按钮后，灯光可维持 30s 的照明。

7.8　设计一个对锅炉鼓风机和引风机控制的梯形图程序。控制要求如下。

（1）开机时首先启动引风机，10s 后自动启动鼓风机。

（2）停止时，立即关断鼓风机，经 20s 后自动关断引风机。

7.9　用基本逻辑指令设计图 7.44 所示的小车自动循环控制的梯形图程序，并画出 PLC 的外部连接图。

7.10　使用顺序控制程序结构，编写出实现红、黄、绿 3 种颜色信号灯循环显示程序（要求循环时间为 1s），并画出该程序设计的功能流程图。

7.11　进行笼型电动机的可逆运行控制，要求如下。

（1）启动时，可根据需要选择旋转方向。

（2）可随时停车。

（3）需要反向旋转时，按反向启动按钮，但是必须等待 6s 后才能自动接通反向旋转的主电路。

7.12　设计一个 3 台电动机的启/停顺序控制程序。

（1）启动操作：按启动按钮 SB1，电动机 M1 启动，10s 后电动机 M2 自动启动，又经过 8s，电动机 M3 自动启动。

（2）停车操作：按停止按钮 SB2，电动机 M3 立即停车；5s 后，电动机 M2 自动停车；又经过 4s，电动机 M1 自动停车。

7.13　设计出图 7.94 所示的顺序功能图的梯形图程序，T37 的设定值为 5s。

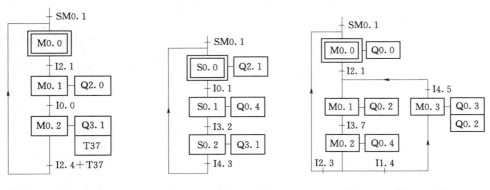

图 7.94　题 7.13 图　　　图 7.95　题 7.14 图　　　图 7.96　题 7.15 图

7.14 用 SCR 指令设计图 7.95 所示的顺序功能图的梯形图程序。

7.15 设计出图 7.96 所示的顺序功能图的梯形图程序。

7.16 有 3 台电动机，要求启动时，每隔 10min 依次启动 1 台，每台运行 8h 后自动停机。在运行中可按停止按钮将 3 台电动机同时停机。

7.17 当 I0.1 为 OFF 时，当 I0.0 为 ON 时，调用 1 子程序；当 I0.0 为 OFF 时，调用 2 子程序执行，当 I0.1 为 ON 时，不能调用 1、2 子程序，而调用 3 子程序执行。子程序 1 为 2 - 4 线的译码电路（两个输入，4 个输出）；子程序 2 为用主控指令编制电动机的启动、点动线路；子程序 3 为报警电路：当故障发生时，报警指示灯闪烁，报警电铃或蜂鸣器鸣响，操作人员知道故障发生后，按消铃按钮，把电铃关掉，报警指示灯从闪烁变为长亮，故障消失后报警灯熄灭。另外，还应设置试灯、试铃按钮，用于平时检测报警指示灯和电铃的好坏。

7.18 应用计数器与比较指令构成 24h 可设定定时时间的控制器，每 15min 为一设定单位，共 96 个时间单位。控制过程：①6：30 电铃（Q0.0）每秒响 1 次，6 次后自动停止；②9：00～17：00，启动住宅报警系统（Q0.1）；③18：00 开园内照明（Q0.2）；④22：00 关园内照明（Q0.2）。设 I0.0 为启停开关；I0.1 为 15min 快速调整与试验开关；I0.2 为格数设定的快速调整与试验开关；时间设定值为钟点数×4。使用时，在 0：00 时启动定时器。

7.19 用比较指令构成密码系统。密码锁有 12 个按钮，分别接入 I0.0～I1.3，其中 I0.0～I0.3 代表第 1 个十六进制数；I0.4～I0.7 代表第 2 个十六进制数；I1.0～I1.3 代表第 3 个十六进制数。根据设计要求，每次同时按 4 个键，分别代表 3 个十六进制数，共按 4 次，如与密码锁设定值都相符合，3s 后可开锁，10s 后重新锁定。

第8章 S7 – 200 系列 PLC 功能指令

主要内容

本章主要介绍了 S7 – 200 系列 PLC 功能指令，如数据处理指令、算术/逻辑运算指令、表功能指令、转换指令、中断指令、高速处理指令等常用的功能指令，为 PLC 的编程设计打下坚实的基础。

学习要求

1. 熟悉各功能指令的格式。

2. 熟练掌握梯形图编程方法。

3. 会利用中断技术。中断技术的应用，可增强 PLC 对可检测的和可预知的突发事件的处理能力。

功能指令（Function Instruction）又称为应用指令，它是指令系统中应用于复杂控制的指令。本章的功能指令包括数据处理指令、算术逻辑运算、表功能指令、转换指令、中断指令、高速处理指令等。

功能指令实质上就是一些功能不同的子程序，其开发和应用是 PLC 应用系统不可缺少的。合理、正确地应用功能指令，对于优化程序结构、提高应用系统的功能、简化对一些复杂问题的处理有着重要的作用。

本章主要介绍这些功能指令的格式、功能说明和梯形图编程方法。为了使读者更清楚地学好本章的内容，同时也为了节省篇幅，对每条功能指令的操作数的内容即数据类型做以下约定。

字节型：VB、IB、QB、MB、SB、SMB、LB、AC、＊VD、＊LD、＊AC 和常数。

字型及 INT 型：VW、IW、QW、MW、SW、SMW、LW、AC、T、C、＊VD、＊LD、＊AC 和常数。

双字型及 DINT 型：VD、ID、QD、MD、SD、SMD、LD、AC、＊VD、＊LD、＊AC 和常数。

操作数分输入操作数（IN）和输出操作数（OUT）。以上对操作数的概括只是一般的总结，具体使用到每条指令时，可能会有微小的不同，实际使用时可以查阅 S7 – 200 系统手册。

8.1 数 据 处 理 指 令

数据处理指令包括数据的传送指令，交换、填充指令，移位指令等。

8.1.1　数据传送

数据传送类指令有字节、字、双字和实数的单个传送指令，还有以字节、字、双字为单位的数据块的成组传送指令，用来实现各存储器单元之间数据的传送和复制。

1. 单一数据传送（MOVB、MOVW、MOVD、MOVR）

单一数据传送指令一次完成一个字节、字或双字的传送。指令格式参见表 8.1。

表 8.1　　　　　　　　　　　　传 送 指 令 格 式

LAD				功　　能
MOV－B EN ENO ???－IN OUT－???	MOV－W EN ENO ???－IN OUT－???	MOV－DW EN ENO ???－IN OUT－???	MOV－R EN ENO ???－IN OUT－???	IN＝OUT

功能：使能流输入 EN 有效时，把一个输入 IN 单字节数据、单字长或双字长数据、双字长实数数据送到 OUT 指定的存储器单元输出。

数据类型分别为 B、W、DW 和常数。

影响允许输出 ENO 正常工作的出错条件是 SM4.3、0006（间接寻址错误）。

2. 数据块传送（BMB、BMW、BMD）

数据块传送指令一次可完成 N 个（最多 255 个）数据的成组传送。指令类型有字节块、字块或双字块等 3 种。指令格式参见表 8.2。

表 8.2　　　　　　　　　　　　块 传 送 指 令 格 式

LAD			功　　能
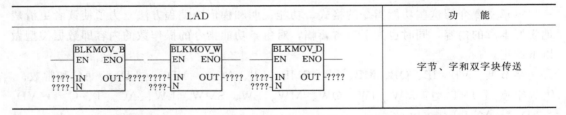			字节、字和双字块传送

（1）字节的数据块传送指令。使能输入 EN 有效时，把从输入 IN 字节开始的 N 个字节数据传送到以输出字节 OUT 开始的 N 个字节中。

（2）字的数据块传送指令。使能输入 EN 有效时，把从输入 IN 字开始的 N 个字的数据传送到以输出字 OUT 开始的 N 个字的存储区中。

（3）双字的数据块传送指令。使能输入 EN 有效时，把从输入 IN 双字开始的 N 个双字的数据传送到以输出双字 OUT 开始的 N 个双字的存储区中。

IN、OUT 操作数的数据类型分别为 B、W、DW；N（BYTE）的数据范围为 0～255。

影响允许输出 ENO 正常工作的出错条件是 SM4.3（运行时间）、0006（间接寻址错误）、0091（操作数超界）。

例如，将变量存储器 VWl0 中内容送到 VW30 中，程序如图 8.1 所示。

8.1.2 移位指令

移位指令在 PLC 控制中是比较常用的，移位指令分为左、右移位和循环左、右移位及寄存器移位指令三大类。前两类

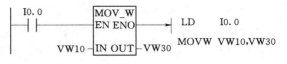

图 8.1 传送指令应用梯形图

移位指令按移位数据的长度又分为字节型、字型、双字型 3 种，移位指令最大移位位数 N ≤数据类型（B、W、DW）对应的位数，移位位数（次数）N 为字节型数据。

1. 左、右移位指令

左、右移位数据存储单元的移出端与 SMl.1（溢出）端相连，移出位被放到 SM1.1 特殊存储单元，移位数据存储单元的另一端补 0。当移位操作结果为 0 时，SM1.0 自动置位。移位指令格式见表 8.3。

表 8.3　　　　　　　　　　　　　移位指令格式及功能

LAD	功　能
SHL_B / SHL_W / SHL_DW	字节、字、双字左移
SHR_B / SHR_W / SHR_DW	字节、字、双字右移

（1）被移位的数据是无符号的。

（2）左移位指令 SHL（Shift Left）。使能输入有效时，将输入的字节、字或双字 IN 左移 N 位后（右端补 0），将结果输出到 OUT 所指定的存储单元中，最后一次移出位保存在 SMl.1（溢出）。

（3）右移位指令 SHR（Shift Right）。使能输入有效时，将输入的字节、字或双字 IN 右移 N 位后，将结果输出到 OUT 所指定的存储单元中，最后一次移出位保存在 SMl.1。

（4）移位次数 N 与移位数据长度有关，如果 N 小于实际的数据长度，则执行 N 次移位；如果 N 大于实际的数据长度，则执行移位的次数等于实际的数据长度。

2. 循环左、右移位

循环移位将移位数据存储单元的首尾相连，同时又与溢出标志 SMl.1 连接，SMl.1 用来存放被移出的位。指令格式见表 8.4。

表 8.4　　　　　　　　　　　　　循环移位指令格式及功能

LAD	功　能
ROL_B / ROL_W / ROL_DW	字节、字、双字循环左移位
ROR_B / ROR_W / ROR_DW	字节、字、双字循环右移位

（1）被移位的数据是无符号的。

（2）循环左移位指令 ROL（Rotate Left）。使能输入有效时，字节、字或双字 IN 数据循环左移 N 位后，将结果输出到 OUT 所指定的存储单元中，并将最后一次移出位送 SMl.1。

（3）循环右移位指令 ROR（Rotate Right）。使能输入有效时，字节、字或双字 IN 数据循环右移 N 位后，将结果输出到 OUT 所指定的存储单元中，并将最后一次移出位送 SMl.1。

（4）移位次数 N 与移位数据长度有关，如果 N 小于实际的数据长度，则执行 N 次移位；如果 N 大于实际的数据长度，则执行移位的次数等于实际的数据长度。

3. 左、右移位及循环移位指令对标志位、ENO 的影响及操作数的寻址范围

移位指令影响的特殊存储器位：SM1.0（零）；SM1.1（溢出）。如果移位操作使数据变为 0，则 SMl.0 置位。

影响允许输出 ENO 正常工作的出错条件是 SM4.3（运行时间）、0006（间接寻址错误）。

N、IN、OUT 操作数的数据类型为 B、W、DW。

例如，将 VD10 右移 2 位送 AC0。梯形图程序如图 8.2 所示。

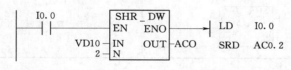

图 8.2　移位指令应用梯形图

4. 移位寄存器指令 SHRB

移位寄存器指令是一个移位长度可指定的移位指令。在顺序控制和步进控制中，应用移位寄存器编程是很方便的。移位寄存器指令格式示例见表 8.5。

表 8.5　　　　　　　　　　　　寄 存 移 位 指 令 示 例

LAD	STL	功　能
SHRB EN　ENO I1.1－DATA M1.0－S－BIT +10－N	SHRB I1.1, M1.0, +10	寄存器移位

梯形图中 DATA 为数值输入，指令执行时将该位的值移入移位寄存器。S－BIT 为寄存器的最低位。N 为移位寄存器的长度（1～64），N 为正值时左移位（由低位到高位），DATA 值从 S－BIT 位移入，移出位进入 SMl.1；N 为负值时右移位（由高位到低位），S－BIT 移出到 SMl.1，另一端补充 DATA 移入位的值。

每次使能有效时，整个移位寄存器移动 1 位，最高位的计算方法：[N 的绝对值－1＋（S－BIT 的位号）] /8，余数即是最高位的位号，商与 S－BIT 的字节号之和即是最高位的字节号。移位指令影响的特殊存储器位：SMl.1（溢出）。

8.1.3　字节交换/填充指令

字节交换/填充指令格式见表 8.6。

表 8.6 字节交换/填充指令格式及功能

LAD	STL	功 能
SWAP EN ENO ????—IN　　FILL＿N EN　　ENO ????—IN　OUT—???? ????—N	SWAP IN FILL IN, N, OUT	字节交换 字填充

1. 字节交换指令 SWAP

字节交换指令用来将字型输入数据 IN 高位字节与低位字节进行交换，因此又可称为半字交换指令。

使能输入 EN 有效时，将输入字 IN 的高、低字节交换的结果输出到 OUT 指定的存储器单元。

IN、OUT 操作数的数据类型为 INT（WORD）。

影响允许输出 ENO 正常工作的出错条件是：SM4.3（运行时间），0006（间接寻址错误）。

2. 字节填充指令 FILL

使能输入 EN 有效时，用字输入数据 IN 填充从输出 OUT 指定单元开始的 N 个字存储单元。N（BYTE）的数据范围为 0～255。IN、OUT 操作数的数据类型为 INT（WORD）。

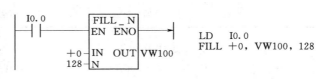

```
LD   I0.0
FILL +0, VW100, 128
```

图 8.3　填充指令应用梯形图

影响允许输出 ENO 正常工作的出错条件是 SM4.3（运行时间）、0006（间接寻址错误）、0091（操作数超界）。

例如，将从 VWl00 开始的 256 个字节（128 个字）存储单元清零。程序如图 8.3 所示。本条指令执行结果：从 VWl00 开始的 256 个字节（VWl00～VW354）的存储单元清零。

8.2 运 算 指 令

运算指令包括算术运算指令和逻辑运算指令。算术运算包括加、减、乘、除运算和常用的数学函数变换；在算术运算中，数据类型为整型 INT、双整型 DINT 和实数 REAL。逻辑运算包括逻辑与、逻辑或、逻辑非、逻辑异或等，数据类型为字节型 BYTE、字型 WORD、双字型 DWORD。

8.2.1 算术运算指令

1. 加/减运算

加/减运算指令是对符号数的加/减运算操作。包括整数加/减、双整数加/减运算和实数加/减运算。

加/减运算指令采用指令盒格式、指令盒由指令类型、使能端 EN、操作数（IN1、IN2）输入端、运算结果输出 OUT、逻辑结果输出端 ENO 等组成。

（1）加/减运算指令格式。加/减运算 6 种指令的梯形图指令格式见表 8.7。

加/减运算指令操作数类型为 INT、DINT、REAL。

（2）指令类型和运算关系。

1）整数加/减运算 ADD I/SUB I（ADD Integer /Subtract Integer）使能 EN 输入有效时，将两个单字长（16 位）符号整数（IN1 和 IN2）相加/减，然后将运算结果送 OUT 指定的存储器单元输出。

表 8.7　　　　　　　　　　　　　加/减运算指令格式及功能

LAD			功　能
ADD_I / EN ENO / ????-IN1 OUT-???? / ????-IN2	ADD_DI / EN ENO / ????-IN1 OUT-???? / ????-IN2	ADD_R / EN ENO / ????-IN1 OUT-???? / ????-IN2	IN1+IN2=OUT
SUB_I / EN ENO / ????-IN1 OUT-???? / ????-IN2	SUB_DI / EN ENO / ????-IN1 OUT-???? / ????-IN2	SUB_R / EN ENO / ????-IN1 OUT-???? / ????-IN2	IN1-IN2=OUT

STL 运算指令及运算结果如下。

整数加法：MOVW　IN1，OUT　　//IN1→OUT
　　　　　　+I　IN2，OUT　　//OUT+IN2=OUT
整数减法：MOVW　IN1，OUT　　//IN1→OUT
　　　　　　-I　IN2，OUT　　//OUT-IN2=OUT

从 STL 运算指令可以看出，IN1、IN2 和 OUT 操作数的地址不相同时，STL 将 LAD 的加/减运算分别用两条指令描述。

IN1 或 IN2=OUT 时整数加法：
　　　　　　+I　IN2，OUT　　//OUT+IN2=OUT

IN1 或 IN2=OUT 时，加法指令节省一条数据传送指令，本规律适用于所有算术运算指令。

2）双整数加/减运算 ADD DI/SUB DI（ADD Double Integer /Subtract Double Integer）使能 EN 输入有效时，将两个双字长（32 位）符号整数（IN1 和 IN2）相加/减，运算结果送 OUT 指定的存储器单元输出。

STL 运算指令及运算结果如下。

双整数加法：MOVD　　IN1　OUT　　//IN1→OUT
　　　　　　　+D　　IN2　OUT　　//OUT+IN2=OUT
双整数减法：MOVD　　IN1　OUT　　//IN1→OUT
　　　　　　　-D　　IN2　OUT　　//OUT-IN2=OUT

3）实数加/减运算 ADD R/SUB R（ADD Real/Subtract Real）使能输入 EN 有效时，将两个双字长（32 位）的有符号实数 IN1 和 IN2 相加/减，运算结果送 OUT 指定的存储器单元输出。

LAD 运算结果：IN1±IN2＝OUT

STL 运算指令及运算结果如下。

实数加法：MOVR　IN1　OUT　　　//IN1→OUT

　　　　　　　＋R　IN2　OUT　　　//OUT＋IN2＝OUT

实数减法：MOVR　IN1　OUT　　　//IN1→OUT

　　　　　　　－R　IN2　OUT　　　//OUT－IN2＝OUT

（3）加/减运算 IN1、IN2、OUT 操作数的数据类型为 INT、DINT、REAL。

（4）对标志位的影响。算术运算指令影响特殊标志的算术状态位 SM1.0～SM1.3，并建立指令盒能量流输出 ENO。

1）算术状态位（特殊标志位）SM1.0（零），SM1.1（溢出），SM1.2（负）。

SM1.1 用来指示溢出错误和非法值。如果 SM1.1 置位，SM1.0 和 SM1.2 的状态无效，原始操作数不变。如果 SM1.1 不置位，SM1.0 和 SM1.2 的状态反映算术运算的结果。

2）ENO（能量流输出位）输入使能 EN 有效，运算结果无错时，ENO＝1，否则 ENO＝0（出错或无效）。影响允许输出 ENO 正常工作的出错条件是 SM1.1＝1（溢出）、0006（间接寻址错误）、SM4.3（运行时间）。

例如，求 100 加 200 的和，100 在数据存储器 VW100 中，结果存入 VW200。梯形图程序如图 8.4 所示。

2. 乘/除运算

乘/除运算是对符号数的乘法运算和除法运算，包括整数乘/除运算、双整数乘/除运算、整数乘/除双整数输出运算、实数乘/除运算等。

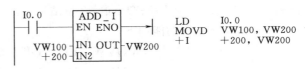

图 8.4　加法指令应用梯形图

（1）乘/除运算指令格式。乘/除运算指令采用同加减运算相类似的指令盒指令格式。指令分为 MUL I/DIV I 整数乘/除运算、MUL DI/DIV DI 双整数乘/除运算、MUL/DIV 整数乘/除双整数输出、MUL R/DIV R 实数乘/除运算等 8 种类型，见表 8.8。

LAD 指令执行的结果：乘法 IN1×IN2＝OUT。

除法 IN1/IN2＝OUT。

表 8.8　　　　　　　　　　乘/除运算指令格式及功能

LAD				功　能
MUL_I EN ENO ????-IN1 OUT-???? ????-IN2	MUL_DI EN ENO ????-IN1 OUT-???? ????-IN2	MUL EN ENO ????-IN1 OUT-???? ????-IN2	MUL_R EN ENO ????-IN1 OUT-???? ????-IN2	乘法运算
DIV_I EN ENO ????-IN1 OUT-???? ????-IN2	DIV_DI EN ENO ????-IN1 OUT-???? ????-IN2	DIV EN ENO ????-IN1 OUT-???? ????-IN2	DIV_R EN ENO ????-IN1 OUT-???? ????-IN2	除法运算

（2）指令功能分析。

1）整数乘/除法指令 MUL I/DIV I（Multiple Integer /Divide Integer）。使能 EN 输入有效时，将两个单字长（16 位）符号整数 IN1 和 IN2 相乘/除，产生一个单字长（16 位）整数结果，从 OUT（积/商）指定的存储器单元输出。

STL 指令格式及功能如下。

整数乘法：MOVW　IN1　OUT　　//IN1→OUT

　　　　　　　* I　　IN2　OUT　　//OUT * IN2＝OUT

整数除法：MOVW　IN1　OUT　　//IN1→OUT

　　　　　　　/I　　IN2　OUT　　//OUT/IN2＝OUT

2）双整数乘/除法指令 MUL DI/DIV DI。使能 EN 输入有效时，将两个双字长（32 位）符号整数 IN1 和 IN2 相乘/除，产生一个双字长（32 位）整数结果，从 OUT（积/商）指定的存储器单元输出。

STL 指令格式及功能如下。

双整数乘法：MOVD　IN1　OUT　　//IN1→OUT

　　　　　　　　* D　　IN2　OUT　　//OUT * IN2＝OUT

双整数除法：MOVD　IN1　OUT　　//IN1→OUT

　　　　　　　　/D　　IN2　OUT　　//OUT/IN2＝OUT

3）整数乘/除指令 MUL/DIV。使能输入 EN 有效时，将两个单字长（16 位）符号整数 IN1 和 IN2 相乘/除，产生一个双字长（32 位）整数结果，从 OUT（积/商）指定的存储器单元输出。整数除法产生的 32 位结果中低 16 位是商，高 16 位是余数。

STL 指令格式及功能如下。

整数乘法产生双整数：MOVW　IN1　OUT　　//IN1→OUT

　　　　　　　　　　　　MUL　　IN2　OUT　　//OUT * IN2＝OUT

整数除法产生双整数：MOVW　IN1　OUT　　//IN1→OUT

　　　　　　　　　　　　DIV　　IN2　OUT　　//OUT/IN2＝OUT

4）实数乘/除法指令（MUL R/DIV R）。使能输入 EN 有效时，将两个双字长（32 位）符号实数 IN1 和 IN2 相乘/除，产生一个双字长（32 位）实数结果，从 OUT（积/商）指定的存储器单元输出。

STL 指令格式及功能如下。

实数乘法：MOVR　IN1　OUT　　//IN1→OUT

　　　　　　　* R　IN2　OUT　　//OUT * IN2＝OUT

实数除法：MOVR　IN1　OUT　　//IN1→OUT

　　　　　　　/R　IN2　OUT　　//OUT/IN2＝OUT

（3）操作数寻址范围。IN1、IN2、OUT 操作数的数据类型根据乘/除法运算指令功能分为 INT/（WORD）、DINT、REAL。

（4）乘/除运算对标志位的影响。

1）乘/除运算指令执行的结果影响算术状态位（特殊标志位）：SM1.0（零），SM1.1（溢出），SM1.2（负），SM1.3（被 0 除）。

乘法运算过程中 SM1.1（溢出）被置位，就不写输出，并且所有其他的算术状态位置为 0（整数乘法产生双整数指令输出不会产生溢出）。

如果除法运算过程中 SM1.3 置位（被 0 除），其他的算术状态位保留不变，原始输入操作数不变。SM1.3 不被置位，所有有关的算术状态位都是算术操作的有效状态。

2）影响允许输出 ENO 正常工作的出错条件是 SM1.1（溢出）、SM4.3（运行时间）、0006（间接寻址错误）。

例如，乘/除法指令的应用。程序运行结果如图 8.5 所示。

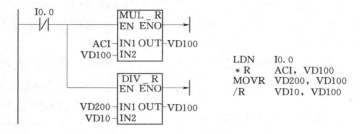

图 8.5　乘/除法指令的应用梯形图

8.2.2　数学函数指令

数学函数指令包括平方根、自然对数、指数、三角函数等几个常用的函数指令。除 SQRT 外，数学函数需要 CPU 224 1.0 以上版本支持。

1. 平方根/自然对数/指数指令

平方根/自然对数/指数指令格式及功能见表 8.9。

（1）平方根指令 SQRT（Square Root）。平方根指令是把一个双字长（32 位）的实数 IN 开方，得到 32 位的实数运算结果，通过 OUT 指定的存储器单元输出。

（2）自然对数 LN（Natural Logarithm）。自然对数指令将输入的一个双字长（32 位）实数 IN 的值取自然对数，得到 32 位的实数运算结果，通过 OUT 指定的存储器单元输出。

表 8.9　　　　　　　　　　　　　　平方根/自然对数/指数指令格式及功能

LAD	STL	功　　能
SQRT EN　　ENO ????-IN　　OUT-????	SORT IN, OUT	求平方根指令 SORT（IN）＝OUT
LN EN　　ENO ????-IN　　OUT-????	LN IN, OUT	求（IN）的自然对数指令 LN（IN）＝OUT
EXP EN　　ENO ????-IN　　OUT-????	EXP IN, OUT	求（IN）的指数指令 EXP（IN）＝OUT

213

当求解以 10 为底的常用对数时，用实数除法指令将自然对数除以 2.302585 即可（ln10≈2.302585）。

例如，求以 10 为底，200 的常用对数，200 存于 VDl00，结果放到 AC1（应用对数的换底公式求解 $\lg 150 = \dfrac{\ln 150}{\ln 10}$）。梯形图程序如图 8.6 所示。

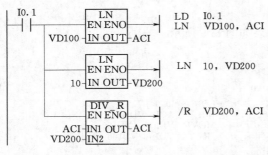

```
LD    I0.1
LN    VD100, ACI
LN    10, VD200
/R    VD200, ACI
```

图 8.6　自然对数和除法应用梯形图

（3）指数指令 EXP（Natural Exponential）。指数指令将一个双字长（32 位）实数 IN 的值取以 e 为底的指数，得到 32 位的实数运算结果，通过 OUT 指定的存储器单元输出。

该指令可与自然对数指令相配合，完成以任意数为底，任意数为指数的计算。可以利用指数函数求解任意函数的 x 次方 $y^x = e^{x \ln y}$。

2. 三角函数

三角函数运算指令包括正弦（sin）、余弦（cos）和正切（tan）指令。三角函数指令运行时把一个双字长（32 位）的实数弧度值 IN 分别取正弦、余弦、正切，得到 32 位的实数运算结果，通过 OUT 指定的存储器单元输出。三角函数运算指令格式见表 8.10。

表 8.10　　　　　　　　　　　　　三 角 函 数 指 令 格 式

LAD			STL	功　　能
SIN EN ENO ????-IN OUT-????	COS EN ENO ????-IN OUT-????	TAN EN ENO ????-IN OUT-????	SIN IN, OUT COS IN, OUT TAN IN, OUT	SIN (IN) =OUT COS (IN) =OUT TAN (IN) =OUT

例如，求 65°的正切值。三角函数应用梯形图如图 8.7 所示。

3. 数学函数变换指令对标志位的影响

（1）平方根、自然对数、指数、三角函数运算指令执行的结果影响特殊存储器位：SM1.0（零），SM1.1（溢出），SM1.2（负），SM1.3（被 0 除）。

（2）影响允许输出 ENO 正常工作的出错条件是 SM1.1（溢出）、SM4.3（运行时间）、0006（间接寻址错误）。

（3）IN、OUT 操作数的数据类型为 REAL。

8.2.3　增 1/减 1 计数指令

增 1/减 1 计数器用于自增、自

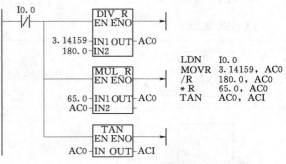

```
LDN    I0.0
MOVR   3.14159, AC0
/R     180.0, AC0
*R     65.0, AC0
TAN    AC0, ACI
```

图 8.7　三角函数应用梯形图

减操作，以实现累加计数和循环控制等程序的编制。梯形图为指令盒格式，增1/减1指令操作数长度可以是字节（无符号数）、字或双字（有符号数）。指令格式见表8.11。

表8.11   **增1/减1计数指令（字节操作）**

LAD	功　能
INC_B / INC_W / INC_DW EN ENO ????-IN OUT-???? DEC_B / DEC_W / DEC_DW EN ENO ????-IN OUT-????	字节、字、双字增1 字节、字、双字减1 OUT±1＝OUT

1. 字节增1/减1（INC B/DEC B）（Increasement Byte /Decreasement Byte）

字节增1指令（INCB），用于使能输入有效时，把一个字节的无符号输入数 IN 加1，得到一个字节的运算结果，通过 OUT 指定的存储器单元输出。

字节减1指令（DEC B），用于使能输入有效时，把一个字节的无符号输入数 IN 减1，得到一个字节的运算结果，通过 OUT 指定的存储器单元输出。

2. 字增1/减1（INC W/DEC W）

字增1（INC W）/减1（DEC W）指令，用于使能输入有效时，将单字长符号输入数 IN 加1/减1，得到一个字的运算结果，通过 OUT 指定的存储器单元输出。

3. 双字增1/减1（INC DW/DEC DW）

双字增1/减1（INC DW/DEC DW）指令用于使能输入有效时，将双字长符号输入数 IN 加1/减1，得到双字的运算结果，通过 OUT 指定的存储器单元输出。

IN、OUT 操作数的数据类型为 DINT。

8.2.4 逻辑运算指令

逻辑运算是对无符号数进行的逻辑处理，主要包括逻辑与、逻辑或、逻辑异或和取反等运算指令。按操作数长度可分为字节、字和双字逻辑运算。IN1、IN2、OUT 操作数的数据类型为 B、W、DW。字节操作逻辑运算指令格式见表8.12。

表8.12   **逻辑运算指令格式（字节操作）**

LAD	功　能
WAND_B / WOR_B / WXOR_B / INV_B EN ENO ????-IN1 OUT-???? ????-IN2	与、或、异或、取反

1. 逻辑与指令 WAND（AND Byte）

逻辑与操作指令包括字节（B）、字（W）、双字（DW）等 3 种数据长度的与操作指令。

逻辑与指令功能：使能输入有效时，把两个字节（字、双字）长的输入逻辑数按位相与，得到一个字节（字、双字）逻辑运算结果，送到 OUT 指定的存储器单元输出。

STL 指令格式分别如下。

MOVB   IN1，OUT；   MOVW   IN1，OUT；   MOVD IN1，OUT
ANDB   IN2，OUT；   ANDW   IN2，OUT；   ANDD   IN2，OUT

2. 逻辑或指令 WOR（OR Byte）

逻辑或操作指令包括字节（B）、字（W）、双字（DW）等 3 种数据长度的或操作指令。

逻辑或指令的功能：使能输入有效时，把两个字节（字、双字）长的输入逻辑数按位相或，得到一个字节（字、双字）逻辑运算结果，送到 OUT 指定的存储器单元输出。

STL 指令格式分别如下。

MOVB IN1，OUT；   MOVW   IN1，OUT；   MOVD IN1，OUT
ORB   IN2，OUT；   ORW   IN2，OUT；   ORD   IN2，OUT

3. 逻辑异或指令 WXOR（Exclusive OR Byte）

逻辑异或操作指令包括字节（B）、字（W）、双字（DW）等 3 种数据长度的异或操作指令。

逻辑异或指令的功能：使能输入有效时，把两个字节（字、双字）长的输入逻辑数按位相异或，得到一个字节（字、双字）逻辑运算结果，送到 OUT 指定的存储器单元输出。

STL 指令格式分别如下。

MOVB IN1，OUT；   MOVW   IN1，OUT；   MOVD   INI，OUT
XORB IN2，OUT；   XORW   IN2，OUT；   XORD   IN2，OUT

4. 取反指令 INV（Invert）

取反指令包括字节（B）、字（W）、双字（DW）等 3 种数据长度的取反操作指令。

取反指令功能：使能输入有效时，将一个字节（字、双字）长的逻辑数按位取反，得到的一个字节（字、双字）逻辑运算结果，送到 OUT 指定的存储器单元输出。

STL 指令格式分别如下。

MOVB IN，OUT；   MOVW IN，OUT；   MOVD IN，OUT
INVB OUT；   INVW OUT；   INVD OUT

例如，字或、双字异或、字求反、字节与操作编程举例。梯形图程序如图 8.8 所示。

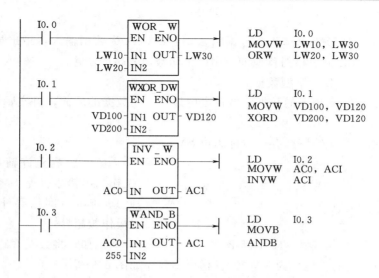

图 8.8 字或、双字异或、字求反、字节与操作的梯形图

8.3 表 功 能 指 令

表功能指令用来建立和存取字型的数据表。数据在 S7-200 的表格中的存储格式见表 8.13。

表 8.13 表中数据的存储格式

单元地址	单元内容	说　明
VW200	0005	VW200 为表格的首地址，TL=5 为表格的最大填表数
VW202	0004	数据 EC=4（EC≤100）为该表中的实际填表数
VW204	2345	数据 0
VW206	5678	数据 1
VW208	9872	数据 2
VW210	3562	数据 3
VW212	＊ ＊ ＊ ＊	无效数据

8.3.1 填表指令 ATT（Add To Table）

填表指令（ATT）用于把指定的字型数据添加到表格中。指令格式见表 8.14。

表 8.14 填 表 指 令 格 式

LAD	STL	功　能　描　述
AD_T_TBL EN　ENO ????–DATA ????–TBL	ATT DATA，TBL	当使能端输入有效时，将 DATA 指定的数据添加到表格 TBL 中最后一个数据的后面

说明如下。

（1）该指令在梯形图中有两个数据输入端：DATA 为数据输入，指出被填表的字型数据或其地址；TBL 为表格的首地址，用以指明被填表格的位置。

（2）DATA、TBL 为字型数据。

（3）表存数时，新填入的数据添加在表中最后一个数据的后面，且实际填表数 EC 值自动加 1。

（4）填表指令会影响特殊存储器标志位 SM1.4。

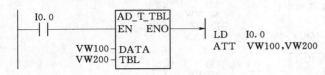

（5）影响允许输出 ENO 正常工作的出错条件是 SM4.3（运行时间）、0006（间接寻址错误）、0091（操作数超界）。

图 8.9　填表指令应用梯形图

填入表 8.13 中，表的首地址为 VW200。梯形图程序如图 8.9 所示。

例如，将数据（VW100）＝1234

执行指令后见表 8.15。

表 8.15　　　　　　　　　　　　　　　　ATT 执行结果

操　作　数	单 元 地 址	填表前内容	填表后内容	注　　释
DATA	VW100	1234	1234	待填表数据
TBL	VW200	0005	0005	最大填表数 TL
	VW202	0004	0004	最大填表数 EC
	VW204	2345	2345	数据 0
	VW206	5678	5678	数据 1
	VW208	9872	9872	数据 2
	VW2010	3562	3562	数据 3
	VW2012	＊＊＊＊	1234	将 VW100 内容填入表中

8.3.2　表取数指令

在 S7－200 PLC 中，可以将表中的字型数据按先进先出或后进先出的方式取出，送到指定的存储单元。每次取出一个数据，实际填表数 EC 值自动减 1。取数指令的格式见表 8.16。

表 8.16　　　　　　　　　　　　　　　　FIFO、LIFO 指令格式

LAD	STL	功 能 描 述
 FIFO EN　ENO ????－TBL DATA－????	FIFO TBL，DATA	当功能端输入有效时，从 TBL 指明的表中移出第一个字型数据，并将该数据输出到 DATA，剩余数据依次上移一个位置
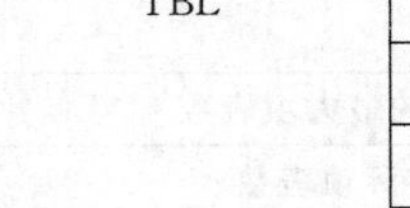 LIFO EN　ENO ????－TBL DATA－????	LIFO TBL，DATA	当功能端输入有效时，从 TBL 指明的表中移走最后一个数据，剩余数据位置保持不变，并将此数据输出到 DATA

（1）两种表取数指令在梯形图上都有两个数据端：输入端 TBL 为表格的首地址，用以指明表格的位置，输出端 DATA 指明数值取出后要存放的目标位置。

（2）DATA、TBL 为字型数据。

（3）两种表取数据指令从 TBL 指定的表中取数的位置不同，表内剩余数据变化的方式也不同。但指令执行后，实际填表数 EC 值都自动减 1。

（4）两种表取数据指令都会影响特殊存储器标志位 SM1.5 的内容。

（5）影响允许输出 ENO 正常工作的出错条件是 SM4.3（运行时间）、0006（间接寻址错误）、0091（操作数超界）。

例如，运用 FIFO、LIFO 指令从表 8.13 中取数，并将数据分别输出到 VW400、VW300。程序梯形图如图 8.10 所示。指令执行后的结果见表 8.17。

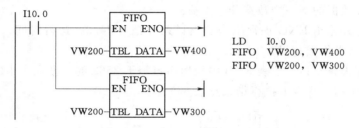

图 8.10　表取数应用梯形图

表 8.17　　　　　　　　　　　　　　　　FIFO、LIFO 指令执行结果

操作数	单元地址	执行前内容	FIFO 执行后内容	LIFO 执行后内容	注　　释
DATA	VW400	空	2345	2345	FIFO 输出的数据
	VW300	空	空	3562	LIFO 输出的数据
TBL	VW200	0005	0005	0005	TL＝5 最大填表数不变化
	VW202	0004	0003	0002	EC 值由 4 变为 3 再变为 2
	VW204	2345	5678	5678	数据 0
	VW206	5678	9872	9872	数据 1
	VW 208	9872	3562	＊ ＊ ＊ ＊	
	VW210	3562	＊ ＊ ＊ ＊	＊ ＊ ＊ ＊	
	VW212	＊ ＊ ＊ ＊	＊ ＊ ＊ ＊	＊ ＊ ＊ ＊	

8.3.3　表查找指令 TBL FIND（Table Find）

表查找指令是从字型数据表中找出符合条件数据在表中的地址编号，编号范围为 0～99。表查找指令的格式见表 8.18。

表 8.18　　　　　　　　　　　　　　　　表 查 找 指 令 格 式

LAD	STL	功 能 描 述
TBL _ FIND EN　　ENO ????－TBL ????－PIN ????－INDX ????－CMD	FND＝TBL, PANRN, INDX FND<>TBL, PANRN, INDX FND<TBL, PANRN, INDX FND>TBL, PANRN, INDX	当使能输入有效时，从 INDX 开始搜索表 TBL，寻找符合条件 PTN 和 CMD 的数据

说明如下。

（1）在梯形图中 4 个数据输入端：TBL 为表格首地址，用以指明被访问的表格；PTN 是用来描述查表条件时进行比较的数据；CMD 是比较运算的编码，是一个 1～4 的数值，分别代表运算符＝、＜＞、＜、＞；INDX 用来指定表中符合查找条件的数据所在的位置。

（2）TBL、PTN、INDX 为字型数据，CMD 为字节型数据。

（3）表查找指令执行前，应先对 INDX 的内容清零。当使能输入有效时，从数据表的第 0 个数据开始查找符合条件的数据，若没有发现符合条件的数据，则 INDX 的值等于 EC；若找到一个符合条件的数据，则将该数据在表中的地址装入 INDX 中；若找到一个符合条件的数据后，想继续向下查找，必须先对 INDX 加 1，然后重新激活表查找指令，从表中符合条件数据的下一个数据开始查找。

（4）影响允许输出 ENO 正常工作的出错条件是 SM4.3（运行时间）、0006（间接寻址错误）、0091（操作数超界）。

例如，运用表查找指令从表 8.13 中找出内容等于 3562 的数据在表中的位置。梯形图程序如图 8.11 所示。指令的执行结果见表 8.19。

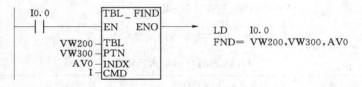

图 8.11　查表指令应用梯形图

表 8.19　　　　　　　　　　　表查找指令执行结果

操 作 数	单 元 地 址	执行前内容	执行后内容	注　　释
PTN	VW300	3562	3562	用来比较的数据
INDX	ACO	0	3	符合查表条件的数据地址
CMD	无	1	1	1 表示为与查找数据相等
TBL	VW200	0005	0005	TL＝5
	VW202	0004	0004	EL＝4
	VW204	2345	2345	D0
	VW206	5678	5678	D1
	VW208	9872	9872	D2
	VW210	3562	3652	D3
	VW212	＊＊＊＊	＊＊＊＊	无效数据

8.4　转　换　指　令

转换指令是对操作数的类型进行转换，并输出到指定的目标地址中去。转换指令包括数据类型转换指令、数据的编码和译码指令以及字符串类型转换指令。

8.4.1 数据类型转换指令

在进行数据处理时,不同性质的操作指令需要不同数据类型的操作数。数据类型转换指令的功能是将一个固定的数值,根据操作指令对数据类型的需要进行相应的转换。

1.BCD 码与整数之间的转换 (IBCD、BCDI)

BCD 码与整数之间的类型转换是双向的。BCD 码与整数类型转换的指令格式见表 8.20。

表 8.20　　　　　　　　　　**BCD 码与整数类型转换的指令格式**

LAD	STL	功　能　描　述
BCD_I EN　ENO ????-IN　OUT-????	BCDI　OUT	使能输人有效时,将 BCD 码输入数据 IN 转换成字整数类型,并将结果送到 OUT 输出
I_BCD EN　ENO ????-IN　OUT-????	IBCD　OUT	使能输入有效时,将字整数输人数据 IN 转换成 BCD 码类型,并将结果送到 OUT 输出

说明如下。

(1) IN、OUT 为字型数据。

(2) 梯形图中,IN 和 OUT 可指定同一元件,以节省元件。若 IN 和 OUT 操作数地址指的是不同元件,在执行转换指令时,分成两条指令来操作:

MOV　IN　OUT

BCDI　OUT

(3) 若 IN 指定的源数据格式不正确,则 SM1.6 置 1。

(4) 数据 IN 的范围是 0～9999。

2. 字节与字整数之间的转换

字节型数据是无符号数,字节型数据与字整数类型之间转换的指令格式见表 8.21。

表 8.21　　　　　　　　　　**字节型数据与字整数类型转换的指令格式**

LAD	STL	功　能　描　述
I_B EN　ENO ????-IN　OUT-????	BTI　IN,OUT	使能输人有效时,将字节型输入数据 IN 转换成字整数类型,并将结果送到 OUT 输出
B_I EN　ENO ????-IN　OUT-????	ITB IN,OUT	使能输人有效时,将字整数输人数据 IN 转换成字节型类型,并将结果送到 OUT 输出

说明如下。

（1）整数转换到字节指令 ITB 中，输入数据的大小为 0～255，若超出这个范围，则会造成溢出，使 SM1.1＝1。

（2）影响允许输出 ENO 正常工作的出错条件是 SM4.3（运行时间）、0006（间接寻址错误）。

（3）IN、OUT 的数据类型一个为双整数，另一个为字节型数据。

3. 字型整数与双字整数之间的转换

字型整数与双字整数的类型转换指令格式见表 8.22。

说明如下。

（1）双整数转换为字整数时，输入数据超出范围则产生溢出。

（2）影响允许输出 ENO 正常工作的出错条件是 SM1.1（溢出）、SM4.3（运行时间）、0006（间接寻址错误）。

（3）IN、OUT 的数据类型一个为双整数，另一个为字型数据。

表 8.22　　　　　字型整数与双字整数的类型转换指令格式

LAD	STL	功　能　描　述
DI_I　EN ENO　????-IN OUT-????	DTI IN, OUT	使能输入有效时，将双整数输入数据 IN 转换成字整数类型，并将结果送到 OUT 输出
I_DI　EN ENO　????-IN OUT-????	IDT IN, OUT	使能输入有效时，将字整数输入数据 IN 转换成双整数类型，并将结果送到 OUT 输出

4. 双字整数与实数之间的转换

双字整数与实数的类型转换指令格式见表 8.23。

表 8.23　　　　　双字整数与实数的类型转换指令格式

LAD	STL	功　能　描　述
ROUND　EN ENO　????-IN OUT-????	ROUND IN OUT	使能输入有效时，将实数型输入数据 IN 转换成双字整数类型，并将结果送到 OUT 输出
TRUNC　EN ENO　????-IN OUT-????	TRUNC IN OUT	使能输入有效时，将 32 位实数转换成 32 位有符号整数输出，只有实数的整数部分被转换
DI_R　EN ENO　????-IN OUT-????	DTR IN OUT	使能输入有效时，将双整数输入数据 IN 转换成实数型，并将结果送到 OUT 输出

说明如下。

（1）ROUND 和 TRUNC 都能将实数转换成双字整数。但前者将小数部分四舍五入，转换为整数，而后者将小数部分直接舍去取整。

（2）将实数转换成双字整数的过程中，会出现溢出现象。

（3）IN、OUT 的数据类型都为双字型数据。

（4）影响允许输出 ENO 正常工作的出错条件是 SM1.1（溢出）、SM4.3（运行时间）、0006（间接寻址错误）。

例如，在控制系统中，有时需要进行单位互换，若把英寸转换成厘米，C10 的值为当前的英寸计数值，1in＝2.54cm（VD4）＝2.54。梯形图程序如图 8.12 所示。

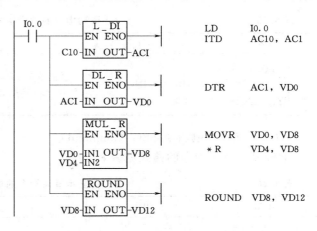

图 8.12　转换指令应用梯形图

8.4.2　数据的编码和译码指令

在 PLC 中，字型数据可以是 16 位二进制数，也可用 4 位十六进制数来表示，编码过程就是把字型数据中最低有效位的位号进行编码，而译码过程是将执行数据所表示的位号对所指定单元的字型数据的对应位置 1。数据译码和编码指令包括编码、译码、七段显示译码。

1. 编码指令 ENCO（Encode）

编码指令的指令格式见表 8.24。

表 8.24　　　　　　　　　　　　　编码指令的指令格式

LAD	STL	功　　能
???? ENCO EN　ENO ????-IN　OUT-????	ENCO IN, OUT	使能输入有效时，将字型输入数据 IN 的低有效位（值为 1 的位）的位号输入到 OUT 所指定的字节单元的低 4 位

说明如下。

（1）IN、OUT 的数据类型分别为 W、B。

（2）影响允许输出 ENO 正常工作的出错条件是 SM4.3（运行时间）、0006（间接寻址错误）。

2. 译码指令 DECO（Decode）

译码指令的指令格式见表 8.25。

说明如下。

（1）IN、OUT 的数据类型分别为 B、W。

（2）影响允许输出 ENO 正常工作的出错条件是 SM4.3（运行时间）、0006（间接寻址错误）。

表 8. 25 译码指令的指令格式

LAD	STL	功 能 描 述
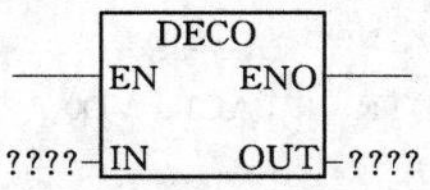 DECO EN ENO ????—IN OUT—????	DECO IN, OUT	使能输入有效时, 将字节型输入数据 IN 的低四位所表示的位号对 OUT 所指定的字单元的对应位置 1, 其他位复 0

3. 七段显示译码指令 SEG (Segment)

七段显示译码指令的格式见表 8.26。

表 8. 26 七段显示译码指令的格式

LAD	STL	功 能 描 述
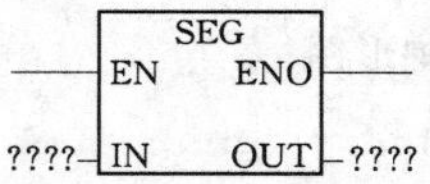 SEG EN ENO ????—IN OUT—????	SEG IN, OUT	使能输入有效时, 将字节型输入数据 IN 的低四位有效数字产生相应的七段显示码, 并将其输出到 OUT 指定的单元

说明如下。

(1) 七段显示数码管 g、f、e、d、c、b、a 的位置关系和数字 0~9、字母 A~F 与七段显示码的对应关系如图 8.13 所示。

每段置 1 时亮, 置 0 时暗。与其对应的 8 位编码 (最高位补 0) 称为七段显示码。例如, 要显示数据 "0" 时, 七段数码管明暗规则依次为 $(0111111)_2$ (g 管暗, 其余各管亮), 将高位补 0 后为 $(00111111)_2$, 即 "0" 译码为 "$(3F)_{16}$"。

(2) IN、OUT 数据类型为 B。

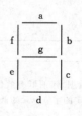

IN (LSD)	OUT	IN (LSD)	OUT	IN (LSD)	OUT	IN (LSD)	OUT
0	3F	4	66	8	7E	C	39
1	06	5	6D	9	6F	D	5E
2	5B	6	7D	A	77	E	79
3	4F	7	07	B	7C	F	71

图 8.13 七段显示数码及对应代码

(3) 影响允许输出 ENO 正常工作的出错条件是 SM4.3 (运行时间)、0006 (间接寻址错误)。

例如, 编写实现用七段码显示数字 5 段代码的程序。程序实现见图 8.14 所示的梯形图。

程序运行结果为 $(AC1)=(6D)_{16}$。

4. 字符串转换指令

字符串转换指令是将标准字符编码 ASCII 码字符串与十六进制数、整数、

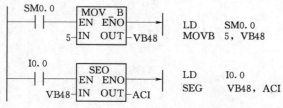

图 8.14 七段码显示译码指令的应用梯形图

双整数及实数之间进行转换。字符串转换的指令格式见表 8.27。

表 8.27 　　　　　　　　　　　　字符串转换的指令格式

LAD	STL	功 能 描 述
???? ATH EN　ENO ????-IN　OUT-???? ????-LED	ATH　IN，OUT，LEN	使能输入有效时，把从 IN 字符开始，长度为 LEN 的 ASCII 码字符串换成从 OUT 开始的十六进制数
???? HTA EN　ENO ????-IN　OUT-???? ????-LED	HTA　IN，OUT，LEN	使能输入有效时，把从 IN 字符开始，长度为 LEN 的十六进制数转换成从 OUT 开始的 ASCII 码字符串
???? ITA EN　ENO ????-IN　OUT-???? ????-FMT	ITA　IN，OUT，FMT	使能输入有效时，把输入端 IN 的整数转换成一个 ASCII 码字符串
???? DTA EN　ENO ????-IN　OUT-???? ????-FMT	DTA　IN，OUT，FMT	使能输入有效时，把输入端 IN 的双字整数转换成一个 ASCII 码字符串
???? RTA EN　ENO ????-IN　OUT-???? ????-FMT	RTA　IN，OUT，FMT	使能输入有效时，把输入端 IN 的实数转换成一个 ASCII 码字符串

说明：可进行转换的 ASCII 码为 0～9 及 A～F 的编码。

例如，编程将 VD100 中存储的 ASCII 代码转换成十六进制数。已知（VB100）＝33，（VB101）＝32，（VB102）＝41，（VB103）＝45。设计梯形图如图 8.15 所示。

程序运行结果如下。

执行前：　（VB100）＝33，
（VB101）＝32，　（VB102）＝41，
（VB103）＝45。

执行后：　（VB200）＝32，
（VB201）＝AE。

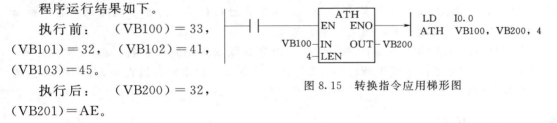

图 8.15　转换指令应用梯形图

8.5 中 断 指 令

中断是计算机在实时处理和实时控制中不可缺少的一项技术，应用十分广泛。中断是当控制系统执行正常程序时，系统中出现了某些急需处理的异常情况或特殊请求，这时系统暂时中断现行程序，转去对随机发生的更紧迫事件进行处理（执行中断服务程序），当该事件处理完毕后，系统自动回到原来被中断的程序继续执行。

中断事件的发生具有随机性，中断在 PLC 应用系统中的人机联系、实时处理、通信处理和网络中非常重要。与中断相关的操作有中断服务和中断控制。

8.5.1　中断源

1. 中断源

中断源是中断事件向 PLC 发出中断请求的来源。S7 - 200 CPU 最多可有 34 个中断源，每个中断源都分配一个编号用于识别，称为中断事件号。这些中断源大致分为三大类，即通信中断、I/O 中断和时基中断。

(1) 通信中断。PLC 的自由通信模式下，通信口的状态可由程序来控制。用户可以通过编程来设置通信协议、波特率和奇偶校验等参数。

(2) I/O 中断。I/O 中断包括外部输入中断、高速计数器中断和脉冲串输出中断。外部输入中断是系统利用 I0.0～I0.3 的上升或下降沿产生中断。这些输入点可被用作连接某些一旦发生必须引起注意的外部事件；高速计数器中断可以响应当前值等于预设值、计数方向的改变、计数器外部复位等事件所引起的中断；脉冲串输出中断可以用来响应给定数量的脉冲输出完成所引起的中断。

(3) 时基中断。时基中断包括定时中断和定时器中断。定时中断可用来支持一个周期性的活动。周期时间以 1ms 为单位，周期设定时间为 5～255ms。对于定时中断 0，把周期时间值写入 SMB34；对定时中断 1，把周期时间值写入 SMB35。每当达到定时时间值，相关定时器溢出，执行中断处理程序。定时中断可以用来以固定的时间间隔作为采样周期，对模拟量输入进行采样，也可以用来执行一个 PID 控制回路。

定时器中断就是利用定时器来对一个指定的时间段产生中断。这类中断只能使用 1ms 通电和断电延时定时器 T32 和 T96。当所用的当前值等于预设值时，在主机正常的定时刷新中执行中断程序。

2. 中断优先级

在 PLC 应用系统中通常有多个中断源。当多个中断源同时向 CPU 申请中断时，要求 CPU 能将全部中断源按中断性质和处理的轻重缓急进行排队，并给予优先权。给中断源指定处理的次序就是给中断源确定中断优先级。

SIEMENS 公司 CPU 规定的中断优先级由高到低依次是通信中断、输入/输出中断、定时中断。每类中断的不同中断事件又有不同的优先权。详细内容请查阅 SIEMENS 公司的有关技术规定。

8.5.2　中断控制

经过中断判优后，将优先级最高的中断请求送给 CPU，CPU 响应中断后自动保存逻辑堆栈、累加器和某些特殊标志寄存器位，即保护现场。中断处理完成后，又自动恢复这些单元保存起来的数据，即恢复现场。中断控制指令有 4 条，其指令格式见表 8.28。

表 8.28　　　　　　　　　　　　中断类指令的指令格式

LAD	STL	功　能　描　述
——(ENI)	ENI	开中断指令，使能输入有效时，全局地允许所有中断事件中断

LAD	STL	功 能 描 述
——(DISI)	DISI	关中断指令，使能输入有效时，全局地关闭所有被连接的中断事件
ATCH EN ENO ????—INT ????—EVNT	ATCH INT EVENT	中断连接指令，使能输入有效时，把一个中断事件 EVENT 和一个中断程序 INT 联系起来，并允许这一中断事件
DTCH EN ENO ????—EVNT	DTCH EVENT	中断分离指令，使能输入有效时，切断一个中断事件和所有中断程序的联系，并禁止该中断事件

说明如下。

（1）当进入正常运行 RUN 模式时，CPU 禁止所有中断，但可以在 RUN 模式下执行中断允许指令 ENI，允许所有中断。

（2）多个中断事件可以调用一个中断程序，但一个中断事件不能同时连续调用多个中断程序。

（3）中断分离指令 DTCH 禁止中断事件和中断程序之间的联系，它仅禁止某中断事件；全局中断禁止指令 DISI，禁止所有中断。

（4）操作数。

INT 　　　 中断程序号 　　　　 0～127 （为常数）

EVENT 　 中断事件号 　　　　 0～32 （为常数）

例如，编写一段中断事件 0 的初始化程序。中断事件 0 是 I0.0 上升沿产生的中断事件。当 I0.0 有效时，开中断，系统可以对中断 0 进行响应，执行中断服务程序 INT0。梯形图主程序如图 8.16 所示。

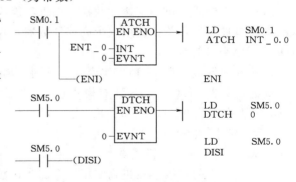

8.5.3 中断程序

中断程序也称中断服务程序，是用户为处理中断事件而事先编制的程序，编程时可以用中断程序入口处的中断程

图 8.16 中断程序应用梯形图

序号来识别每一个中断程序。中断服务程序由中断程序号开始，以无条件返回指令结束。在中断程序中，用户也可根据前面逻辑条件使用条件返回指令，返回主程序。PLC 系统中的中断指令与微机原理中的中断不同，它不允许嵌套。

中断服务程序中禁止使用 DISI、ENI、CALL、HDEF、FOR/NEXT、LSCR、SCRE、SCRT、END 指令。

8.6　高 速 处 理 指 令

高速处理类指令有高速计数指令和高速脉冲输出指令两类。

8.6.1　高速计数指令

高速计数器（High Speed Counter，HSC）在现代自动控制的精确定位控制领域有重要的应用价值。高速计数器用来累计比 PLC 扫描频率高得多的脉冲输入（30kHz），利用产生的中断事件完成预定的操作。

1. S7 - 200 系列的高速计数器

不同型号的 PLC 主机，高速计数器的数量不同，使用时每个高速计数器都有地址编号（HCn，非正式程序中有时也用 HSCn）。HC（或 HSC）表示该编程元件是高速计数器，n 为地址编号。每个高速计数器包含有两方面的信息，即计数器位和计数器当前值。高速计数器的当前值为双字长的符号整数，且为只读值。

S7 - 200 系列中 CPU 221 和 CPU 222 有 4 个，它们是 HC0、HC3、HC4 和 HC5；CPU 224 和 CPU 226 有 6 个，它们是 HC0～HC5。

2. 中断事件类型

高速计数器的计数和动作可采用中断方式进行控制。各种型号的 CPU 采用高速计数器的中断事件大致分为 3 种方式，即当前值等于预设值中断、输入方向改变中断和外部复位中断。所有高速计数器都支持当前值等于预设值中断，但并不是所有的高速计数器都支持 3 种方式。高速计数器产生的中断事件有 14 个。中断源优先级等详细情况可查阅有关技术手册。

3. 工作模式和输入点的连接

（1）工作模式。每种高速计数器有多种功能不相同的工作模式。高速计数器的工作模式与中断事件密切相关。使用一个高速计数器，首先要定义高速计数器的工作模式。可用 HDEF 指令来进行设置。

高速计数器最多有 12 种工作模式。不同的高速计数器有不同的模式。

高速计数器 HSC0、HSC4 有模式 0、1、3、4、6、7、9、10。

HSC1 有模式 0、1、2、3、4、5、6、7、8、9、10、11。

HSC2 有模式 0、1、2、3、4、5、6、7、8、9、10、11。

HSC3、HSC5 只有模式 0。

（2）输入点的连接。在正确使用一个高速计数器时，除了要定义它的工作模式外，还必须注意它的输入端连接。系统为它定义了固定的输入点。高速计数器与输入点的对应关系见表 8.29。

表 8.29　　　　　　　　　　　　高速计数器的指定输入

高速计数器	使用的输入端	高速计数器	使用的输入端
HSC0	I0.0、I0.1、I0.2	HSC3	I0.1
HSC1	I0.6、I0.7、I1.0、I1.1	HSC4	I0.3、I0.4、I0.5
HSC2	I1.2、I1.3、I1.4、I1.5	HSC5	I0.4

使用时必须注意，高速计数器输入点、输入/输出中断的输入点都包括在一般数字量输入点的编号范围内。同一个输入点只能有一种功能。如果程序定义了某些输入点由高速

计数器使用，只有高速计数器不用的输入点才可以用来作为输入/输出中断或一般数字量的输入点。

4. 高速计数指令

高速计数指令有两条，即 HDEF 和 HSC。其指令格式见表 8.30。

表 8.30　　　　　　　　　　高速计数指令的格式

LAD	STL	功　　能
HDEF —EN　ENO— ????—HSC ????—MODE	HDEF　HSC　MODE	高速计数器定义指令，使能输入有效时，为指定的高速计数器分配一种工作模式
HSC —EN　ENO— ????—N	HSC　N	高速计数器指令，使能输入有效时，根据高速计数器特殊存储器位的状态，并按照 HDEF 指令指定的模式，设置高速计数器并控制其工作

说明如下。

(1) 操作数类型。

HSC：　高速计数器编号　字节型 0～5 的常数。

MODE：工作模式　　　　字节型 0～11 的常数。

N：　　高速计数器编号　字型 0～5 的常数。

(2) 影响允许输出 ENO 正常工作的出错条件是 SM4.3（运行时间）、0003（输入冲突）、0004（中断中的非法指令）、000A（HSC 重复定义）、0001（在 HDEF 之前使用 HSC）、0005（同时操作 HSC/PLS）。

(3) 每个高速计数器都有固定的特殊功能存储器与之配合，完成计数功能。这些特殊功能存储器包括状态字节、控制字节、当前值双字、预设值双字。

例如，将 HSC1 定义为工作模式 11，控制字节（SMB47）=(F8)$_{16}$，预置值（SMD52）=50，当前值（CV）等于预置值（PV），响应中断事件。因此，用中断事件 13，连接中断服务程序 INT_0。初始化梯形图程序如图 8.17 所示。

8.6.2　高速脉冲输出

高速脉冲输出功能是指在 PLC 的某些输出端产生高速脉冲，用来驱动负载，实现高速输出和精确控制。

1. 高速脉冲输出的方式和输出端子的连接

(1) 高速脉冲的输出形式。高速脉冲输出有高速脉冲串输出 PTO 和宽度可调脉冲输出 PWM 两种形式。

高速脉冲串输出 PTO 主要用来输出指定数量的方波（占空比 50%），用户可以控制方波的周期和脉冲数。

高速脉冲串的周期以 μs 或 ms 为单位，它是一个 16 位无符号数据，周期变化范围为 50～65535μs 或 2～65535ms，编程时周期值一般设置成偶数。脉冲串的个数，用双字长无符号数表示，脉冲数取值范围是 1～4294967295。

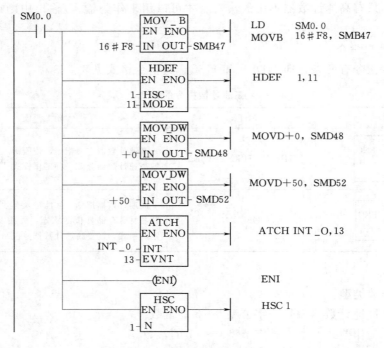

图 8.17　高速处理指令应用梯形图

　　宽度可调脉冲输出 PWM 主要用来输出占空比可调的高速脉冲串,用户可以控制脉冲的周期和脉冲宽度。

　　宽度可调脉冲 PWM 的周期或脉冲宽度以 μs 或 ms 为单位,是一个 16 位无符号数据,周期变化范围同高速脉冲串 PTO。

　　(2) 输出端子的连接。每个 CPU 有两个 PTO/PWM 发生器产生高速脉冲串和脉冲宽度可调的波形,一个发生器分配在数字输出端 Q0.0,另一个分配在 Q0.1。PTO/PWM 发生器和输出映像寄存器共同使用 Q0.0 和 Q0.1,当 Q0.0 或 Q0.1 设定为 PTO 或 PWM 功能时,PTO/PWM 发生器控制输出,在输出点禁止使用通用功能。输出映像寄存器的状态、强制输出、立即输出等指令的执行都不影响输出波形,当不使用 PTO/PWM 发生器时,输出点恢复为原通用功能状态,输出点的波形由输出映像寄存器来控制。

　　2. 相关的特殊功能寄存器

　　每个 PTO/PWM 发生器都有一个控制字节、16 位无符号的周期时间值和脉宽值各 1 个、32 位无符号的脉冲计数值 1 个。这些字都占有一个指定的特殊功能寄存器,一旦这些特殊功能寄存器的值被设置成所需操作,可通过执行脉冲指令 PLS 来执行这些功能。

　　3. 脉冲输出指令

　　脉冲输出指令可以输出两种类型的方波信号,在精确位置控制中有很重要的应用。其指令格式见表 8.31。

表 8.31　　　　　　　　　　　　脉冲输出指令的格式

LAD	STL	功　能
PLS EN ENO ????-Q0. X	PLS Q	脉冲输出指令，当使能端输入有效时，检测用程序设置的特殊功能寄存器位，激活由控制位定义的脉冲操作。从 Q0.0 或 Q0.1 输出高速脉冲

说明如下。

（1）高速脉冲串输出 PTO 和宽度可调脉冲输出都由 PLS 指令来激活输出。

（2）操作数 Q 为字型常数 0 或 1。

（3）高速脉冲串输出 PTO 可采用中断方式进行控制，而宽度可调脉冲输出 PWM 只能由指令 PLS 来激活。

例如，编写实现脉冲宽度调制 PWM 的程序。根据要求控制字节（SMB77）＝(DB)$_{16}$ 设定周期为 10000ms，脉冲宽度为 1000ms，通过 Q0.1 输出。设计梯形图程序如图 8.18 所示。

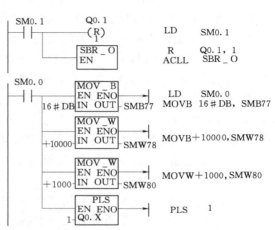

图 8.18　高速脉冲输出指令应用梯形图

8.7　PID 指 令

S7-200 能够进行 PID 控制。S7-200 CPU 最多可以支持 8 个 PID 控制回路（8 个 PID 指令功能块）。PID 是闭环控制系统的比例—积分—微分控制算法。PID 控制器根据设定值（给定）与被控对象的实际值（反馈）的差值，按照 PID 算法计算出控制器的输出量，控制执行机构去影响被控对象的变化。PID 控制是负反馈闭环控制，能够抑制系统闭环内的各种因素所引起的扰动，使反馈跟随给定变化。根据具体项目的控制要求，在实际应用中有可能用到其中的一部分，如常用的是 PI（比例—积分）控制，这时没有微分控制部分。

8.7.1　PID 算法在 S7-200 中的实现

PID 控制最初在模拟量控制系统中实现，随着离散控制理论的发展，PID 也在计算机化控制系统中实现。

计算机化的 PID 控制算法有以下几个关键的参数。

Kc：增益（Gain）。

Ti：积分时间常数。

Td：微分时间常数。

Ts：采样时间。

在 S7-200 中 PID 功能是通过 PID 指令功能块实现。通过定时（按照采样时间）执行 PID 功能块，按照 PID 运算规律，根据当时的给定、反馈、比例－积分－微分数据，计算出控制量。

　　PID 功能块通过一个 PID 回路表交换数据，这个表是在 V 数据存储区中开辟，长度为 36B。因此每个 PID 功能块在调用时需要指定两个要素，即 PID 控制回路号和控制回路表的起始地址（以 VB 表示）。

　　由于 PID 可以控制温度、压力等许多对象，它们各自都是由工程量表示，因此有一种通用的数据表示方法才能被 PID 功能块识别。S7 - 200 中的 PID 功能使用占调节范围的百分比的方法抽象地表示被控对象的数值大小。在实际工程中，这个调节范围往往被认为与被控对象（反馈）的测量范围（量程）一致。PID 功能块只接受 0.0～1.0 之间的实数（实际上就是百分比）作为反馈、给定与控制输出的有效数值，如果是直接使用 PID 功能块编程，必须保证数据在这个范围内；否则会出错。其他如增益、采样时间、积分时间、微分时间都是实数。

　　因此，必须把外围实际的物理量与 PID 功能块需要的（或者输出的）数据之间进行转换。这就是输入/输出的转换与标准化处理。《S7 - 200 系统手册》上有详细的介绍。

　　S7 - 200 的编程软件 Micro/Win 提供了 PID 指令向导，以方便地完成这些转换/标准化处理。此外，PID 指令也同时会被自动调用。

8.7.2　调试 PID 控制器

　　PID 控制的效果就是看反馈（也就是控制对象）是否跟随设定值（给定），是否响应快速、稳定，是否能够抑制闭环中的各种扰动而恢复稳定。

　　要衡量 PID 参数是否合适，必须能够连续观察反馈对于给定变化的响应曲线；而实际上 PID 的参数也是通过观察反馈波形而调试的。因此，没有能够观察反馈的连续变化波形曲线的有效手段，就谈不上调试 PID 参数。

　　观察反馈量的连续波形，可以使用带慢扫描记忆功能的示波器（如数字示波器）、波形记录仪，或者在 PC 机上作的趋势曲线监控画面等。

　　新版编程软件 STEP 7 - Micro/Win V4.0 内置了一个 PID 调试控制面板工具，具有图形化的给定、反馈、调节器输出波形显示，可以用于手动调试 PID 参数。对于没有"自整定 PID"功能的老版 CPU，也能实现 PID 手动调节。

　　PID 参数的取值以及它们之间的配合，对 PID 控制是否稳定具有重要的意义。这些主要参数如下。

1. 采样时间

　　计算机必须按照一定的时间间隔对反馈进行采样，才能进行 PID 控制的计算。采样时间就是对反馈进行采样的间隔。短于采样时间间隔的信号变化是不能测量到的。过短的采样时间没有必要，过长的采样间隔显然不能满足扰动变化比较快、或者速度响应要求高的场合。

　　编程时指定的 PID 控制器采样时间必须与实际的采样时间一致。S7 - 200 中 PID 的采样时间精度用定时中断来保证。

2. 增益（Gain，放大系数、比例常数）

增益与偏差（给定与反馈的差值）的乘积作为控制器输出中的比例部分。过大的增益会造成反馈的振荡。

3. 积分时间（Integral Time）

偏差值恒定时，积分时间决定了控制器输出的变化速率。积分时间越短，偏差得到的修正越快。过短的积分时间有可能造成不稳定。积分时间的长度相当于在阶跃给定下，增益为"1"的时候，输出的变化量与偏差值相等所需要的时间，也就是输出变化到 2 倍于初始阶跃偏差的时间。如果将积分时间设为最大值，则相当于没有积分作用。

4. 微分时间（Derivative Time）

偏差值发生改变时，微分作用将增加一个尖峰到输出中，随着时间流逝减小。微分时间越长，输出的变化越大。微分使控制对扰动的敏感度增加，也就是偏差的变化率越大，微分控制作用越强。微分相当于对反馈变化趋势的预测性调整。如果将微分时间设置为 0 就不起作用，控制器将作为 PI 调节器工作。

8.7.3 PID 向导

Micro/Win 提供了 PID Wizard（PID 指令向导），可以帮助用户方便地生成一个闭环控制过程的 PID 算法。此向导可以完成绝大多数 PID 运算的自动编程，用户只需在主程序中调用 PID 向导生成的子程序，就可以完成 PID 控制任务。

PID 向导既可以生成模拟量输出 PID 控制算法，也支持开关量输出；既支持连续自动调节，也支持手动参与控制。建议用户使用此向导对 PID 编程，以避免不必要的错误。如果用户不能确定中文编程界面的语义，建议用户使用英文版本的 Micro/Win，以免对向导中相关概念发生误解。

建议用户使用较新的编程软件版本。在新版本中的 PID 向导获得了改善。

PID 向导编程步骤如下。

（1）在 Micro/Win 中的菜单中选择"工具"→"指令向导"命令，然后在弹出→"指令向导"对话框中选择 PID 指令，如图 8.19 所示。

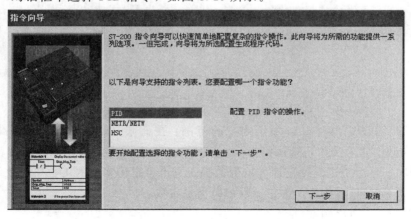

图 8.19 选择 PID 向导

（2）定义需要配置的 PID 回路号，如图 8.20 所示。

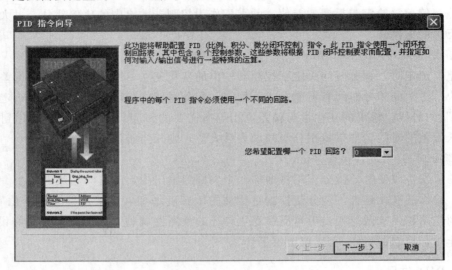

图 8.20　选择 PID 回路号

（3）设定 PID 回路参数，如图 8.21 所示。

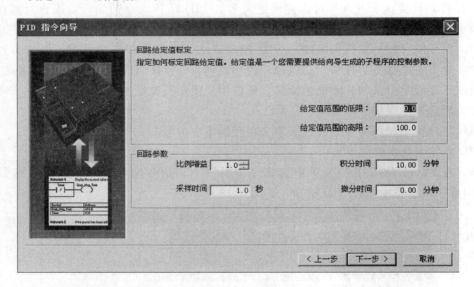

图 8.21　设置 PID 参数

1）定义回路设定值（SP，即给定）的范围：在低限（Low Range）和高限（High Range）输入域中输入实数，默认值为 0.0 和 100.0，表示给定值的取值范围占过程反馈量程的百分比。这个范围是给定值的取值范围。它也可以用实际的工程单位数值表示。

以下定义 PID 回路参数，这些参数都应当是实数：

2）比例增益：即比例常数。

3）积分时间：如果不想要积分作用，可以把积分时间设为无穷大，即 9999.99。

4）微分时间：如果不想要微分回路，可以把微分时间设为 0。

5）采样时间：是 PID 控制回路对反馈采样和重新计算输出值的时间间隔。在向导完成后，若想要修改此数，则必须返回向导中修改，不可在程序中或状态表中修改。

注意：关于具体的 PID 参数值，每一个项目都不一样，需要现场调试来定，没有经验参数。

（4）设定回路输入/输出值，如图 8.22 所示。

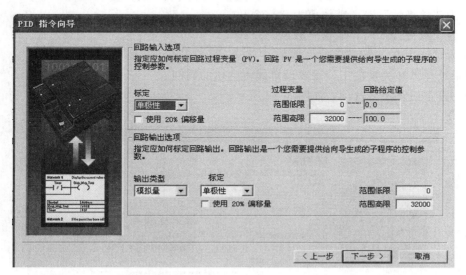

图 8.22 设定 PID 输入/输出参数

1）首先。设定过程变量的范围。

a. 指定输入类型。

• 单极性：即输入的信号为正，如 0～10V 或 0～20mA 等。

• 双极性：输入信号在从负到正的范围内变化。如输入信号为 ±10V、±5V 等时选用。

• 使用 20% 偏移：如果输入为 4～20mA，则选单极性及此项；如果输入 4mA，是 0～20mA 信号的 20%，所以选 20% 偏移，即 4mA 对应 6400、20mA 对应 32000。

b. 反馈输入取值范围。

在 a. 设置为"单极性"时，默认值为 0～32000，对应输入量程范围为 0～10V 或 0～20mA 等，输入信号为正。

在 a. 设置为"双极性"时，默认的取值为 -32000～+32000，对应的输入范围根据量程不同可以是 ±10V、±5V 等。

在 a. 选中"使用 20% 偏移"时，取值范围为 6400～32000，不可改变。

此反馈输入也可以是工程单位数值，参见设置给定-反馈的量程范围。

2）然后定义输出类型。

a. 输出类型。可以选择模拟量输出或数字量输出。模拟量输出用来控制一些需要模拟量给定的设备，如比例阀、变频器等；数字量输出实际上是控制输出点的通、断状态按照一定的占空比变化，可以控制固态继电器（加热棒等）。

　　b. 选择模拟量则需设定回路输出变量值的范围，可以选择以下几种。

- 单极性输出：可为 0～10V 或 0～20mA 等。
- 双极性输出：可为 ±10V 或 ±5V 等。
- 使用 20％偏移量：使输出为 4～20mA。

　　c. 取值范围。

- 为"单极性"时，默认值为 0～32000。
- 为"双极性"时，取值 -32000～32000。
- 为"使用 20％偏移"时，取值 6400～32000，不可改变。

如果选择了开关量输出，需要设定此占空比的周期。

　　（5）设定回路报警选项，如图 8.23 所示。

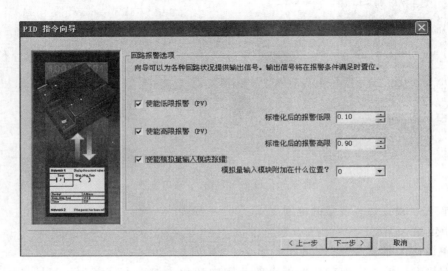

图 8.23　设定回路报警限幅值

　　向导提供了 3 个输出来反映过程值（PV）的低值报警、高值报警及过程值模拟量模块错误状态。当报警条件满足时，输出置位为 1。这些功能在选中了相应的选择框之后起作用。

　　1）"使能低值报警"并设定过程值（PV）报警的低值，此值为过程值的百分数，默认值为 0.10，即报警的低值为过程值的 10％。此值最低可设为 0.01，即满量程的 1％。

　　2）"使能高值报警"并设定过程值（PV）报警的高值，此值为过程值的百分数，默认值为 0.90，即报警的高值为过程值的 90％。此值最高可设为 1.00，即满量程的 100％。

　　3）使能过程值（PV）模拟量模块错误报警并设定模块于 CPU 连接时所处的模块位置。"0"就是第一个扩展模块的位置。

　　（6）指定 PID 运算数据存储区，如图 8.24 所示。

　　PID 指令（功能块）使用了一个 120 个字节的 V 区参数表来进行控制回路的运算工作；此外，PID 向导生成的输入/输出量的标准化程序也需要运算数据存储区。需要为它们定义一个起始地址，要保证该地址起始的若干字节在程序的其他地方没有被重复使用。

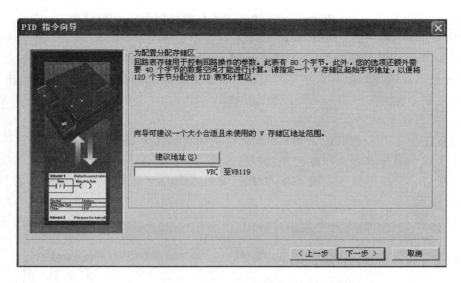

图 8.24　分配运算数据存储区

如果单击"建议地址"按钮，则向导将自动设定当前程序中没有用过的 V 区地址。

自动分配的地址只是在执行 PID 向导时编译检测到空闲地址。向导将自动为该参数表分配符号名，用户不要再自己为这些参数分配符号名；否则将导致 PID 控制不执行。

（7）定义向导所生成的 PID 初始化子程序和中断程序名及手/自动模式，如图 8.25 所示。

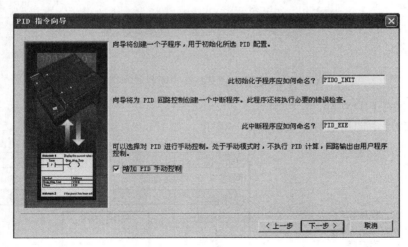

图 8.25　指定子程序、中断服务程序名和选择手动控制

向导已经为初始化子程序和中断子程序定义了默认名，也可以修改成自己起的名字。

1）指定 PID 初始化子程序的名字。

2）指定 PID 中断子程序的名字。

注意：

a. 如果项目中已经存在一个 PID 配置，则中断程序名为只读，不可更改。因为一个项目中所有 PID 共用一个中断程序，它的名字不会被任何新的 PID 所更改。

b. PID 向导中断用的是 SMB34 定时中断，在用户使用了 PID 向导后，注意在其他编程时不要再用此中断，也不要向 SMB34 中写入新的数值；否则 PID 将停止工作。

3）此处可以选择添加 PID 手动控制模式。在 PID 手动控制模式下，回路输出由手动输出设定控制，此时需要写入手动控制输出参数一个 0.0～1.0 的实数，代表输出的0％～100％而不是直接去改变输出值。

此功能提供了 PID 控制的手动和自动之间的无扰切换能力。

（8）生成 PID 子程序、中断程序及符号表等。

一旦单击"完成"按钮，将在项目中生成上述 PID 子程序、中断程序及符号表等，如图 8.26 所示。

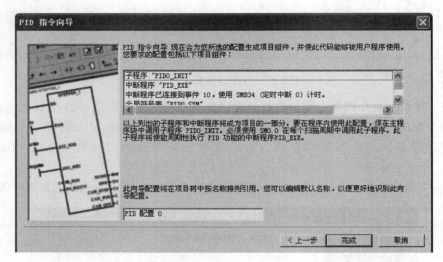

图 8.26　生成 PID 子程序、中断程序和符号表

（9）配置完 PID 向导。

需要在程序中调用向导生成的 PID 子程序，如图 8.27 和图 8.28 所示。

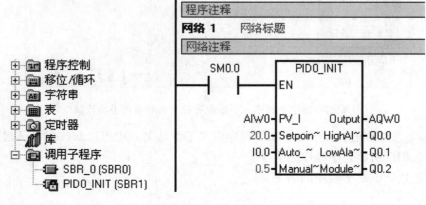

图 8.27　PID 子程序　　　　　　图 8.28　调用 PID 子程序

在用户程序中调用 PID 子程序时，可在指令树的 Program Block（程序块）中用双击由向导生成的 PID 子程序，在局部变量表中，可以看到有关形式参数的解释和取值范围。

1）必须用 SM0.0 来使能 PID，以保证它的正常运行。

2）此处输入过程值（反馈）的模拟量输入地址。

3）此处输入设定值变量地址（VDxx），或者直接输入设定值常数，根据向导中的设定 0.0~100.0，此处应输入一个 0.0~100.0 的实数。例如，若输入 20，即为过程值的 20%，假设过程值 AIW0 是量程为 0~200℃的温度值，则此处的设定值 20 代表 40℃（即 200℃的 20%）；如果在向导中设定给定范围为 0.0~200.0，则此处的 20 相当于 20℃。

4）此处用 I0.0 控制 PID 的手/自动方式，当 I0.0 为 1 时，为自动，经过 PID 运算从 AQW0 输出；当 I0.0 为 0 时，PID 将停止计算，AQW0 输出为 ManualOutput（VD4）中的设定值，此时不要另外编程或直接给 AQW0 赋值。若在向导中没有选择 PID 手动功能，则此项不会出现。

5）定义 PID 手动状态下的输出，从 AQW0 输出一个满值范围内对应此值的输出量。此处可输入手动设定值的变量地址（VDxx），或直接输入数。数值范围为 0.0~1.0 之间的一个实数，代表输出范围的百分比，如输入 0.5 则设定为输出的 50%。若在向导中没有选择 PID 手动功能，则此项不会出现。

6）此处输入控制量的输出地址。

7）当高报警条件满足时，相应的输出置位为 1，若在向导中没有使能高报警功能，则此项将不会出现。

8）当低报警条件满足时，相应的输出置位为 1，若在向导中没有使能低报警功能，则此项将不会出现。

9）当模块出错时，相应的输出置位为 1，若在向导中没有使能模块错误报警功能，则此项将不会出现。

调用 PID 子程序时，不用考虑中断程序。子程序会自动初始化相关的定时中断处理事项，然后中断程序会自动执行。

（10）实际运行并调试 PID 参数。

没有一个 PID 项目的参数不需要修改而能直接运行，因此需要在实际运行时调试 PID 参数。

查看数据块、符号表相应的 PID 符号标签的内容，可以找到包括 PID 核心指令所用的控制回路表，包括比例系数、积分时间等。将此表的地址复制到状态表中，可以在监控模式下在线修改 PID 参数，而不必停机再次做组态。参数调试合适后，用户可以在数据块中写入，也可以再做一次向导，或者编程向相应的数据区传送参数。

8.8 功能指令的应用实例

8.8.1 三相笼型异步电动机 Y-△启动控制

三相笼型异步电动机 Y-△启动继电器控制电路已介绍过。当启动电动机时，按启动按钮 SB2：I0.0，接触器 KM：Q0.0、KMᵧ：Q0.1 同时得电，KMᵧ 的主触点闭合，将电动机接成星形并经过 KM 的主触点接至电源，电动机降压启动。当时间继电器延时 8s 后，KMᵧ 线圈失电，1s 后，三角形控制接触器 KM△：Q0.2 线圈得电，电动机主回路接成三角形，电动机进入正常运行。按停止按钮 SB1：I0.1，电机停止。用基本指令编制控制梯形图，如图 8.29 所示。用传送指令设计的控制梯形图如图 8.30 所示。在图 8.30 中，当 I0.0 ON 后，用传送指令使 Q0.1 和 Q0.0 得电；8s 后，用传送指令传送 "1" 使 Q0.0 得电，Q0.1 断开；1s 后，用传送指令传送 5 使 Q0.0、Q0.2 得电；按 I0.1，用传送指令传送 0 使 Q0.0、Q0.1、Q0.2 断电。

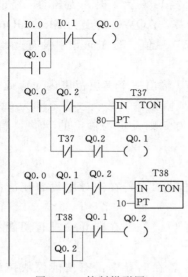

图 8.29　控制梯形图一

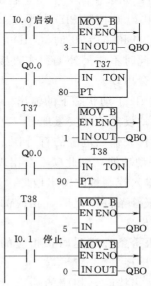

图 8.30　控制梯形图二

8.8.2　霓虹灯的控制

【例 8 - 1】　有一组霓虹灯 HL1～HL8，要求隔灯显示，每 1s 变换 1 次，反复进行。用一个开关实现启停控制。

I/O 分配：启动停止按钮：I0.0；彩灯 HL1～HL8：Q0.0～Q0.7。

控制梯形图程序如图 8.31 所示。在程序中，用了一个二分频电路，一般认为按钮是不自锁的，即短信号，用一个按钮实现启停功能，前面的二分频都可以实现这个功能，用 RS 触发器同样可以实现单按钮启停功能。当然这里可以直接用 I0.0，不过它的启动功能是带自锁的。

【例 8 - 2】　有一组霓虹灯 HL1～HL8，要求能左右单灯循环显示，用一个开关控制循环的启动和停止，另一个开关控制循环方向，循环移动周期为 1s。

I/O 分配：启动、停止按钮 I0.0；左右循环按钮：I0.1；彩灯 HL1～HL8：Q0.0～Q0.7。

用循环移位指令编制的控制梯形图如图 8.32 所示。I0.1 控制闪烁电路，也即控制程序的启动与停止；I0.1 控制程序的左右循环；用循环指令实现任意时刻的霓虹灯左右移位。

【例 8 - 3】　有一组霓虹灯 HL1～HL6，当 I0.0 为 ON 时，霓虹灯每隔 1s 依次点亮 HL1→HL2→HL3→HL4→HL5→HL6→HL5→HL4→HL3→HL2→HL1，反复循环。

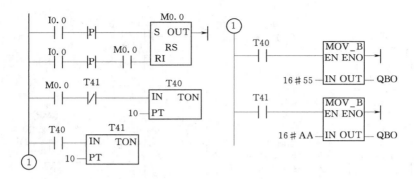

图 8.31 霓虹灯隔灯显示控制梯形图

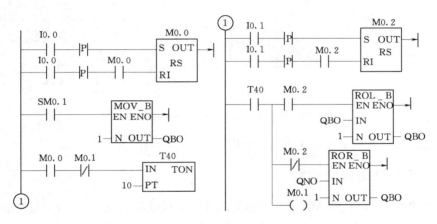

图 8.32 霓虹灯循环显示控制梯形图

按停止按钮 I0.1，霓虹灯停止工作。

本控制程序只有两个输入信号 I0.0 和 I0.1，I0.0 启动霓虹灯循环，I0.1 停止霓虹灯工作，而且是任何时刻。霓虹灯 HL1～HL6 输出是 Q0.0～Q0.5。

本控制程序采用乘法和除法运算指令编程，控制梯形图如图 8.33 所示。

在控制程序中，I0.0 启动控制程序，一个周期后，由 Q0.0 点亮 1s 后来启动控制程序；程序中间的转换由 Q0.5 和 T40 来启动后半段的运行，即由 Q0.5 到 Q0.0 的循环。霓虹灯工作的停止由 I0.1 完成，它控制 M0.0 和 M0.1 的复位，同时通过传送指令使霓虹灯失电。

霓虹灯移动是通过 M0.0 得电后使 Q0.0 得电，即 Q0.0 为 "1"，1s 后，乘法指令运算一次，$1 \times 2 = 2$，Q0.1 为 "1"，Q0.0 为 "0"；再过 1s，乘法指令再运算一次，$2 \times 2 = 4$，Q0.2 为 "1"，Q0.1 和 Q0.0 为 "0"；依次相乘，完成 Q0.0～Q0.5 的依次点亮。反向依次点亮由除法运算指令来完成，当 Q0.5 亮时，Q0.5 在输出字数据里相当于十进制的 32，依次相除，完成 Q0.5 到 Q0.0 的依次点亮。在这里可以不要 Q0.5 的线圈置位，因为当前半段使 Q0.5 为 "1" 后，程序虽然通过跳转指令跳离乘法运算这一段，但是 Q0.5 还是为 "1"。这里没有去掉这一条，是为了程序的对称和便于读者理解。

这个控制程序也可以用字节左移和字节右移指令分别来代替乘法和除法指令，程序的其他部分完全一样，程序的运行结果也一样，请读者自己试一试。

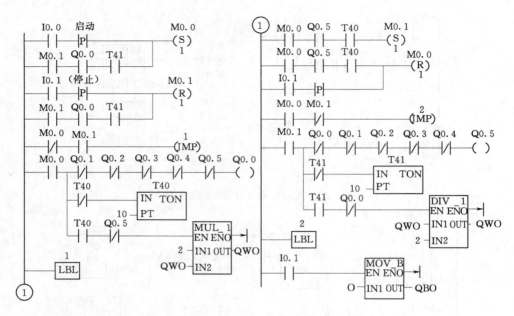

图 8.33 霓虹灯正/反向依次移动控制梯形图

霓虹灯的闪烁方式很多，这里不再介绍。

8.8.3 三相步进电机的控制

步进电动机（Stepping Motor）又称为脉冲电动机或阶跃电动机，简称步进电机。步进电机是根据输入的脉冲信号，每改变一次励磁状态就前进一定角度（或长度），若不改变励磁状态，则保持一定位置而静止的电动机。

步进电机可以对旋转角度和转动速度进行高精度控制，所以它的应用十分广泛，如用在仪器仪表、机床等设备中都是以步进电机作为其传动核心。

步进电机同普通电机一样，也有转子、定子和定子绕组。定子绕组分若干相，每相的磁极上有极齿，转子在轴上也有若干个齿。当某相定子绕组通电时，相应的两个磁极就分别形成 N—S 极，产生磁场，并与转子形成磁路。如果这时定子的小齿与转子的小齿没有对齐，则在磁场的作用下转子将转动一定的角度，使转子上的齿与定子的极齿对齐。因此它是按电磁铁的作用原理进行工作的，在外加电脉冲信号作用下一步一步地运转，是一种将电脉冲信号转换成相应角位移的机电元件。

步进电机的种类较多，有单相、双相、三相、四相、五相及六相等多种类型。

三相步进电机有 A、B、C 这 3 个绕组，按一定的规律给 3 个绕组供电，就能使它按要求的规律转动，如双向三相六拍步进电机。

正转时步进机 A、B、C 相线圈的通电相序为 A→AB→B→BC→C→CA→A…。

反转时各相线圈通电相序为 A→AC→C→CB→B→BA→A…。

各通电状态转换条件为输入脉冲信号上升沿到来，通电状态由前一状态转换为后一状态，图 8.34 所示为正转时步进机 A、B、C 相线圈的通电时序图。

【例 8 – 4】 编制一个正转步进电机控制梯形图，通电时序图如图 8.34 所示。当按下启动按钮时，步进电机转动；按下停止按钮，停止转动。步进电机的步速为 1 步/s。

I/O 分配：启动按钮：I0.0，停止按钮：I0.1，A 相：Q0.0，B 相：Q0.1，C 相：Q0.2。

用时间继电器编制控制梯形图如图 8.35 所示。

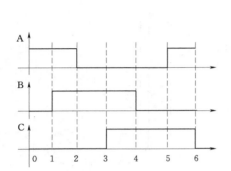

图 8.34 正转时步进电机 A、B、C
相线圈的通电时序图

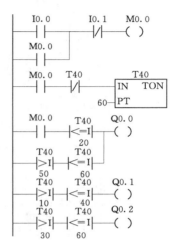

图 8.35 正转步进电机
控制梯形图

【例 8 – 5】 使用 PLC 控制一个三相六拍的步进电机的运行，当按下正转启动按钮时，步进电机进行正转；当按下反转启动按钮时，步进电机进行反转；按下停止按钮时停止转动。步进电机的步速为 1 步/s。

I/O 分配：停止按钮：I0.0，正转启动按钮：I0.1，反转启动按钮：I0.2
A 相线圈：Q0.0，B 相线圈：Q0.1，C 相线圈：Q0.2

编制控制梯形图如图 8.36 所示。

这是一个三相六拍的步进电机的控制，由于只有 6 步，很难用循环移位指令来编制程序（如果是四相八拍的步进电机用循环移位指令很容易编制程序），这里采用字节移位指令来编制程序，用字节左移和右移来控制脉冲的循环。大家都知道，一个字节有 8 位，只能用其中的 6 位，如 M1.0～M1.5，而且任何时间都是这 6 位在左右移动，即正转和反转可以随时切换，并且是就地切换，而不是从 M1.0 步或 M1.5 步开始。要实现这一点，在这里使用了跳转指令，否则，由于 M1.0 和 M1.5 的线圈在程序中出现，而且与 MB1 字节数据发生冲突，即双线圈现象，S7 - 200 PLC 的顺序功能指令不支持直接输出（=）的双线圈操作，如果出现了，左移不会有 M1.5 输出，右移不会出现 M1.0 输出，无法实现同步，这里用跳转指令就可避免这种现象的出现。

M1.0 和 M1.5 的置位，这里采用的是一般线圈输出指令，所以复位用的传送指令，千万不能使用复位指令。当然 M1.0 和 M1.5 置位也可以采用置位指令和传送指令，但是要注意它的复位；否则，移位就不是一个数据了。

一般步进电机有多种步速，可以用选择开关选择步速，比如通过选择开关把数据传送

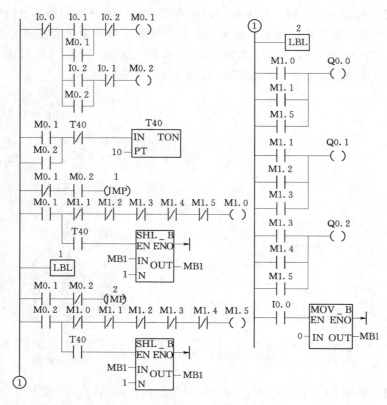

图 8.36　三相六拍的步进电机控制梯形图

到数据存储器里，数据存储器里的数据即为时间继电器设定值，定时器产生的脉冲快慢就可以决定步进电机的转速。这里的程序是经过简单的信号灯演示过的，频率快了，无法分辨，所以只选择了步速为 1 步/s 的速度。

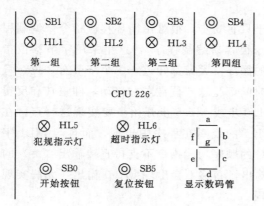

图 8.37　抢答器的示意图

8.8.4　4 组抢答器程序设计

　　抢答器是娱乐、竞赛等场所常用的工具，一般有多个抢答小组，这里设计一个 4 组抢答器，即有 4 组选手，一位主持人。主持人有一个开始答题按钮，一个系统复位按钮。如果主持人按下开始答题按钮后，开始计时，时间在数码管上显示，在 8s 内仍无选手抢答，则系统超时指示灯亮，此后不能再有选手抢答；如果有人抢答，优先抢到者抢答指示灯亮，同时选手序号在数码管上显示（不再显示时间），其他选手按钮不起作用。如果主持人未按下开始答题按钮，就有选手抢答，则认为犯规，犯规指示灯亮并闪烁，同时选手序号在数码管上显示，其他选手按钮不起作用。所有各种情况，只要主持人按下系统复位按钮后，系统回到初始状态。抢答器的

244

示意图如图 8.37 所示。

  I/O 分配：SB0：I0.0 SB1：I0.1 SB2：I0.2 SB3：I0.3 SB4：I0.4 SB5：I0.5

     HL1：Q0.1 HL2：Q0.2 HL3：Q0.3 HL4：Q0.4 HL5：Q0.5 HL6：Q0.6

数码管 a：Q1.0 b：Q1.1 c：Q1.2 d：Q1.3 e：Q1.4 f：Q1.5 g：Q1.6

七段码显示指令的编码，每个七段显示码占用一个字节，用它显示一个字符。

根据控制要求编制控制梯形图，如图 8.38 所示。程序要求说明的几点如下。

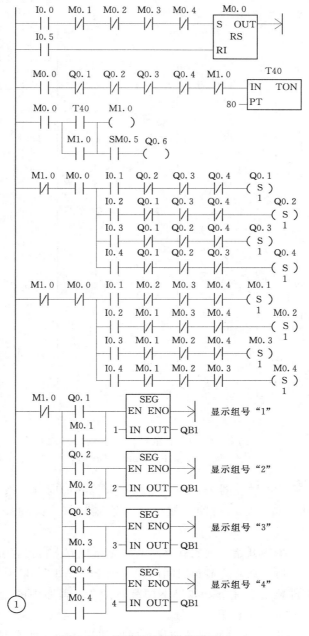

图 8.38　抢答器的控制梯形图（一）

245

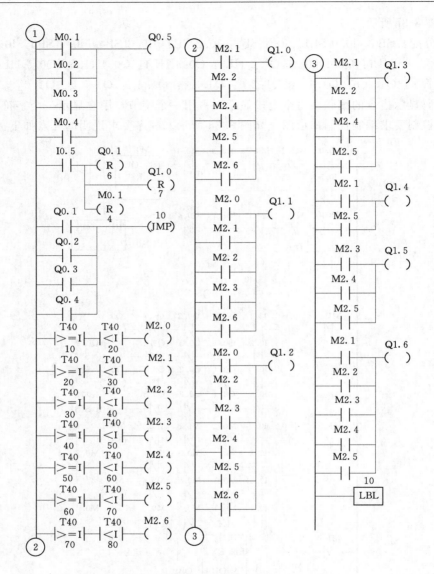

图 8.38　抢答器的控制梯形图（二）

（①接前页①，本页②接②，③接③）

（1）启动通过一个 RS 触发器来控制。当没有人抢答的时候，按 I0.0 启动抢答，定时器开始计时，并用数码管显示时间；如果有人违规抢答，必须按复位按钮后，才能启动。

（2）启动后，正常抢答开始，数码管显示时间，一旦有人抢答，立即显示组号，不再显示时间。按开始按钮后，数码管显示时间的程序位于"JMP"和"LBL"之间，一旦有人抢答，程序将无条件跳转。注意，如果不用跳转指令，程序中的七段码指令中的数据 QB1 与 Q1.0～Q1.6 重复，无法显示组号。

（3）七段码指令 SEG 和这里所编制的显示时间的程序的功能有异曲同工之处，只是硬件接线比较复杂。

本　章　小　结

本章介绍了 SIEMENS 公司 S7 - 200 系列 CPU 功能指令的格式、操作数类型、功能和使用方法。功能指令在工程实际中应用十分广泛，它是不同型号 PLC 功能强弱的体现。通过学习，应了解特殊功能指令在 PLC 中的实现形式，重点是掌握其中常用指令的梯形图编程方法。

（1）数据处理指令包括数据的传送指令，交换、填充指令，移位指令等。

（2）运算指令包括算术运算指令和逻辑运算指令，运算指令使 PLC 对数据处理能力大大增强，开拓了 PLC 的应用领域。算术运算对有符号和大小含义的算术运算指令进行处理。算术运算类指令包括加法、减法、乘法、除法、增减指令和一些常用的数学函数指令，如平方根、自然对数、三角函数等。逻辑运算指令对无符号和大小含义的逻辑数进行处理。逻辑运算类指令包括逻辑与、逻辑或、逻辑异或和逻辑取反。学会使用这些指令的同时，还应学会结合数学方法灵活运用这些指令，以完成较为复杂的运算任务。

（3）表功能指令可以用来方便地建立和存取字类型的数据。表功能指令包括表存数指令、表取数指令和表查找指令等。

（4）转换指令是对操作数的类型进行转换，并输出到指定的目标地址中去。转换指令包括数据类型转换指令、数据的编码和译码指令以及字符串类型转换指令。

（5）高速处理类指令主要用来实现高速精确定位控制和数据快速处理。它包括高速计数器指令、高速脉冲输出指令。高速计数器可以使 PLC 不受扫描周期的限制，实现对位置、行程、角度、速度等物理量的高精度检测。使用高速脉冲输出，可以完成对步进电机和伺服电机的高精度控制。

（6）中断技术在 PLC 的人机联系、实时处理、通信处理和网络中占有重要地位。中断指令的运用，大大增强了 PLC 对可检测的和可预知的突发事件的处理能力。

（7）功能指令的应用非常广泛，这里只介绍了部分功能指令的应用，读者可以触类旁通。

习　　题

8.1　运用算术运算指令完成下列算式的运算。

（1）$[(100+200)(10]/3$

（2）6^{78}。

（3）求 $\sin 65°$ 的函数值。

8.2　用数据类型转换指令实现 100 英寸转换成厘米。

8.3　编程输出字符 A 的七段显示码。

8.4　编程实现将 VD100 中存储的 ASCII 码字符串 37、42、44、32 转换成十六进制数，并存储到 VW200 中。

8.5　编程实现定时中断，当连接在输入端 I0.1 的开关接通时，闪烁频率减半；当连接在输入端 I0.0 的开关接通时，又恢复成原有的闪烁频率。

8.6　编写一个输入/输出中断程序，实现从 0~255 的计数。当输入 I0.0 为上跳沿时，程序采用加计数；输入端 I0.0 为下跳沿时，程序采用减计数。

8.7　用高速计数器 HSC1 实现 20kHz 的加计数。当计数值等于 100 时，将当前值清零。用逻辑操作指令编写一段数据处理程序，将累加器 AC0 与 VW100 存储单元数据实现逻辑与操作，并将运算结果存入累加器 AC0。

8.8　写一段程序，将 VB100 开始的 50 个字的数据传送到 VB100 开始的存储区。

8.9　编写一段程序，将 VB0 开始的 256 个字节存储单元清零。

8.10　编写出将 IB0 字节高 4 位和低 4 位数据交换，然后送入定时器 T37 作为定时器预置的程序段。

8.11　编写一段梯形图程序，要求如下。

(1) 有 20 个字型数据存储在从 VB100 开始的存储区，求这 20 个字型数据的平均值。

(2) 如果平均值小于 1000，则将这 20 个数据移到从 VB200 开始的存储区，这 20 个数据的相对位置在移动前后不变。

(3) 如果平均值不小于 1000，则绿灯亮。

8.12　设计一个报时器。要求如下。

(1) 具有整点报时功能。按上、下午区分，1 点和 13 点接通音响 1 次；2 点和 14 点接通音响 2 次，每次持续时间 1s，间隔 1s；3 点和 15 点接通音响 3 次，每次持续时间 1s，间隔 1s，依次类推。

(2) 具有随机报时功能。可根据外部设定在某时某分报时，报时时接通一个音乐电路 5s，若不进行复位，可连续报时 3 次，每次间隔 3s。

(3) 通过报时方式选择开关，选择上述两种报时功能。

8.13　有 4 组节日彩灯，每组由红、绿、黄 3 盏灯顺序排放，请实现下列控制要求。

(1) 每 0.5s 移动一个灯位。

(2) 每次亮 1s。

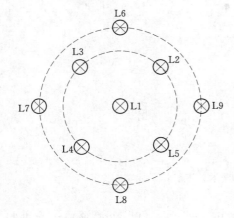

图 8.39　题 8.15 图

(3) 可用一个开关选择点亮方式。

1) 每次点亮 1 盏彩灯。

2) 每次点亮 1 组彩灯。

8.14　以移位指令实现步进电动机正/反转和调速控制。假设以三相三拍步进电动机为例，脉冲序列由 Q1.0~Q1.2 送出，作为步进电动机驱动电源功放电路的输入。程序中采用定时器 T32 为脉冲发生器，设定值为 50~500，定时为 50~500ms，则步进电动机可获得 500~50 步/s 的变速范围。I0.0 为正/反转切换开关（I0.0 为 OFF，正转），I0.2 为启动按钮，I0.3/I0.4 为减速/增速按钮。

8.15　霓虹灯布置如图 8.39 所示，控制要求如下。

（1）当按 I0.0 时，L1 亮，1s 后 L1 灭，L2、L3、L4、L5 亮，1s 后，L2、L3、L4、L5 灭，L6、L7、L8、L9 亮，1s 后灭；反复循环两次。

（2）接着 L1 亮，1s 后 L2、L3、L4、L5 亮，1s 后 L6、L7、L8、L9 亮，1s 后全灭；循环两次。

（3）再接着以 0.5s 的速度依次循环闪烁。L1、L4、L8；L1、L5，L9；L1、L2、L6；L1、L3、L7，逆序两周后，反序两周，依次为 L1、L5、L8；L1，L4、L7；L1、L3、L6；L1、L2、L9，反复两次。

（4）重复上述循环，I0.0 断开时停止。

第9章 SIMATIC S7-300 PLC硬件与软件设计

主要内容

本章主要介绍了 S7-300 的硬件结构、编程语言和指令系统以及网络通信方式。

学习要求

1. 了解 S7-300 系列 PLC 发展概述。

2. 掌握 S7-300 PLC 的硬件系统。

3. 熟悉 S7-300 PLC 编程元件及编程知识。

4. 重点掌握编程软元器件、编址方法和数据格式。

S7-300 是 SIMATIC PLC 系列的中端产品，是一种更为通用的 PLC，能适合自动化工程中的各种应用场合，尤其是应用在生产制造工程中，其在硬件特性及软件编程上都与 S7-200 有着不同的特点。本章重点介绍 S7-300 的硬件特点、软件编程及网络通信。建议读者学习 S7-200/300 的共性与不同之处，切实掌握 PLC 产品的应用特点，达到事半功倍的效果。

9.1 S7-300 概 述

9.1.1 特点

大、中型 PLC 一般采用模块式结构，用搭积木的方式来组成系统，模块化 PLC 由机架和模块组成。S7-300 是模块化的中小型 PLC（图 9.1），适用于中等性能的控制要求。品种繁多的 CPU 模块、信号模块和功能模块能满足各种领域的自动控制要求，用户可以根据系统的具体情况选择合适的模块，维修时更换模块也很方便。当系统规模扩大和更为复杂时，可以增加模块，对 PLC 进行扩展。简单实用的分布式结构和强大的通信联网能力，使其应用十分灵活。S7-300 的编程软件 STEP 7 功能强大，使用方便，指令集包含 350 多条指令。STEP 7 通过带标准用户接口的软件工具来为所有的模块设置参数，可以节省用户学习的时间和培训费用。随着 PLC 产品性能的提高，操作员监控技术（HMI 人机接口）也得到了广泛应用。S7-300 已将 HMI 服务集成到操作系统内，因此大大减少了人机对话的编程要求。SIMATIC 人机界面（如 WinCC 软件）从 S7-300 中获得数据，S7-300 按用户指定的刷新速度自动地传送这些数据。总之，S7-300 PLC 有以下几方面的特点。

（1）模块化微型 PLC 系统，满足中、小规模的性能要求。

（2）有不同档次的 CPU、各种各样的功能模块和 I/O 模块可供选择，可以非常好地满足和适应自动化控制要求。

（3）简单实用的分布式结构和多界面网络能力，使应用十分灵活。

（4）方便用户，有简易的无风扇设计。

（5）当控制任务增加时，可自由扩展。

（6）大量的集成功能使它功能非常强劲。

（7）扩展温度范围为－25～＋70℃。

（8）易于操作、编程、维护和服务。

（9）低成本的自动化系统解决方案。

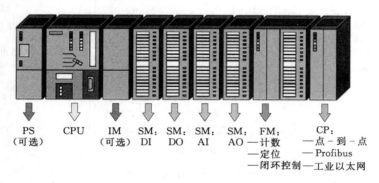

图 9.1　S7－300 PLC

9.1.2　组成部件

S7－300 是模块化系统，其主要组成部分有导轨（RACK）、电源模块（PS）、中央处理单元 CPU 模块、接口模块（IM）、信号模块（SM）、功能模块（FM）等，通过 MPI 网的接口直接与编程器 PG、操作员面板 OP 和其他 S7PLC 相连。

1. 导轨

导轨用于固定和安装 S7－300 上述的各种模块。DIN 导轨是金属导轨，上面有用来安装螺钉的孔。它有 5 种不同的长度，即 160mm、482mm、530mm、830mm、2000mm（无孔）。2000mm DIN 导轨可截短以适应特殊长度需要。

2. 电源模块

电源模块用于将交流 220V 电源转换为直流 24V 电源，供 CPU 及 I/O 模块使用。额定输出电流有 2A、5A 和 10A 等 3 种，过载时模块上的 LED 闪烁，如图 9.2 所示。

3. 中央处理单元

有各种不同性能档次的 CPU 可供控制器使用。从范围广泛的基本功能（指令执行，I/O 读写，通过 MPI 和 CP 模块的通信）、集成功能和集成 I/O 模块到广泛的通信选项，总有一种 CPU 能满足用户的需要。例如，有的 CPU 集成有数字量和模拟量输入/输出点，有的 CPU 集成有 Profibus－DP 等通信接口。CPU 前面板上有状态故障指示灯、模式开关、24V 电源端子、电池盒与存储器模块盒，如图 9.3 所示。

4. 接口模块

接口模块 IM360/361/365 用于本地系统扩展（远程系统可选用分布式结构，如选用 ET200 接口构成 Profibus－DP 的 I/O 系统），即多机架配置时连接主机架（CR）和扩展

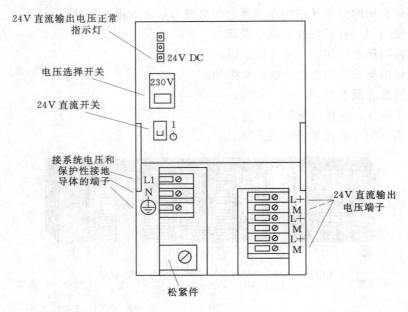

图 9.2　PS 307 电压模块

机架（ER）所需的系统接口模块。S7 - 300 通过主机架和 3 个扩展机架使得最大的扩展能力为 3 个 ER，每个机架内最多安装 8 个模块，即最多可以配置 32 个信号模块、功能模块和通信处理器，构成本地系统的最大配置，如图 9.4 所示。

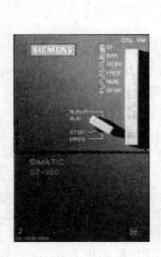

图 9.3　CPU 314

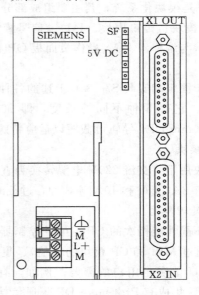

图 9.4　IM361 接口模块

5. 信号模块

　　信号模块（SM）是数字量输入/输出模块和模拟量输入/输出模块的总称，它们使不同的过程信号电压或电流与 PLC 内部的信号电平匹配。信号模块主要有数字量输入模块

SM321、数字量输出模块 SM322、模拟量输入模块 SM331 和模拟量输出模块 SM332。模拟量输入模块可以分为通用/专用（通用模块如 6ES7 3317KF020AB0；专用模块如 6ES73317PF020AB0）两大类，可以输入热电阻、热电偶、直流 4～20mA 和直流 0～10V 等多种不同类型和不同量程的模拟信号。每个模块上有一个背板总线连接器，现场的过程信号连接到前连接器的端子上，即实现了信号采集。

6. 功能模块

功能模块主要用于对实时性和存储容量要求高的控制任务，如计数器模块、快速/慢速进给驱动位置控制模块、电子凸轮控制器模块、步进电动机定位模块、伺服电动机定位模块、定位和连续路径控制模块、闭环控制模块、工业标识系统的接口模块、称重模块、位置输入模块、超声波位置解码器等。

7. 通信处理器

通信处理器用于 PLC 之间、PLC 与计算机和其他智能设备之间的通信，可以将 PLC 接入 Profibus-DP、AS-i 和工业以太网，或用于实现点对点通信等。通信处理器可以减轻 CPU 处理通信的负担，并减少用户对通信的编程工作。

9.1.3 系统结构

S7-300 采用紧凑的模块结构，将电源模块（PS）、CPU、信号模块（SM）、功能模块（FM）、接口模块（IM）和通信处理器（CP）都安装在导轨上。背板总线集成在各模块上，通过将总线连接器插在模块机壳的背后，使背板总线连成一体。图 9.5 所示为 S7-300 系统结构。

在进行 S7-300 系统模块配置时，槽位布置有特殊约束，即电源模块总是安装在机架的最左边，CPU 模块紧靠电源模块。如果有接口模块，它放在 CPU 模块的右侧，而后依次是通信模块、信号模块/功能模块（若系统配置无需接口模块或通信模块，则 CPU 右侧直接安装信号模块/功能模块）。

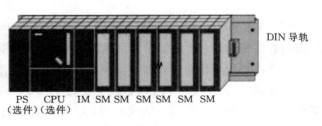

图 9.5 S7-300 系统结构

另外，每个机架上安装的信号模块、功能模块和通信处理器除了不能超过 8 块外，还受到背板总线直流 5V 供电电流的限制。主机架（CR）的直流 5V 电源由 CPU 模块产生，其额定电流值与 CPU 的信号有关。扩展机架（ER）背板总线的直流 5V 电源由接口模块 IM361 产生，各类模块消耗的电流可查《S7-300 选型或安装手册》（各类模块消耗电流的总和是选用 PS 模块的依据）。

9.1.4 I/O 模块地址的确定

与 S7-200 编址方式相同，S7-300 的开关量地址由地址标识符、地址的字节部分和位部分组成，一个字节由 0～7 这 8 位组成。地址标识符 I 表示输入，Q 表示输出，M 表示存储器位。S7-300 的信号模块的字节地址与模块所在的机架号和槽号有关，位地址与信号线接在模块上的端子有关。数字量 I/O 模块每个槽划分为 4B（等于 32 个 I/O 点）；模拟量 I/O 模块每个槽划分为 16B（等于 8 个模拟量通道），每个模拟量输入或输出通道的地址总是一个字地址。S7 - 300 为模拟量模块保留了专用的地址区域，字节地址范围为 IB256～767。可以用装载指令和传送指令访问模拟量模块。一个模拟量模块最多有 8 个通道，从 256 开始（该地址为系统默认设置，也可通过 STEP 7 软件修改），给每一个模拟量模块分配 16B（8 个字）的地址。I/O 模块的字节地址见表 9.1。

表 9.1　　　　　　　　　　　　　　I/O 模块的字节地址

机架	模板起始地址	槽　号										
		1	2	3	4	5	6	7	8	9	10	11
0	数字量 模拟量	PS	CPU	IM	0 256	4 272	8 288	12 304	16 320	20 336	24 352	28 368
1	数字量 模拟量			IM	32 384	36 400	40 416	44 432	48 448	52 464	56 480	60 496
2	数字量 模拟量			IM	64 512	68 528	72 544	76 560	80 576	84 592	88 608	92 624
3	数字量 模拟量			IM	96 640	100 656	104 672	108 688	112 704	116 720	120 736	124 752

9.2　S7 - 300 的 CPU 模块

S7 - 300 有 20 种不同型号的 CPU，分别适用于不同等级的控制要求。有的 CPU 模块集成数字量 I/O，有的同时集成数字量 I/O 和模拟量 I/O。CPU 内的元件封装在一个牢固而紧凑的塑料机壳内，面板上有状态和故障指示灯（LED）、模式选择开关和通信接口。在存储器插槽内可以插入多达数兆字节的 Flash EPROM 微存储器卡（简称为 MMC），可用来扩展存储功能或作为安装更新程序的简单方法。在模块化 CPU 中，数据可以通过电池进行备份；在新的紧凑型 CPU 中，数据通过 MMC 自动备份而无需维护。

1. CPU 的运行模式

CPU 有 4 种操作模式，即 STOP（停机）、STARTUP（启动）、RUN（运行）和 HOLD（保持）。在所有的模式中，都可以通过 MPI 接口与其他设备通信。

（1）STOP 模式。CPU 模块通电后自动进入 STOP 模式，在该模式不执行用户程序，可以接收全局数据和检查系统。

（2）RUN 模式。执行用户程序，刷新用户程序，刷新输入和输出，处理中断和故障信息服务。

（3）HOLD 模式。在启动和 RUN 模式执行程序时遇到调试用的断点，用户程序的执行被挂起（暂停），定时器被冻结。

（4）STARTUP 模式。启动模式，可以用钥匙开关或编程软件启动 CPU。如果钥匙开关在 RUN 或 RUN－P 位置，通电时自动进入启动模式。

2. 通信接口

所有的 CPU 模块都有一个多点接口 MPI，有的 CPU 模块有一个 MPI 和 Profibus－DP 接口，有的 CPU 模块有一个 MPI/DP 接口和一个 DP 接口。MPI 用来与 SIMATIC PLC 与其他西门子 PLC、PG/PC（编程器或个人计算机）、OP（操作员接口）通过 MPI 网络进行通信。CPU 通过 MPI 接口或 Profibus－DP 接口在网络上自动地广播它设置的总线参数（即波特率），PLC 可以自动地"挂接到"MPI 网络上。Profibus－DP 的传输速率最高为 12Mb/s，用于与其他西门子带 DP 接口的 PLC、PG/PC、OP 和其他 DP 主站及从站的通信。

9.3 S7－300 的输入/输出模块

输入/输出模块统称为信号模块（SM），包括数字量（或称开关量）输入模块、数字量输出模块、数字量输入/输出模块、模拟量输入模块、模拟量输出模块和模拟量输入/输出模块 6 种。信号模块面板上的 LED 用来显示各数字量输入/输出点的信号状态。

9.3.1 数字量模块

S7－300 数字量输入模块包括数字量输入模块、数字量输出模块以及数字量输入/输出模块 3 种类型。

1. 数字量输入模块

数字量输入模块用于连接外部的机械触点和电子数字式传感器，如二线式光电开关和

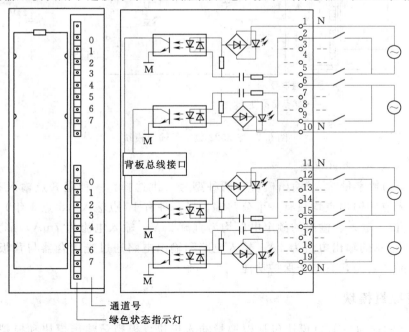

图 9.6 SM321 数字量输入模块

接近开关等。数字量输入模块将从现场传来的外部数字信号的电平转换为 PLC 内部的信号电平。输入电路中一般设有 RC 滤波电路,以防止由于输入触点抖动或外部干扰脉冲引起的错误输入信号,输入电流一般为数毫安。图 9.6 所示为 SM321 数字量输入模块。

2. 数字量输出模块

数字量输出模块用于驱动电磁阀、接触器、小功率电动机、指示灯和电动机起动器等负载。数字输出模块将 S7 - 300 的内部信号电平转化为控制过程所需的外部信号电平,同时有隔离和功率放大的作用。输出模块的功率放大元件有驱动直流负载的大功率晶体管和场效应晶体管、驱动交流负载的双向晶闸管或固态继电器以及既可以驱动交流负载又可以驱动直流负载的小型继电器。输出电流的典型值为 0.5~2A,负载电源由外部现场提供。图 9.7 所示为典型 SM322 的模板视图及接线形式。

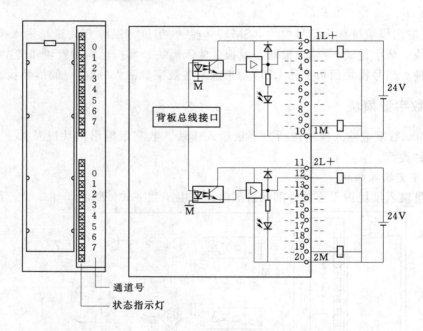

图 9.7 SM322 数字量输出模块

3. 数字量输入/输出模块

S7 - 300 的数字量输入/输出模块有两种型号可供选择。一种是 8 点输入和 8 点输出的模块,输入点和输出点均只有一个公共端。另一种有 16 点输入(8 点 1 组)和 16 点输出(8 点 1 组)。输入、输出的额定电压均为直流 24V,输入电流为 7mA,最大输出电流为 0.5A,每组总的输出电流为 4A。输入电路和输出电路通过光耦合器与背板总线相连,输出电路为晶体管型,有电子保护功能。

9.3.2 模拟量模块

S7 - 300 的模拟量 I/O 模块包括模拟量输入模块、模拟量输出模块和模拟量输入/输出模块 3 种类型。

1. 模拟量输入模块的基本结构

模拟量输入模块用于将模拟量信号转换为 CPU 内部处理用的数字信号，主要组成部分是 A/D（Analog/Digit）转换器。模拟量输入模块的输入信号一般是模拟量变送器输出的标准直流电压、电流信号。同时模拟量输入模块也可以直接连接不带附加放大器的温度传感器（热电偶或热电阻）。图 9.8 所示为 SM331 模拟量输入模块。

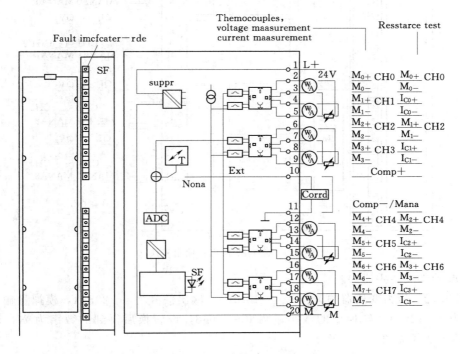

图 9.8 SM331 模拟量输入模块

2. SM332 模拟量输出模块的基本结构

SM332 模拟量输出模块用于将 CPU 送给它的数字信号转换为成比例的电流信号或电压信号，对执行机构进行调节或控制，其主要组成部分是 D/A（Digit/Analog）转换器。图 9.9 所示为 SM332 模拟量输出模块。

3. 模拟量输入/输出模块

模拟量输入/输出模块提供以下功能。

（1）4 个快速模拟量输入通道，基本转换时间最大为 1ms。

（2）4 个快速模拟量输出通道，每通道最大转换时间为 0.8ms。

（3）10V/25mA 的编码器电源。

（4）一个计数器输入（24V/500Hz）。

4. 关于模拟量模块的几点说明

（1）模拟量输入模块的工程量化。

工程量化时应考虑变送器的输入/输出量程和模拟量输入模块的量程，找出被测物理量与 A/D 转换后的数字之间的比例关系（相关模拟输入量转换后模拟值表示方法可参考

257

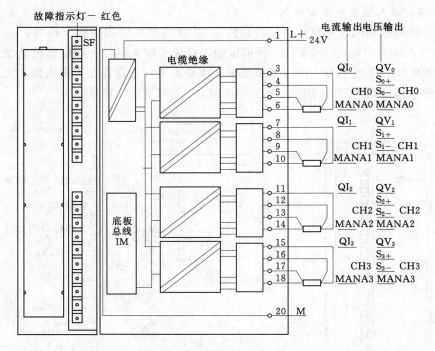

图 9.9　SM332 模拟量输出模块

《S7 - 300 硬件安装手册》）。

【例 9.1】　压力变送器的量程为 $0\sim10$MPa，输出信号为 $4\sim20$mA，模拟量输入模块的量程为 $4\sim20$mA，转换后的数字量为 $0\sim27648$，设转换后得到的数字为 N，试求以 kPa 为单位的压力值。

解　$0\sim10$MPa（$0\sim10000$kPa）对应于转换后的数字 $0\sim27648$，转换公式为

$$P=10000\times N/27648\text{kPa}$$

（2）模拟量模块的诊断。

诊断报文分为可编程诊断报文和不可编程的诊断报文。不管是否使能诊断，通过模拟量模块都可以获得不可编程的诊断报文。有故障出现时将会执行下列操作。

1）将诊断报文送入模拟量模块的诊断区中，并传送到 CPU。

2）点亮模拟量模块中的故障指示灯。

3）如果已经用 STEP 7 使能产生"诊断中断"，将触发一个诊断中断，并调用 OB82。

可以通过用户程序中的 SFC 读出详细的诊断报文。在模块诊断中，可以查看 STEP 7 中的故障原因（参见 STEP 7 的在线帮助）。检测到错误时，不管参数如何设置，模拟量输入模块输出模拟量测量值 7FFFH，通道被禁止使用。每个模拟量模块都通过 SF 指示灯（组故障指示灯）指示出现错误。一旦模拟量模块触发诊断报文，SF 指示灯就被点亮。故障被全部排除后，SF 指示灯熄灭。模拟量输入模块在遇到外部辅助电源故障、组态/参数设置出错、共模错误，断线、下溢出和上溢出故障时发出诊断报文。

（3）模拟量模块的中断。

模拟量模块可以产生诊断中断和过程中断，并不是所有的模拟量模块都具有中断功

能，有的只具有下述的部分中断功能。

　　1）模拟量模块"超出上限或下限"触发的硬件中断。通过设置上限和下限定义一个工作范围。如果过程信号（如温度）超出或低于该范围，模块将触发一个被允许的过程中断，中断用户程序的执行，去处理硬件中断组织块（OB40）。并应对 OB40 中的用户程序编程，对超出上限或下限的异常情况进行处理。

　　2）"扫描循环结束"时触发的硬件中断。在设置模块的参数时允许在扫描循环结束时产生硬件中断，可以使一个过程与模拟量输入模块的扫描循环同步。一个扫描循环包括转换模拟量输入模块所有被使用的通道的测量值。模块将一个一个地处理通道，在所有被测值都转换完后，将产生报告所有通道中都具有新的测量值可以使用的中断，可以在中断程序中处理当前转换的模拟值。

　　以上对模拟量模块进行了较为详细的讨论，其目的是使读者更好地了解模拟量在 PLC 中的应用，以便充分发挥 PLC 产品在机电一体化技术、过程自动化等领域的应用。

9.4　S7－300 的 编 程 语 言

　　语句表（STL）可供习惯用汇编语言编程的用户使用，在运行时间和要求的存储空间方面最优。语句表的输入方便快捷，还可以在每条语句的后面加上注释，便于复杂程序的阅读和理解。在设计通信、数学运算等高级应用程序时，建议使用语句表。

　　梯形图（LAD）与继电器电路图的表达方式极为相似，适合于熟悉继电器电路的用户使用。语句表程序较难阅读，其中的逻辑关系很难一眼看出，在设计和阅读有复杂的触点电路的程序时最好使用梯形图语言。

　　功能块图（FBD）适合于熟悉数字电路的用户使用。结构化控制语言（SCL）适合于熟悉高级编程语言（如 Pascal 或 C 语言）的用户使用，适合于数据处理程序。同时 STEP 7 的顺序控制图形编程语言（GRAPH）、图形编程语言（HiGraph）、连续功能图（CFC）可供有技术背景但是没有 PLC 编程经验的用户使用。GRAPH 对顺序控制过程的编程非常方便，HiGraph 适合于异步非顺序过程的编程，CFC 适合于连续过程控制的编程。接下来对常用的语句表（STL）、梯形图（LAD）及功能块图（FBD）做简单介绍。

　　1. 语句表

　　语句表（STL）是一种类似于汇编语言的助记符编程语言，语句是用户程序的基本单元，每种控制功能通过一条或多条语句来描述。语句表编程语言的特点是面向机器，编程灵活方便，尤其适用于模拟量的解算。

　　2. 梯形图

　　梯形图（LAD）编程语言是从继电器控制系统原理图的基础上演变而来的。梯形图与继电器控制系统梯形图的基本思想是一致的，只是在使用符号和表达方式上有一定区别。梯形图是使用最多的 PLC 图形编程语言，梯形图具有直观易懂的优点，很容易被工厂熟悉继电器控制的电气人员掌握，特别适合于数字量逻辑控制。梯形图由触点、线圈和用方框表示的指令框组成。触点代表逻辑输入条件，如外部的开关、按钮和内部条件等。线圈通常代表逻辑运算的结果，常用来控制外部的指示灯、交流接触器和内部的标志位等。指令框用来表示定时器、计数器或者数学运算等附加指令。使用编程软件可以直接生成和编辑梯形图，并将它下载到 PLC。梯形图的使用与前面 S7 - 200 中介绍的使用方法一致。

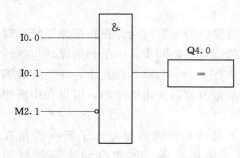

图 9.10　PLC 逻辑功能图编程

3. 逻辑功能图

逻辑功能图是在数字逻辑电路基础上开发出的一种图形编程语言，它采用了数字电路的图符，用"与""或""非"等逻辑组合来描述控制功能，逻辑功能清晰，输入/输出关系明确，如图 9.10 所示。

在上述 3 种编程语言中，LAD 和 FBD 都是图形化的语言，特点是易理解、易使用，但是灵活性较差；STL 是更接近程序员的语言，能够实现指针等非常灵活地控制。为了充分发挥不同编程语言的优势，STEP 7 支持这 3 种语言的混合编程以及相互之间的转换。一般说来，LAD 和 FBD 程序都可以通过 STEP 7 自动转换成 STL 程序，但是并非所有 STL 语句都可以转换成 LAD 和 FBD 程序。

9.5　STEP 7 指令系统简介

S7 - 300 PLC 应用程序的开发是基于开发平台——STEP 7 软件来实现的，也就是 S7 - 300 PLC 组态和编程是在 STEP 7 中完成的。而程序是由基本的指令构成的，LAD、STL 和 FBD 这 3 种编程语言分别具有不同的指令系统。LAD 和 FBD 都是图形化的编程语言，是"画"出来的程序；而 STL 是文本编程语言，是"写"出来的程序。以下简单介绍 STEP 7 的指令系统。

9.5.1　LAD/FBD 指令系统

LAD 和 FBD 的指令系统比较相似。按照编程元素窗口中的分类，它们的指令系统包括以下几类。

1. 位逻辑指令 (Bit Logic)

位逻辑指令处理布尔值"1"和"0"。在 LAD 表示的触点与线圈中，"1"表示动作或通电；"0"表示未动作或未通电。位逻辑指令扫描信号状态，并根据布尔逻辑对它们进行组合。这些组合产生结果 1 或 0，称为逻辑运算结果（RLO）。

2. 比较指令 (Comparator)

比较指令对两个输入 IN1 和 IN2 进行比较，比较的内容可以是相等、不等、大于、小于、大于等于和小于等于。如果比较结果为真，则 RLO 为"1"。比较指令有 3 类，分别用于整数、双整数和实数。

3. 转换指令 (Converter)

转换指令可以将参数 IN 的内容进行转换或更改符号，其结果可以输出到参数 OUT。

4．计数器指令（Counters）

在 CPU 的存储器中，为计数器保留存储区。该存储区为每一计数器地址保留一个 16 位字。指令集支持 256 个计数器，而能够使用的计数器数目由具体的 CPU 决定。

5．数据块调用指令（DB Call）

打开数据块指令，该指令无条件调用一种数据块。数据块打开后，可以通过 CPU 内的数据块寄存器 DB 或 DI 直接访问数据块的内容。

6．逻辑控制指令（Jumps）

逻辑控制指令通过标签（Label）和无条件或者有条件的跳转指令实现用户程序中的逻辑控制。

7．整数算术运算指令（Integer Function）

整数算术运算指令实现 16 位或者 32 位整数之间的加、减、乘、除和取余等算术运算。

8．浮点算术运算指令（Floating – Point Function）

浮点算术运算指令实现对 32 位实数的算术运算。

9．赋值指令（Move）

赋值指令将在输入端 IN 的特定值复制到输出端 OUT 上的特定地址中，Move 只能复制 BYTE（字节）、WORD（字）或 DWORD（双字）数据对象。用户定义的数据类型（如数组或结构）必须使用系统功能"BLKMOVE"（SFC20）进行复制。

10．程序控制指令（Program Control）

程序控制指令包括块调用指令以及通过主控继电器（Master Control Relay）实现程序段使能控制的指令。

11．移位（Shift）和循环指令（Rotate）

移位指令可以将输入参数 IN 中的内容向左或向右逐位移动；循环指令可以将输入参数 IN 中的全部内容循环地逐位左移或右移，空出的位用输入 IN 移出的信号状态填充。

12．状态位指令（Status Bits）

状态字是 CPU 存储区中的一个寄存器，用于指示 CPU 运算结果的状态。状态位指令是位逻辑指令，针对状态字的各位进行操作。通过状态位可以判断 CPU 运算中溢出、异常、进位、比较结果等状态。

13．定时器指令（Timers）

在 CPU 的存储器中为定时器保留存储区。该存储区为每一定时器地址保留一个 16 位字。指令集支持 256 个定时器，而具体能够使用的定时器数据由具体的 CPU 决定。

14．字逻辑指令（Word Logic）

字逻辑指令按照布尔逻辑将成对的 WORD（字）或 DWORD（双字）逐位进行逻辑运算。

梯形图中指令的使用与前面 S7 – 200 中介绍的使用方法一致，在此不多做重复介绍。

9.5.2 STL 指令系统

与 LAD 和 FBD 相比，在 STEP 7 中 STL 提供了更为丰富的指令集。正是由于这个原因，LAD、FBD 的代码可以转换为 STL 代码，而并非所有的 STL 代码都可以转换成 LAD 或 FBD 代码。STL 的指令提供了对 CPU 内的累加器直接操作的功能，因此 STL 指令集更灵活。STL 中包含了两类直接操作 CPU 累加器的指令，见表 9.2。

表 9. 2 STL 指 令

类　　别	STL 指令	说　　明
累加器指令	＋AR1	ACCU1 与 AR1 相加
	＋AR2	ACCU1 与 AR2 相加
	DEC	ACCU1 减 1
	AUCC1	ACCU3→ACCU4，ACCU2→ACCU3
	INC	ACCU1 加 1
	LEAVE	ACCU3→ACCU2，ACCU4→ACCU3
	NOP 0	空操作 0
	NOP 1	空操作 1
	POP	ACCU1 ← ACCU2
	PUSH	ACCU1→ACCU2
	TAK	交换 ACCU1 和 ACCU2 的内容
位逻辑指令	）	嵌套闭合
	＝	赋值
	A	与操作
	A（	与操作嵌套开始
	AN	与非操作
	AN（	与非操作嵌套开始
	CLR	RLO 清 0（＝0）
	FN	下降沿
	FP	上升沿
	NOT	非操作（RLO 取反）
	O	或操作
	O（	或操作嵌套开始
	ON	或非操作
	ON（	或非操作嵌套开始
	R	复位
	S	置位
	SAVE	把 RLO 存入 BR 寄存器
	SET	RLP 置位（＝1）
	X	异或操作
	X（	异或操作嵌套开始
	XN	异或非操作
	XN（	异或非操作嵌套开始

类　别	STL 指令	说　明
比较指令	? D	双字整数比较（32 位）＞，＜，＞＝，＜＝，＝＝，＜＞
	? I	整数比较（16 位）＞，＜，＞＝，＜＝，＝＝，＜＞
	? R	实数比较 ＞，＜，＞＝，＜＝，＝＝，＜＞
转换指令	BTD	BCD 转成双字整数（32 位）
	BTI	BCD 转成单字整数（16 位）
	CAD	改变 ACCU1 字节的次序（32 位）
	CAW	改变 ACCU1 字中字节的次序
	CDB	交换共享数据块和背景数据块的内容
	DTB	双字整数（32 位）转换成 BCD 数
	DTR	双字整数（32 位）转换为实数（32 位 IEEE 浮点数）
	INVD	双字整数反码（32 位）
	INVI	单字整数反码（16 位）
	ITB	16 位整数转换为 BCD 数
	ITD	单字（16 位）转换为双字整数（32 位）
	NEGD	双字整数补码
	NEGI	单字整数补码
	NEGR	实数求反（32 位 IEEE FP）
	RND	取整
	RND−	取整为较小的双字整数
	RND+	取整为较大的双字整数
	TRUNC	截尾取整
计数器指令	CD	降计数器
	CU	升计数器
	FR	计数器允许（计数器 C0～C255）FR C0～C255
	L	以整数形式把当前的计数值写入 ACCU1（当前计算器号的范围为 0～255，如 L C33）
	LC	把当前的计数器值以 BCD 码形式装入 ACCU1（当前计数器号的范围为 0～255，如 LC C33）
计数器指令	R	复位计数器（当前的计数器号的范围为 0～255，如 R C33）
	S	计数值置初值（当前计数器号的范围 0～255，如 S C33）
数据块调用指令	OPN	打开数据块
浮点算术运算指令	＊R	ACCU1、ACCU2 相乘（32 位 IEEE 浮点数）
	/R	ACCU2 除以 ACCU1（32 位 IEEE 浮点数）
	＋R	ACCU1、ACCU2 相加（32 位 IEEE 浮点数）
	ABS	绝对值（32 位 IEEE 浮点数）
	ACOS	反余弦（32 位 IEEE 浮点数）

续表

类　别	STL 指令	说　明
浮点算术运算指令	ASIN	反正弦（32 位 IEEE 浮点数）
	ATAN	反正切（32 位 IEEE 浮点数）
	COS	余弦（32 位 IEEE 浮点数）
	EXP	求指数（32 位 IEEE 浮点数）
	LN	求自然对数（32 位 IEEE 浮点数）
	−R	从 ACCU2 减去 ACCU1 实数（32 位 IEEE 浮点数）
	SIN	正弦（32 位 IEEE 浮点数）
	SQR	求平方（32 位 IEEE 浮点数）
	SQRT	求平方根（32 位 IEEE 浮点数）
	TAN	正切（32 位 IEEE 浮点数）
整数算术运算指令	* D	ACCU1 和 ACCU2 双字整数相乘（32 位）
	* I	ACCU1 和 ACCU2 双字整数相乘（16 位）
	/D	ACCU2 除以 ACCU1 双字整数（32 位）
	/I	ACCU2 除以 ACCU1 整数（16 位）
	+	整数常数加法（16 位、32 位）
	+D	ACCU1 和 ACCU2 双字整数相加（32 位）
	+I	ACCU1 和 ACCU2 整数相加（16 位）
	−D	从 ACCU2 减去 ACCU1 双字整数（32 位）
	−I	从 ACCU2 减去 ACCU1 整数（16 位）
	MOD	双字整数形式的除法取余数（32 位）
逻辑控制指令	JBI	如果 BR=1 则跳转
	JC	如果 RLO=1 则跳转
	JCB	如果 RLO=1 则跳转，并把 RLO 的值存于状态字的 BR 位中
	JCN	如果 RLO=0 则跳转
	JL	跳转到表格（多路多支跳转）
	JM	如果为负则跳转
	JMZ	如果小于等于 0 则跳转
	JN	如果非 0 则跳转
	JNB	如果 RLO=0 则跳转，并把 RLO 的值存于状态字的 BR 位中
	JNBI	如果 BR=0 则跳转
	JO	如果 OV=1 则跳转
	JOS	如果 OS=1 则跳转
	JP	如果大于 0 则跳转
	JPZ	如果大于等于 0 则跳转
	JU	无条件跳转
	JUO	若无效数则跳转
	JZ	为 0 则跳转
	LOOP	循环

类　别	STL 指令	说　明
装载/传递指令	CAR	交换 AR1 和 AR2 的内容
	L	把数据装载入 ACCU1
	L DBLG	把共享数据块的长度写入 ACCU1
	L DBNO	把共享数据块的号写入 ACCU1
	L DILG	把背景数据块的长度写入 ACCU1
	L DINO	把背景数据块的号写入 ACCU1
	L STW	把状态字写入 ACCU1
	LAR1	把 ACCU1 的内容写入 AR1
	LAR1 <D>	把指明的地址写入 AR1
	LAR1 AR2	把 AR2 的内容写入 AR1
	LAR2	把 ACCU1 的内容写入 AR2
	LAR2 <D>	把指明的地址写入 AR2
	T	把 ACCU1 的内容传到目标单元
	T STW	把 ACCU1 的内容传输给状态字
	TAR1	把 AR1 的内容传输给 ACCU1（没有指明地址）
	TAR2	把 AR2 的内容传输给 ACCU1（没有指明地址）
移位和循环指令	RLD	双字循环左移操作（32 位）
	RLDA	带 CC1 位的 ACCU1 循环左移（32 位）
	RRD	双字循环右移（32 位）
	RRDA	带 CC1 位的 ACCU1 循环右移（32 位）
	SLD	双字左移（32 位）
	SLW	单字左移（16 位）
	SRD	双字右移（32 位）
	SRW	单字右移（16 位）
	SSD	移位有符号双字整数（32 位）
	SSI	移位有符号单字整数（16 位）
定时器指令	FR	定时器允许（定时器 T0～T255）FR T0～T255
	L	以整数形式把当前的定时器值写入 ACCU1（当前定时器号的范围为 0～255，如 L T33）
	LC	把当前的定时器值以 BCD 码形式装入 ACCU1（当前定时器号的范围为 0～255，如 LC T33）
	R	复位定时器（当前的计时器号的范围为 0～255，如 R T33）
	SD	接通延时定时器
	SE	扩展脉冲定时器
	SF	断电延时定时器
	SP	脉冲定时器
	SS	带保持的接通延时定时器

续表

类　　别	STL 指令	说　　明
字逻辑指令	AD	双字与操作（32 位）
	AW	字与操作（16 位）
	OD	双字或操作（32 位）
	OW	单字或操作（16 位）
	XOD	双字异或操作（32 位）
	XOW	单字异或操作（16 位）

9.6　编程方式与程序块、数据块

本节重点介绍基于 STEP 7 软件环境下 S7－300 PLC 的编程方式以及逻辑块和数据块等方面的知识。

9.6.1　编程方式简介

在 STEP 7 中有 3 种常用的用户程序设计方法，即线性化编程、部分结构化编程和结构化编程。

1. 线性化编程

线性化编程类似于硬件继电器控制电路，整个用户程序放在循环控制组织块 OB1（主程序）中，循环扫描时不断地依次执行 OB1 中的全部指令。这种方式的程序结构简单，不涉及功能块、功能、数据块、局域变量和中断等比较复杂的概念，容易入门。由于所有的指令都在一个块中，即使程序中的某些部分在大多数时候并不需要执行，但每个扫描周期都要执行所有的指令，因此没有有效地利用 CPU。此外，如果要求多次执行相同或类似的操作，需要重复编写程序，如图 9.11 所示。

2. 部分结构化编程

程序部分在块内，每块包含一组设备和任务的逻辑。包含在组织块 OB1 中的指令控制程序执行部分块，如部分程序可以包括控制每一设备操作模式的指令块，如图 9.11 所示。

3. 结构化编程

结构化编程将复杂的自动化任务分解为能够反映过程的工艺、功能或可以反复使用的小任务，这些任务由相应的程序块（或称逻辑块）来表示，程序运行时所需的大量数据和变量存储在数据块中。某些程序块可以用来实现相同或相似的功能。这些程序是相对独立的，它们被 OB1 或别的程序块调用。在块调用中，调用者可以是各种逻辑块，包括用户编写的组织块（OB）、功能块（FB）、功能（FC）和系统提供的系统功能块（SFB）与系统功能（SFC），被调用的块是 OB 之外的逻辑块（以上各种块的具体内容见 9.6.2 小节）。调用功能块时需要为它指定一个背景数据块，后者随功能块的调用而打开，在调用结束时自动关闭，如图 9.11 右图所示。

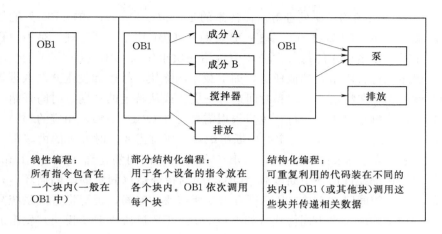

图 9.11　S7 – 300 PLC 程序设计方法

9.6.2　关于功能块

PLC 中的程序分为操作系统和用户程序，操作系统用来实现与特定控制任务无关的功能，如处理 PLC 的启动、刷新输入/输出过程映像表、调用用户程序、处理中断和错误、管理存储区和处理通信等。对于 S7 – 300，由 SETP 7 软件平台编写生成用户程序后，将它下载到 CPU。用户程序包含处理用户特定的自动化任务所需要的所有功能，如指定 CPU 暖启动或热启动的条件、处理过程数据、指定对中断的响应和处理程序正常运行中的干扰等。SETP 7 将用户编写的程序和程序所需的数据放置在块中，使单个的程序部件标准化。通过在块内或块之间类似于程序的调用，使用户程序结构化，可以简化程序组织，使程序易于修改和调试。块结构显著地增加了 PLC 程序的组织透明性、可理解性和易维护性。SETP 7 编程中各种块的简要说明见表 9.3，OB、FB、FC、SFB 和 SFC 都包含部分程序，统称为逻辑块。各种逻辑块的应用构成了用户程序的主要架构。

表 9.3　用户程序中的块

块	简　要　描　述
组织块（OB）	操作系统与用户程序的接口，决定用户程序的结构
系统功能块（SFB）	集成在 CPU 模块中，通过 SFB 调用一些重要的系统功能，有存储区
系统功能（SFC）	集成在 CPU 模块中，通过 SFC 调用一些重要的系统功能，无存储区
功能块（FB）	用户编写的包含经常使用的功能的子程序，有存储区
功能（FC）	用户编写的包含经常使用的功能的子程序，无存储区
背景数据块（DI）	调用 FB 和 SFB 用于传递参数的数据块，在编译过程中自动生成数据
共享数据块（DB）	存储用户数据的数据区域，供所有的块共享

1. 逻辑块及暂时局域数据

（1）组织块。

组织块是操作系统与用户程序的接口，由操作系统调用，用于控制扫描循环和中断程序的执行、PLC 的启动和错误处理等。需注意的是，S7 - 300 PLC 的 CPU 只能使用部分组织块（高端 S7 - 400 CPU 才有更多的 OB 资源）。OB1 用于循环处理，是用户程序中的主程序。操作系统在主程序的每一次循环中调用一次组织块 OB1。CPU 的一个循环周期分为输入、程序执行、输出和其他任务，如下载、删除块、接收和发送全局数据等。日期时间中断允许 OB10 在特定的日期和时间运行一次。或从特定的日期、时间开始，以一定的频率（每分钟、每小时等）运行，用户根据需要可在 OB10 中编入相应的程序。循环中断 OB35 是一个以固定间隔运行的定时中断组织块，所有需要定时处理的内容都可以通过 OB35 组织实现。如定时采样、控制等。OB35 的定时时间间隔允许在 1ms～1min 的范围内设置。当控制系统允许循环中断以后，OB35 中的指令会以固定的间隔循环运行，但要确保设置的定时时间间隔大于执 OB35 所有指令所需的时间；否则将造成系统异常。硬件中断 OB40 用来响应来自不同模块（如 I/O 模块、CP 模块或 FM 模块）发出的过程警告或硬件中断请求信号。对于可修改参数的模拟量或数字输入模块，用编程工具中的模块配置属性表可以设定由哪个信号启动 OB40。

（2）功能。

功能是用户编写的没有固定存储区的块，其暂时变量存储在局域数据堆栈中，功能执行结束后，这些数据就丢失了。可以用共享数据区来存储那些在功能执行结束后需要保存的数据，而不能为功能的局域数据分配初始值。调用功能时用实参（实际参数）代替形参（形式参数）。形参是实参在逻辑块中的名称，功能不需要背景数据块。功能和功能块用输入（IN）、输出（OUT）和输入/输出（IN_OUT）参数作指针，指向调用它的逻辑块提供的实参。功能被调用后，可以为调用它的块提供一个数据类型为 RE-TURN 的返回值。

（3）功能块。

功能块是用户编写的有自己存储区（背景数据块）的块（见 9.6.4），每次调用功能块时需要给功能块提供各种类型的数据，功能块也要返回变量给调用它的块。这些数据以静态变量（STAT）的形式存放在指定的背景数据块（DI）中，暂时变量存储在局域数据堆栈中。功能块执行完后，背景数据块中的数据不会丢失，但是不会保存局域数据堆栈中的数据。在编写调用功能块（FB）或系统功能块（SFB）的程序时，必须指定背景数据块（DI）的编号，调用时 DI 被自动打开。在编译 FB 或 SFB 时自动生成背景数据块中的数据。可以在用户程序中或通过 HMI（人机接口）通信来访问这些背景数据。

（4）系统功能块。

系统功能块是为用户提供的已经编好程序的块，可以在用户程序中调用这些块，但是用户不能修改它们。它们作为操作系统的一部分，不占用程序空间。SFB 有存储功能，其变量保存在指定给它的背景数据块中。

（5）系统功能。

系统功能是集成在 S7 CPU 的操作系统中预先编好程序的逻辑块，如时间功能和块传送功能等。SFC 属于操作系统的一部分，可以在用户程序中调用。与 SFB 相比，SFC 没有存储功能。S7 CPU 提供以下 SFC：复制及块功能，检查程序，处理时钟和运行时间计数器、数据传送，在多 CPU 模式的 CPU 之间传送事件，处理日期时间中断和延迟中断、处理同步错误、中断错误和异步错误，有关静态和动态系统数据的信息，过程映像刷新和位域处理、模块寻址、分布式 I/O、全局数据通信、非组态连接的通信，生成与块相关的信息等。SFC、SFB 具体的内容可查阅 SIMATIC 300/400PLC 用户手册。

（6）暂时局域数据。

生成逻辑块（OB、FC、FB）时可以声明暂时局域数据。这些数据是暂时的，退出逻辑块时不保留暂时局域数据，且只能在生成它们的逻辑块内使用。CPU 按优先级划分局域数据区，同一优先级的块共用一片局域数据区。

2. 逻辑块的调用

作为应用程序的组织块，OB 块可以根据需要调用包括 SFB、SFC、FB、FC 在内的各种逻辑块，当然在 FB 块和 FC 块中也允许调用其他的 FB、FC 块，以及系统提供的所有系统功能函数。逻辑块间具体的调用关系如图 9.12 所示。

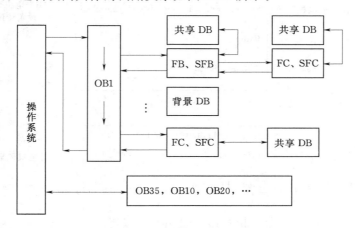

图 9.12 S7 - 300 PLC 逻辑块的调用关系示意图

9.6.3 功能块编程与调用

组织块 OB1 是循环执行的主程序，STEP 7 在生成项目时系统自动生成空的 OB1，即用户可根据项目的要求在 OB1 中开始编写主程序（根据需要，还可使用其他 OB 块以实现特殊功能）。现以电机控制程序为例来说明 STEP 7 中功能块编程与调用的过程，该程序 OB1 用来实现自动/手动工作模式的切换及通过两次调用 FB1 和 FC1 实现对 1 号电机和 2 号电机的控制。图 9.13 仅给出了控制 1 号电机的程序，控制 2 号电机的程序与之相似。

通过置位/复位指令 SR，用符号名分别为"自动"和"手动"的按钮来控制符号名为"自动模式"的输出量。

1. 功能块的调用

SETP 7 中的块调用分为条件调用和无条件调用。用梯形图调用块时，块的 EN（Enable，使能）输入端有能流流入时执行块；反之不执行。条件调用时 EN 端受到触点电路的控制。块被正确执行时 ENO（Enable Output，使能输出端）为 1；反之为 0。调用功能块之前，应为它（1 号电机或 2 号电机）生成一个背景数据块，调用时应指定背景数据

OB1：主程序

Network1：自动手动切换

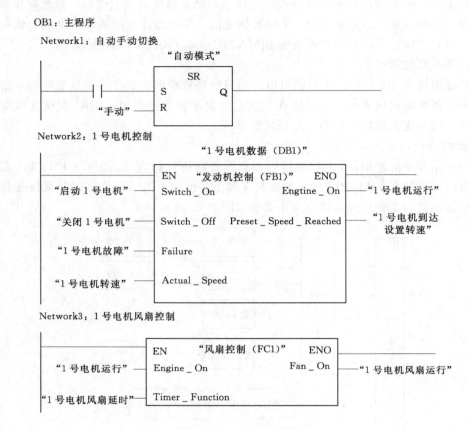

图 9.13　主程序 OB1 模块

块的名称。生成背景数据块时应选择数据块的类型为背景数据块，并设置调用它的功能块的名称。图 9.13 中的"1 号电机数据"（DB1）是功能块"电机控制"（FB1）的背景数据块，而 DB2 可设为 2 号电机数据块。图 9.13 中方框内的"电机控制"是功能块 FB1 的符号名，方框上面的"1 号电机数据"是对应的背景数据块 DB1 的符号名。方框内是功能块的形参，方框外是对应的实参。方框的左边是块的输入量，右边是块的输出量。功能块的符号名是在符号表中定义的。调用功能块时应将实参赋值给形参。例如，将符号名为"启动 1 号电机"的实参赋值给形参"Switch _ On"，实参可以是绝对地址或符号地址。如果调用时没有给形参赋予实参，功能块就调用背景数据块中形参的数值。该数值可能是在功能块的变量声明表中设置的形参的初值，也可能是上一次调用时储存在背景数据块中的数值。在两次调用功能块"电机控制"时，功能块的输入变量和输出变量不同，此外，分别使用 1 号电机的背景数据块 DB1 和 2 号电机的背景数据块 DB2。两个背景数据块中的变量相同，区别仅在于变量的实际参数（即实参）不同和静态参数（如预置转速）的初值不同。即 1 号电机、2 号电机运行同样的功能（FB1），只是用不同的 DB 来描述电机而已。背景数据块中的变量与"电机控制"功能块的变量声明表中的变量相同（不包括暂时变量 TEMP）。

2. 功能的调用

功能 FC 没有背景数据块，不能给功能的局域变量分配初值，所以必须给功能分配实参。SETP 7 为功能提供了一个特殊的输出参数，即返回值（RET_VAL），调用功能时，可以指定一个地址作为实参来存储返回值。图 9.13 中方框"风扇控制"是控制风扇的功能 FC1，它用于在电机停机后风扇继续运行 4s 后再停止运行。在符号表中定义了两次调用 FC1 时使用的定时器，用于启动风扇的 FC1 的输入变量和输出变量的符号，并定义了 FC1 的符号。下面是用语句表编写的部分 OB1 程序，用 CALL 指令调用功能块 FB1、FC1。为了能使全部程序转换为图 9.13 中的梯形图，还需要增加一些语句。

```
Network1：自动手动切换
A    "自动"
S    "手动模式"
A    "手动"
R    "自动模式"
Network2：1 号电机控制
CALL   "电机控制（FB1）"，"1 号电机数据（DB1）"
Switch_on                 :＝"启动 1 号电机"
Switch_off                :＝"关闭 1 号电机"
Failure                   :＝"1 号电机故障"
Actual_Speed              :＝"1 号电机转速"
Engine_ON                 :＝"1 号电机运行"
Preset_Speed_Reached      :＝"1 号电机到达设置转速"
Network3：1 号电机风扇控制
CALL   "风扇控制（FC1）"
Engine_On                 :＝"1 号电机运行"
Timer_Function            :＝"1 号电机风扇延时"
Fan_On                    :＝"1 号电机风扇运行"
Network4：2 号电机控制
CALL   "电机控制（FB1）"，"2 号电机数据 DB2"
Switch_On                 :＝"启动 2 号电机"
Switch_Off                :＝"关闭 2 号电机"
Failure                   :＝"2 号电机故障"
Actual_Speed              :＝"2 号电机转速"
Engine_ON                 :＝"2 号电机运行"
Preset_Speed_Reached      :＝"2 号电机到达设置转速"
Network4：2 号电机控制
CALL   "风扇控制（FC1）"
Engine_On                 :＝"2 号电机运行"
Timer_Function            :＝"2 号电机风扇延时"
Fan_On                    :＝"2 号电机风扇运行"
BE                        :＝"程序结束"
```

9.6.4　数据块

数据块中存储的是用户程序运行所需的大量数据或变量，它也是实现各逻辑块之间交换、传递和共享数据的基础。在 S7－300 PLC 的数据块中，除了可以定义位、字节、字、双字、浮点数等基本的数据类型以外，还可以定义数组、结构等复式数据类型。根据控制程序的需要，S7－300 的 CPU 允许在存储器中建立不同大小的多个数据块，但不同的 CPU 对允许定义的数据块数量及数据总量是有限制的。例如，CPU 314 允许定义用作数据块的存储器最多为 8KB，用户定义的数据总量不能超出这个限制，而且对数据块必须遵循先定义后使用的原则，否则将造成系统错误。

1. 数据块定义

数据块是用户在编程阶段用 SETP 7 软件定义的。见表 9.4，一个数据块需要定义数据块号及数据块中的变量名、数据类型和变量初值等内容，它必须作为用户程序的一部分下载到 CPU 中以后才能使用。在用户程序的运行过程中，如果确实需要，还可以调用系统功能函数动态定义数据块，动态定义的数据块号是自动产生的，数据块在存储器中的位置也是动态分配的。如果定义的数据块数量或数据总量超过限制，则动态定义过程失败，因此必须慎重使用这种定义方式。

表 9.4　数据块的定义示例

地　　址	名　　称	类型数据	初　　值	注　　释
0.0		STRUCT		0 号电机的开关状态
+0.0	motor0	BOOL	TRUE	1 号电机的开关状态
+0.1	motor1	BOOL	FALSE	
+1.0	tmp0	BYTE	B 号 16 号 0	
+2.0	T0	REAL	0.000000e+000	温度
=6.0		END－STRUCT		

2. 数据块类型

（1）共享数据块和背景数据块。

数据块分为共享数据块（DB）和背景数据块（DI）。共享数据块又称为全局数据块，它不附属于任何编辑块。在共享数据块中和全局符号表中声明的变量都是全局变量。用户程序中所有的逻辑块（FB、FC、OB 等）都可以使用共享数据块和全局符号表中的数据。背景数据块是专门指定给某个功能块（FB）或系统功能块（SFB）使用的数据块，它是 FB 或 SFB 运行时的工作存储区。当用户将数据块与某一功能块相连时，该数据块即成为该功能块的背景数据块，功能块的变量声明决定了它的背景数据块的结构和变量。不能直接修改背景数据块，只能通过对应的功能块的变量声明来修改它。调用 FB 时，必须同时指定一个对应的背景数据块。只有 FB 才能访问存放在它的背景数据块中的数据。事实上，共享数据块和背景数据块在 CPU 的存储器中是没有区别的，只是由于打开方式不同，才在打开时有背景数据块和共享数据块之分。原则上，任何一个数据块都可以当作共享数据块或背景数据块使用。应用 STEP 7 时，还会发现有一类数据块，即系统数据块，它是由 SETP 7 产生的程序存储区，包含系统组态数据，如硬件模块参数和通信连接参数等用于 CPU 操作系统的数据。

（2）数据块的数据结构。

在介绍了共享数据块和背景数据块概念的同时，还需了解 STEP 7 中输入数据块的数据结构，这对用户开发应用程序十分重要。

1）输入共享数据块的数据结构。如果用户打开一个不是用功能块生成的数据块，则可以在该数据块的声明表显示状态中声明其结构。对于不能共享的数据块，在声明表显示状态下不能进行修改。打开一个共享数据块，即为该数据块与 FB 无关。可以按下列信息填写表格来声明数据块的结构。对于不能共享的数据块，声明表显示状态为不能修改，见表 9.5。

表 9.5　　　　　　　　　　　　　　　　　　**共享数据块的数据结构**

列	解　　释
地址	当用户结束变量声明的输入时，STEP 7 自动分配并显示地址
名称	输入给每个变量的符号名
数据类型	输入用户赋给变量的数据类型（BOOL、INT、WORD、ARRAY、REAL 等）。变量可以有基本数据类型、复杂数据类型或用户声明数据类型
初值	这里可以输入初值，如果用户不想输入，则软件根据所输入的数据类型给出默认值；如果用户没有给变量声明实际值，当数据块第一次存盘时，初值将用作实际值
注释	输入对变量文档有帮助的注释。最多可以有 80 个字符

2）输入并显示与 FB 有关的数据块（背景 DB 的数据结构）。当用户将数据块与某一功能块相连时（背景 DB），则功能块的变量声明表决定该数据块的结构。任何修改只能在相关的功能块中进行，见表 9.6。

a. 打开相关的 FB。

b. 编辑该功能块的变量声明表。

c. 再生成背景数据块。

在背景数据块的声明表显示状态中，用户仅可以显示功能块的变量是如何声明的。

表 9.6　　　　　　　　　　　　　　　　　　**背景数据块的数据结构**

列	解　　释
地址	STEP 7 自动为变量分配并显示地址
参数类型	本栏表明在功能块的变量声明表中各变量是如何声明的： 输入参数（IN） 输出参数（OUT） 输入/输出参数（IN_OUT） 静态数据（STAT） 所声明的功能块暂时局域数据不位于背景数据块中
名称	在功能块变量声明表中给出的符号名
数据类型	显示功能块的变量声明中给出的数据类型。变量可以为基本数据类型、复杂数据类型或用户声明数据类型。 如果在功能块中调用其他功能块，必须声明其调用静态变量，用这个静态数据类型也可以声明一个功能块或一个系统功能块（SFB）

列	解　　释
初值	用户在功能块的变量声明中输入初值,如果不想输入,则软件给出默认值。当数据块第一次存盘时若用户没有明确的声明实际值,则初值将被用于实际值
注释	在功能块的变量声明表中输入的注释,以便对数据元素文字说明。用户不能编辑该区域

需要指出的是,对于分配给某功能块的背景数据块,用户只能编辑变量的实际值。如果要输入变量的实际值,用户必须工作在背景数据块的数据浏览形式中。

3. 数据块访问

在访问数据块时,需要指明被访问的是哪一个数据块,以及访问该数据块中的哪一个数据。访问数据块中的数据有两种方法。

(1) 先打开后访问。

访问数据块中的数据时,需要先打开它,由于 SIMATIC PLC 中 CPU 只有两个数据块寄存器,即 DB 寄存器和 DI 寄存器,同时只能打开一个共享数据块和一个背景数据块。它们的块号分别存放在 DB 寄存器和 DI 寄存器中。打开新的数据块后,原来打开的数据块自动关闭。下面以语句表的形式说明这种访问方法。

```
OPN    DB2          //打开数据块 DB2
A      DBX4.5       //如果 DB2.DBX4.5 的常开触点接通
L      DBW12        //将 DB2.DBW12 装入累加器 1
OPN    DB3          //打开数据块 DB3
T      DBW4         //将累加器 1 中的数据传送到 DB3.DBW4
```

调用一个功能块时,它的背景数据块被自动打开。如果该功能块调用了其他的块,调用结束后返回该功能块,原来打开的背景数据块不再有效,必须重新打开它。

(2) 直接访问数据块中的数据。

在指令中同时给出数据块的编号和数据在数据块中的地址,可以直接访问数据块中的数据。访问时可以使用绝对地址,也可以使用符号地址。数据块中的存储单元的地址由两部分组成,如 DB2.DBX2.0。DB2 是数据块的名称,DBX2.0 是数据块内第 2 个字节的第 0 位。这种访问方法不容易出错,建议在编程时尽量使用这种方法。上面的指令则可以等效为以下语句。

```
A      DB2.DBX4.5
L      DB2.DBW12    //将 DB2.DBW12 装入累加器 1
T      DB3.DBW4     //将累加器 1 中的数据传送到 DB3.DBW4
```

9.7　S7 - 300 的网络通信

随着计算机网络的日益发展,远程控制、自动控制等先进的控制系统也慢慢为人们所接受并采用,而自动控制系统也从原来的集中控制的方式慢慢向多级的分布式系统发展。工业控制系统的网络也将由集中式网络向分布式网络发展。组网通信是 PLC 必不可少的一个重要功能。西门子提供了各种开放的、应用于不同控制级别的工业环境的通信系统，统称为 SIMATIC NET。它可以适应不同控制需要，构建不同体系，并为各个网络层次提供互联模块或接口装置，通过通信子网把 PLC、PG、PC、OP 及其他控制设备互连起来，主要提供 MPI（MultiPoint Interface）、Profibus、Industrial Ethernet 等通信方式，每种通信方式都有各自的技术特点和不同的应用环境。

9.7.1 MPI 通信介绍

1. MPI 网络

MPI 是一种适用于小范围、少数站点间通信的网络。在网络结构中属于单元级和现场级。它适用于西门子 S7/M7 和 C7 系统，通过 Profibus 电缆和接头，将控制器 CPU 的 MPI 编程口相互连接，以及与上位机网卡的编程口（MPUDP 口）连接，即可实现 MPI 通信。MPI 网络是一种总线型网络，可以用来连接多个编程设备、操作面板和 PLC。利用编程口进行通信是一种对通信速率要求不高、通信数据量不大的通信方式。MPI 接口是 S7－300/400 CPU 上自带的编程口。MPI 通信是 S7 系列 PLC 之间一种最经济、数据量最小的通信，需要做连接配置的站是通过 GD 进行通信的，GD 通信适合于 S7－300 之间进行通信，而 S7－300、S7－400、MPI 之间连接的 MPI 通信适用于 S7－300 之间、S7－300 与 S7－400 之间、S7－300/400 与 S7－200 系列 PLC 之间的通信。MPI 通信利用 PLC 站 S7－200/300/400 和上位机（PG/PC）插卡 CP541I/CP5511/5611/5613 的 MPI 进行数据交换。在 MPI 网络上最多可以有 32 个站。第一个站与最后一个站之间通信距离为 50m，如果通信距离较远的话，读者可以通过 RS－485 中继器来进行扩展，扩展后一个总线段最长距离为 1000m，通信波特率为 187.5b/s。MPI 网络示意图如图 9.14 所示，PC 与 MPI、Profibus 网络的通信接口设备见表 9.7。

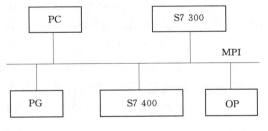

图 9.14　MPI 网络示意图

表 9.7　　　　　　　　　　PC 与 MPI、Profibus 网络的通信接口设备

通信接口	模板格式	通信速率	通信服务
CP5412－A2	ISA	9.6kb/s～12Mb/s	S7 函数、GD
CP5411	ISA	9.6kb/s～12Mb/s	
CP5511	PCMCIA	38.4kb/s	
CP5611	PCI	9.6kb/s～12Mb/s	

2. 全局数据（GD）通信

MPI 网络上各节点之间的数据交换有 S7 函数和 GD 通信两种方法，前一种是通过调用系统提供的通信函数进行数据交换，这里仅讨论 GD 通信方法。全局数据（GD）通信方式是为 MPI 网络上的 PLC 之间循环地传送少量数据而设计的，GD 通信方式的作用只是实现两个或多个 PLC 间少量数据的共享。允许通过 GD 通信交换的数据量以及同时与

PLC 连接的活动站点数量都和 CPU 的型号有关，见表 9.8。

表 9.8   **部分 SIMATIC PLC 的全局数据通信能力**

CPU	S7 - 300	S7 - 400			
		CPU 412 - 1	CPU 413 - 1	CPU 414 - 1	CPU 416 - 1
GD 块数/块	4	16	16	16	32
GD 容量/(B/块)	24	32	32	64	64
可连接的活动站点数	4	8	16	32	64

（1）GD 通信原理。

在 MPI 网上实现全局数据共享的两个或多个 CPU 中，至少有一个是数据的发送方，有一个或多个是数据的接收方。每个 CPU 既可以是数据的发送方，同时也可以是数据的接收方。发送或接收的数据称为全局数据，或者称为全局数据块。在 PLC 操作系统的控制下，发送方 CPU 在它的扫描循环的末尾发送 GD，接收方 CPU 在它的扫描循环的开始接收 GD。因此，对于接收方来说，发送方的 GD 数据块数据是"透明的"，也就是说，发送方 GD 块中的信号状态会自动影响接收方的 GD 块，接收方对接收 GD 块的访问（读），相当于对发送 GD 块的访问（写）。

（2）GD 块的定义。

GD 块由一系列的 GD 数据元素组成，它们可以是位、字节、字、双字或相关数组，GD 元素可定义在用户程序可以访问的任何存储区中，如 I0.2（位）、QB2（字节）、MW2（字）、DB1.DBD0（双字）、MB0：10（数组）等都是一些合法的 GD 元素。其中，MB0：10 是指由 MB0、MB1、…、MB9 共连续 10 个位存储字节组成的数组，数组元素可以是位、字或双字。一个 GD 块一般由一个或几个 GD 元素组成，但所有 GD 元素所占的数据容量不能超过 CPU 的允许值。例如，S7 - 300 CPU 允许定义 4 个 GD 块，每个 GD 块的最大容量是 24B，表 9.9 给出了各种 GD 元素对应的字节数。

表 9.9   **GD 元素的字节数**

元 素 类 型	元素所占的字节数	示 例
位	3B	I0.0——占 3B
字	3B	IB1——占 3B
字节	4B	MW0——占 4B
双字	6B	DB1.DBD0——占 6B
数组	数组长度＋2B 的头部说明	MB0：10——占 12B

9.7.2   Profibus 通信介绍

Profibus 是一种国际化、开放式、不依赖于设备生产商的现场总线标准，它广泛适用于制造业自动化、流程工业自动化和楼宇、交通电力等其他领域自动化。Profibus 由 3 部分组成，即分布式外围设备（Decentralized Periphery，Profibus - DP）、过程自动化（Process Automation，Profibus - PA）和现场总线报文规范（Fieldbus Message Specification, Profibus - FMS)。

1. Profibus - DP

Profibus - DP 用于在自动化系统中单元级控制设备与分布式 I/O 的通信,可以取代 4～20mA模拟信号传输。Profibus - DP 使用第 1 层、第 2 层和用户接口层,第 3～7 层未使用,这种精简的结构确保了高速数据传输。直接数据链路映像程序 DDLM 提供对第 2 层的访问。用户接口规定了设备的应用功能、Profibus - DP 系统和设备的行为特性。Profibus - DP 特别适合于 PLC 与现场级分布式 I/O(如 ET200)设备之间的通信。主站之间的通信为令牌方式,主站与从站之间为主从方式,以及这两种方式的混合。S7 - 300 PLC 有的配备集成的 Profibus - DP 接口,S7 - 300 也可以通过通信处理器(CP)连接到 Profibus - DP。

2. Profibus - PA

Profibus - PA 用于过程自动化的现场传感器和执行器的低速数据传输,使用扩展的 Profibus - DP 协议,此外还描述了现场设备行为的 PA 行规。由于传输技术采用 IEC 1158 - 2 标准,确保了本质安全和通过总线对现场设备供电,可以用于防爆区域的传感器和执行器与中央控制系统的通信。使用分段式耦合器可以将 Profibus - PA 设备很方便地集成到 Profibus - DP 网络中。Profibus - PA 使用屏蔽双铰线电缆,由总线提供电源。在危险区域每个 DP/PA 链路可以连接 15 个现场设备,在非危险区域每个 DP/PA 链路可以连接 31 个现场设备。对于某些分布很广的系统,如大型仓库、码头和自来水厂等,可以采用分布式 I/O,将它们放置在离传感器和执行机构较近的地方,分布式 I/O 通过 Profibus - DP 网络与 PLC 通信,可以减少大量的接线,既节约投资又给系统维护带来了方便。

3. Profibus - FMS

Profibus - FMS 定义了主站与主站之间的通信模型,它使用 OSI 7 层模型的第 1 层、第 2 层和第 7 层。应用层(第 7 层)包括现场总线报文规范 FMS 和低层接口 LLI(Lower Layer Interface)。FMS 包含应用层协议,并向用户提供功能很强的通信服务。LLI 协调不同的通信关系,并提供不依赖于设备的第二层访问接口。第 2 层(总线数据链路层)提供总线存取控制和保证数据的可靠性。FMS 主要用于在系统级和车间级的不同供应商的自动化系统之间传输数据,还可以处理单元级(PLC 和 PLC)的多主站数据通信,为解决复杂的通信任务提供了很大的灵活性。

9.7.3 Industrial Ethernet 通信介绍

工业以太网是为工业应用专门设计的,它是遵循国际标准 IEEE 802.3(Ethernet)的开放式、多供应商、高性能的区域和单元网络。工业以太网已经广泛应用于控制网络的最高层,并且有向控制网络的中间层和底层(现场层)发展的趋势。企业内部互联网(Intranet)、外部互联网(Extranet)以及国际互联网(Internet)不但进入了办公室领域,而且已经广泛应用于生产和过程自动化。具有交换功能、全双工和自适应的 100Mb/s 高速以太网(Fast Ethernet,符合 IEEE 802.3u 标准)也已经成功运行多年。SIMATIC NET 可以将控制网络无缝集成到管理网络和互联网。以太网的市场占有率高达 80%,毫无疑问是当今局域网(LAN)领域中首屈一指的网络。以太网有以下优点。

(1) 可以采用冗余的网络拓扑结构，可靠性高。

(2) 通过交换技术可以提供实际上没有限制的通信性能。

(3) 灵活性好，现有的设备可以不受影响地扩展。

(4) 在不断发展的过程中具有良好的向下兼容性，保证了投资的安全。

(5) 易于实现管理控制网络的一体化。

以太网可以接入广域网（WAN），如综合服务数字网（ISDN）或互联网，可以在整个公司范围内通信，或实现公司之间的通信。与前两种子网有所不同的是，Industrial Ethernet 网上的多数站点设备需要安装 Ethernet - CP 来扩展网络接口。表 9.10 列出了 Industrial Ethernet 网络的通信接口模块。

表 9.10　　　　　　　　　　Industrial Ethernet 网络通信接口设备

站点设备	通信接口设备	站点设备	通信接口设备
PC	CP1413（ISA）、CP1411（ISA）	S7 - 400	CP443 - 1、CP443 - 1 TCP
S7 - 300	CP343 - 1、CP343 - 1 TCP		

在实际应用中，根据信息管理、控制任务的需要，SIMATIC NET 网络上的站点设备在各站点满足通信接口设备的前提下，可同时具有 MPI、Profibus、Industrial Ethernet 等 3 种网络通信的功能。

本　章　小　结

本章以 S7 - 300 系列 PLC 为对象，详细介绍了其结构、软元件及寻址方式。

本章 9.1 节从总体概述了 S7 - 300 的主要功能、组成部分/系统结构以及模块地址确定。

本章 9.2 节介绍了 S7 - 300 的 CPU 运行模式和通信接口。

本章 9.3 节主要介绍了 S7 - 300 的信号模块，主要分为模拟量和数字量模块，每种模块又细分为输入、输出以及输入/输出混合模块。

本章 9.4 节概述了 S7 - 300 的 3 种编程语言，即语句表、梯形图和逻辑功能图。

本章 9.5 节主要介绍了在 S7 - 300 的软件开发平台 STEP 7 中对应于 3 种编程语言的 3 种指令系统，即 LAD、FBD、STL。

本章 9.6 节主要介绍了基于 STEP 7 软件环境下 S7 - 300 PLC 的 3 种编程方式，即功能块编程和调用以及数据块定义/类型和访问等，并在实例中通过对功能块的调用实现了电机的控制。

本章 9.7 节主要介绍了 S7 - 300 的 3 种组网通信方式，即 MPI、Profibus、Industrial Ethernet。

习　　题

9.1　一个控制系统如果需要 16 点数字量输入，20 点数字量输出，8 点模拟量输入和

4 点模拟量输出。则：

（1）可以选用哪种主机型号？

（2）如何选择扩展模块？

（3）各模块如何连接到主机？画出连接图。

（4）按上问所画出的图形，其主机和各模块的地址如何分配？

9.2　S7－300 系列 PLC 的 CPU 有哪几种运行模式？各模式下有什么不同？

9.3　S7－300 系列 PLC 主机中有哪些主要编程元件？各编程元件如何直接寻址？

9.4　采用间接寻址方式设计一段程序，将 10B 的数据存储在从 VB200 开始的存储单元，这些数据为 12、35、65、78、56、76、88、60、90 和 47。

9.5　S7－300 PLC 中共有几种分辨率的定时器？它们的刷新方式有何不同？S7－300 PLC 中共有几种类型的定时器？对它们执行复位指令后，它们的当前值和位的状态是什么？

9.6　某设备有 3 台风机，当设备处于运行状态时，如果有两台或两台以上风机工作，则指示灯常亮，指示"正常"；如果仅有一台风机工作，则该指示灯以 0.5Hz 的频率闪烁，指示"一级报警"；如果没有风机工作，则指示灯以 2Hz 的频率闪烁，指示"严重警报"。当设备不运转时，指示灯不亮。试用 STL 及 LAD 编写符合要求的控制程序。

第 10 章　PLC 控制系统的应用设计

主要内容

本章主要介绍了 PLC 控制系统的总体设计、减少 PLC 输入和输出点数的方法以及提高 PLC 控制系统可靠性措施和具体的应用事例。

学习要求

1. 建立 PLC 控制系统总体设计的设计思路。

2. 了解 PLC 控制系统设计的基本原则。

3. 掌握减少 PLC 输入/输出点数的方法。

4. 通过机械手控制系统应用设计事例的学习，能够运用所学基本指令以及功能指令，进行 PLC 控制系统的设计。

PLC 已广泛地应用在工业控制的各个领域，由于 PLC 的应用场合多种多样，以 PLC 为主控制器的控制系统越来越多。应当说，在熟悉了 PLC 的基本工作原理和指令系统之后，就可以结合实际进行 PLC 控制系统的应用设计，使 PLC 能够实现对生产机械或生产过程的控制。由于 PLC 的工作方式和通用微机不完全一样，因此，用 PLC 设计自动控制系统与微机控制系统的开发过程也不完全相同，需要根据 PLC 的特点进行系统设计。PLC 控制系统与继电器控制系统也有本质区别，硬件和软件可分开进行设计是 PLC 的一大特点。本章将介绍 PLC 控制系统的硬件设计方面的问题，它包括 PLC 控制系统的总体设计、减少 PLC 输入和输出点数的方法以及提高 PLC 抗干扰的措施。然后介绍一个简单的控制系统设计。

10.1　PLC 控制系统的总体设计

PLC 控制系统的总体设计是进行 PLC 应用设计时至关重要的第一步。首先应当根据被控对象的要求，确定 PLC 控制系统的类型。

10.1.1　PLC 控制系统的类型

以 PLC 为主控制器的控制系统有以下 4 种控制类型。

1. 单机控制系统

单机控制系统是由一台 PLC 控制一台设备或一条简易生产线，如图 10.1 所示。单机系统构成简单，所需要的 I/O 点数较少，存储器容量小，可任意选择 PLC 的型号。注意：无论目前是否有通信联网的要求，都应当选择有通信功能的 PLC，以适应将来系统功能扩充的需要。

2. 集中控制系统

集中控制系统是由一台 PLC 控制多台设备或几条简易生产线，如图 10.2 所示。这种控制系统的特点是多个被控对象的位置比较接近，且相互之间的动作有一定的联系。由于多个被控对象通过同一台 PLC 控制，因此各个被控对象之间的数据、状态的变化不需要另设专门的通信线路。

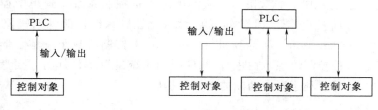

图 10.1　单机控制系统　　　　　图 10.2　集中控制系统

集中控制系统的最大缺点是如果某个被控对象的控制程序需要改变或 PLC 出现故障时，整个系统都要停止工作。对于大型的集中控制系统，可以采用冗余系统来克服这个缺点，此时要求 PLC 的 I/O 点数和存储器容量有较大的余量。

3. 远程 I/O 控制系统

这种控制系统是集中控制系统的特殊情况，也是由一台 PLC 控制多个被控对象，但是却有部分 I/O 系统远离 PLC 主机，如图 10.3 所示。

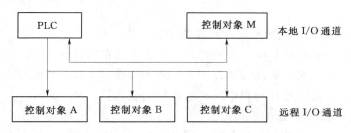

图 10.3　远程 I/O 控制系统

远程 I/O 控制系统适用于具有部分被控对象远离集中控制室的场合。PLC 主机与远程 I/O 通过同轴电缆传递信息，不同型号的 PLC 所能驱动的同轴电缆的长度不同，所能驱动的远程 I/O 通道的数量也不同，选择 PLC 型号时，要重点考察驱动同轴电缆的长度和远程 I/O 通道的数量。

4. 分布式控制系统

这种系统有多个被控对象，每个被控对象由一台具有通信功能的 PLC 控制，由上位机通过数据总线与多台 PLC 进行通信，各个 PLC 之间也有数据交换，如图 10.4

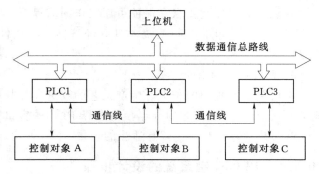

图 10.4　分布式控制系统

所示。

分布式控制系统的特点是多个被控对象分布的区域较大，相互之间的距离较远，每台 PLC 可以通过数据总线与上位机通信，也可以通过通信线与其他的 PLC 交换信息。分布式控制系统的最大好处是某个被控对象或 PLC 出现故障时，不会影响其他的 PLC 正常运行。

PLC 控制系统的发展是非常快的，从简单的单机控制系统，到集中控制系统，到分布式控制系统，目前又提出了 PLC 的 EIC 综合化控制系统，即将电气控制（Electric）、仪表控制（Instrumentation）和计算机（Computer）控制集成于一体，形成先进的 EIC 控制系统。基于这种控制思想，在进行 PLC 控制系统的总体设计时，要考虑到如何同这种先进性相适应，并有利于系统功能的进一步扩展。

10.1.2 PLC 控制系统设计的基本原则

PLC 控制系统的总体设计原则是：根据控制任务，在最大限度地满足生产机械或生产工艺对电气控制要求的前提下，运行稳定，安全可靠，经济实用，操作简单，维护方便。

任何一个电气控制系统所要完成的控制任务，都是为满足被控对象（生产控制设备、自动化生产线、生产工艺过程等）提出的各项性能指标，提高劳动生产率，保证产品质量，减轻劳动强度和危害程度，提升自动化水平。因此，在设计 PLC 控制系统时，应遵循的基本原则如下。

1. 最大限度地满足被控对象提出的各项性能指标

为明确控制任务和控制系统应有的功能，设计人员在进行设计前，就应深入现场进行调查研究，搜集资料，与机械部分的设计人员和实际操作人员密切配合，共同拟定电气控制方案，以便协同解决在设计过程中出现的各种问题。

2. 确保控制系统的安全可靠

电气控制系统的可靠性就是生命线，不能安全可靠工作的电气控制系统，是不可能长期投入生产运行的。尤其是在以提高产品数量和质量，保证生产安全为目标的应用场合，必须将可靠性放在首位。

3. 力求控制系统简单

在能够满足控制要求和保证可靠工作的前提下，不失先进性，应力求控制系统结构简单。只有结构简单的控制系统才具有经济性、实用性的特点，才能做到使用方便和维护容易。

4. 留有适当的余量

考虑到生产规模的扩大、生产工艺的改进、控制任务的增加以及维护方便的需要，要充分利用 PLC 易于扩充的特点，在选择 PLC 的容量（包括存储器的容量、机架插槽数、I/O 点的数量等）时，应留有适当的余量。

10.1.3 PLC 控制系统的设计步骤

用 PLC 进行控制系统设计的一般步骤可参考图 10.5 所给出的流程。

下面就几个主要步骤作进一步的解释和说明。

1. 明确设计任务和技术条件

在进行系统设计之前，设计人员首先应该对被控对象进行深入的调查和分析，并熟悉工艺流程及设备性能。根据生产中提出来的问题，确定系统所要完成的任务。与此同时，拟定出设计任务书，明确各项设计要求、约束条件及控制方式。设计任务书是整个系统设计的依据。

2. 选择 PLC 机型

目前，国内外 PLC 生产厂家生产的 PLC 品种已达数百个，其性能各有特点，价格也不尽相同。在设计 PLC 控制系统时，要选择最适宜的 PLC 机型，一般应考虑下列因素。

（1）系统的控制目标。设计 PLC 控制系统时，首要的控制目标就是：确保控制系统安全、可靠、稳定运行，提高生产效率，保证产品质量等。如果要求以极高的可靠性为控制目标，则需要构成 PLC 冗余控制系统，这时要从能够完成冗余控制的 PLC 型号中进行选择。

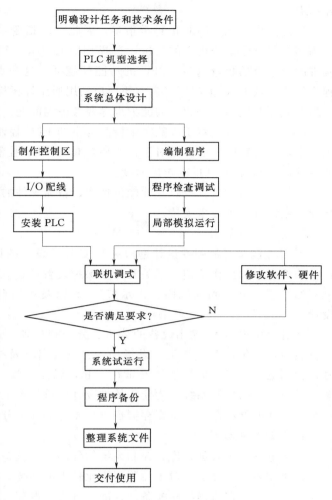

图 10.5　PLC 控制系统设计步骤

（2）PLC 的硬件配置。根据系统的控制目标和控制类型，从众多的 PLC 生产厂中初步选择几个具有一定知名度的公司，如 SIEMENS、OMRON、A－B 等。另外，也要征求和听取生产厂家的意见，再根据被控对象的工艺要求及 I/O 系统考虑具体配置问题。

PLC 硬件配置时主要考虑以下几个方面。

（1）CPU 能力。CPU 的能力是 PLC 最重要的性能指标，在选择机型时，首先要考虑如何配置 CPU，主要从处理器的个数及位数、存储器的容量及可扩展性以及编程元件的能力等方面考虑。

（2）I/O 系统。PLC 控制系统的输入/输出点数的多少，是 PLC 系统设计时必须知道的参数，由于各个 PLC 生产厂家在产品手册上给出的最大 I/O 点数所表示的确切含义有一些差异，有的表示输入/输出的点数之和，有的则分别表示最大输入点数和最大输出点数。因此要根据实际的控制系统所需要的 I/O 点数，在充分考虑余量的基础上配置输入/

输出点。

（3）指令系统。PLC 的种类很多，因此它的指令系统是不完全相同的。可根据实际应用场合对指令系统提出的要求，选择相应的 PLC。PLC 的控制功能是通过执行指令来实现的，指令的数量越多，PLC 的功能就越强，这一点是毫无疑问的。另外应用软件的程序结构以及 PLC 生产厂家为方便用户利用通用计算机（IBM – PC 及其兼容机）编程及模拟调试而开发的专用软件的能力也是要考虑的问题。

（4）响应速度。对于以数字量控制为主的 PLC 控制系统，PLC 的响应速度都可以满足要求，不必特殊考虑。而对于含有模拟量的 PLC 控制系统，特别是含有较多闭环控制的系统，必须考虑 PLC 的响应速度。

其他还要考虑工程投资及性能价格比、备品配件的统一性以及相关的技术培训、设计指导、系统维修等技术支持。

3. 系统硬件设计

PLC 控制系统的硬件设计是指对 PLC 外部设备的设计。在硬件设计中，要进行输入设备的选择（如操作按钮、开关及计量保护装置的输入信号等），执行元件的选择（如接触器的线圈、电磁阀的线圈、指示灯等），以及控制台、柜的设计和选择，操作面板的设计。

通过对用户输入/输出设备的分析、分类和整理，进行相应的 I/O 地址分配，在 I/O 设备表中，应包含 I/O 地址、设备代号、设备名称及控制功能，应尽量将相同类型的信号、相同电压等级的信号地址安排在一起，以便于施工和布线，并依此绘制出 I/O 接线图。对于较大的控制系统，为便于软件设计，可根据工艺流程，将所需要的定时器、计数器及内部辅助继电器、变量寄存器也进行相应的地址分配。

4. 系统软件设计

对于电气技术人员来说，控制系统软件的设计就是用梯形图编写控制程序，可采用经验设计法或逻辑设计法。对于控制规模比较大的系统，可根据工艺流程图，将整个流程分解为若干步，确定每步的转换条件，配合分支、循环、跳转及某些特殊功能，以便很容易地转换为梯形图设计。对于传统的继电器控制线路的改造，可根据原系统的控制线路图，将某些桥式电路按照梯形图的编程规则进行改造后，直接转换为梯形图。这种方法设计周期短，修改、调试程序简单、方便。软件设计可以与现场施工同步进行，以缩短设计周期。

5. 系统的局部模拟运行

上述步骤完成后，便有了一个 PLC 控制系统的雏形，接着便进行模拟调试。在确保硬件工作正常的前提下，再进行软件调试。在调试控制程序时，应本着从上到下、先内后外、先局部后整体的原则，逐句逐段地反复调试。

6. 控制系统联机调试

这是最后的关键性一步。应对系统性能进行评价后再做出改进。反复修改，反复调试，直到满足要求为止。为了判断系统各部件工作的情况，可以编制一些短小而针对性强的临时调试程序（待调试结束后再删除）。在系统联调中，要注意使用灵活的技巧，以便加快系统调试过程。

7. 编制系统的技术文件

在设计任务完成后，要编制系统的技术文件。技术文件一般应包括总体说明、硬件文件、软件文件和使用说明等，随系统一起交付使用。

10.2　减少 PLC 输入和输出点数的方法

为了提高 PLC 系统的可靠性，并减少 PLC 控制系统的造价，在设计 PLC 控制系统或对老设备进行改造时，往往会遇到输入点数不够或输出点数不够而需要扩展的问题，当然可以通过增加 I/O 扩展单元或 I/O 模板来解决，但 PLC 的每一 I/O 点的平均价格达数十元，如果不是需要增加很多的点，可以对输入信号或输出信号进行一定的处理，节省一些 PLC 的 I/O 点数，使问题得到解决。下面介绍几种常用的减少 PLC 输入和输出点数的方法。

10.2.1　减少 PLC 输入点数的方法

1. 分时分组输入

自动程序和手动程序不会同时执行，自动和手动这两种工作方式分别使用的输入量可以分成两组输入（图 10.6）。I1.0 用来输入自动/手动命令信号，供自动程序和手动程序切换之用。

图 10.6 中的二极管用来切断寄生电路。假设图中没有二极管，系统处于自动状态，S1、S2、S3 闭合，S4 断开，这时电流从 L＋端子流出，经 S3、S1、S2 形成的寄生回路流入 I0.1 端子，使输入位 I0.1 错误地变为 ON。各开关串联了二极管后，切断了寄生回路，避免了错误输入的产生。

2. 输入触点的合并

如果某些外部输入信号总是以某种"与或非"组合的整体形式出现在梯形图中，可以将它们对应的触点在可编程序控制器外部串、并联后作为一个整体输入 PLC，只占 PLC 的一个输入点。

例如，某负载可在多处启动和停止，可以将 3 个启动信号并联，将 3 个停止信号串联，分别送给 PLC 的两个输入点（图 10.7）。与每一个启动信号和停止信号占用一个输入点的方法相比，不仅节约了输入点，还简化了梯形图电路。

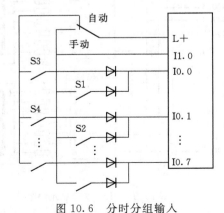

图 10.6　分时分组输入　　　　　　图 10.7　输入触点的合并

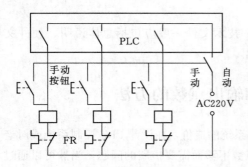

图 10.8　将信号设置在 PLC 之外

3. 将信号设置在可编程序控制器之外

系统的某些输入信号，如手动操作按钮、保护动作后需手动复位的电动机热继电器 FR 的常闭触点提供的信号，可以设置在 PLC 外部的硬件电路中（图 10.8）。某些手动按钮需要串接一些安全联锁触点，如果外部硬件联锁电路过于复杂，则应考虑仍将有关信号送入 PLC，用梯形图实现联锁。

以上是一些常见的减少 PLC 输入点数的方法。PLC 的软件功能很强，如果应用 PLC 的功能指令，还可以设计出多种减少输入点数的方法，这里就不再介绍了。

10.2.2　减少 PLC 输出点数的方法

（1）在 PLC 的输出功率允许的条件下，通/断状态完全相同的多个负载并联后，可以共用一个输出点，通过外部的或 PLC 控制的转换开关的切换，一个输出点可以控制两个或多个不同时工作的负载。与外部元件的触点配合，可以用一个输出点控制两个或多个有不同要求的负载。用一个输出点控制指示灯常亮或闪烁，可以显示两种不同的信息。

在需要用指示灯显示 PLC 驱动的负载（如接触器线圈）状态时，可以将指示灯与负载并联，并联时指示灯与负载的额定电压应相同，总电流不应超过允许值。可选用电流小、工作可靠的 LED（发光二极管）指示灯。可以用接触器的辅助触点来实现 PLC 外部的硬件联锁。

系统中某些相对独立或比较简单的部分，可以不进 PLC，直接用继电器电路来控制，这样同时减少了所需的 PLC 的输入点和输出点。

（2）减少数字显示所需输出点数的方法。如果直接用数字量输出点来控制多位 LED 七段显示器，所需的输出点是很多的。

在图 10.9 所示电路中，用具有锁存、译码、驱动功能的芯片 CD4513 驱动共阴极 LED 七段显示器，两只 CD4513 的数据输入端 A～D 共用 PLC 的 4 个输出端，其中 A 为最低位，D 为最高位。LE 是锁存使能输入端，在 LE 信号的上升沿将数据输入端输入的 BCD 数锁存在片内的寄存器中，并将该数译码后显示出来。如果输入的不是十进制数，显示器熄灭。LE 为高电平时，显示的数不受数据输入信号的影响。显然，N 个显示器占用的输出点数为 4 ＋N。

如果使用继电器输出模块，应在与 CD4513 相连的 PLC 各输出端与"地"之

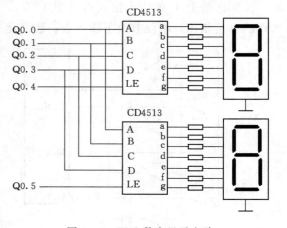

图 10.9　PLC 数字显示电路

间分别接一个几千欧的电阻，以避免在输出继电器的触点断开时 CD4513 的输入端悬空。输出继电器的状态变化时，其触点可能抖动，因此应先送数据输出信号，待该信号稳定后，再用 LE 信号的上升沿将数据锁存进 CD4513。

如果需要显示和输入的数据较多，可以考虑使用 TD200 文本显示器或其他操作员面板。

10.3　提高 PLC 控制系统可靠性的措施

PLC 是专门为工业环境设计的控制装置，一般不需要采取什么特殊措施，就可以直接在工业环境使用。但是如果环境过于恶劣、电磁干扰特别强烈或安装使用不当，都不能保证系统的正常安全运行。干扰可能使 PLC 接收到错误的信号，造成误动作，或使 PLC 内部的数据丢失，严重时甚至会使系统失控。在系统设计时，应采取相应的可靠性措施，以消除或减少干扰的影响，保证系统的正常运行。

10.3.1　PLC 的工作环境

（1）温度。PLC 要求环境温度在 0～55℃内。安装时不能把发热量大的元件放在 PLC 下面，PLC 四周通风散热的空间应足够大，开关柜上、下部应有通风的百叶窗。

（2）湿度。为了保证 PLC 的绝缘性能，空气的相对湿度一般应小于 85%（无凝露）。

（3）振动。应使 PLC 远离强烈的振动源。可以用减振橡胶来减轻柜内和柜外产生的振动影响。

（4）空气。如果空气中有较浓的粉尘、腐蚀性气体和盐雾，在温度允许时可以将 PLC 封闭，或者将 PLC 安装在密闭性较好的控制室内，并安装空气净化装置。

10.3.2　对电源的处理

电源是干扰进入 PLC 的主要途径之一，电源干扰主要是通过供电线路的阻抗耦合产生的，各种大功率用电设备是主要的干扰源。

在干扰较强或对可靠性要求很高的场合，可以在 PLC 的交流电源输入端加接带屏蔽层的隔离变压器和低通滤波器（图 10.10），隔离变压器可以抑制从电源线窜入的外来干扰，提高抗高频共模干扰能力，屏蔽层应可靠接地。

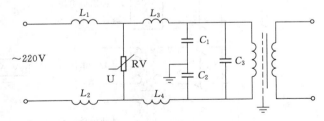

图 10.10　低通滤波器与隔离变压器

在电力系统中，使用 220V 的直流电源（蓄电池）给 PLC 供电，可以显著地减少来自交流电源的干扰，在交流电源消失时，也能保证 PLC 的正常工作；动力部分、控制部分、PLC、I/O 电源应分别配线，隔离变压器与 PLC 和与 I/O 电源之间应采用双绞线连接；外部输入电路用的外接直流电源最好采用稳压电源，那种仅将交流电压整流滤波的电源含有较强的纹波，可能使 PLC

接收到错误的信息。PLC 的供电系统一般采用下列几种方案。

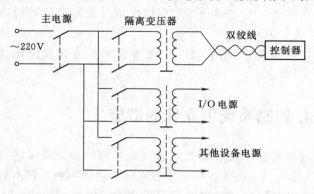

图 10.11　使用隔离变压器的供电系统

1. 使用隔离变压器的供电系统

图 10.11 所示为使用隔离变压器的供电系统，控制器和 I/O 系统分别由各自的隔离变压器供电，并与主电路电源分开。这样当某一部分电源出了故障时，不会影响其他部分，当输入、输出供电中断时控制器仍能继续供电，提高了供电的可靠性。

2. 使用 UPS 供电系统

不间断电源 UPS 是电子计算机的有效保护装置，当输入交流电失电时，UPS 能自动切换到输出状态继续向控制器供电。图 10.12 是 UPS 的供电系统，根据 UPS 的容量在交流电失电后可继续向控制器供电 10～30min。因此，对于非长时间停电的系统，其效果更加显著。

3. 双路供电系统

为了提高供电系统的可靠性，交流供电最好采用双路，其电源应分别来自两个不同的变电站。当一路供电出现故障时，能自动切换到另一路供电。图 10.13 是双路供电系统。KV 为欠电压继电器，若先合 A 开关，KV-A 线圈得电，铁芯吸合，其常闭触点断开 B 路，这样完成 A 路供电控制。然后合上 B 开关，而 B 路此时处于备用状态。当 A 路电压降低到整定值时，KV-A 欠压继电器铁芯释放，其触点复位，则 B 路开始供电，以此同时，KV-B 线圈得电，铁芯吸合，其常闭触点 KV-B 断开 A 路，完成 A 路到 B 路的切换。

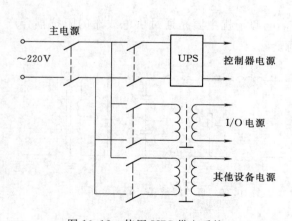

图 10.12　使用 UPS 供电系统

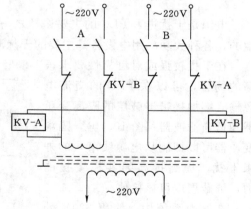

图 10.13　双路供电系统

10.3.3　对感性负载的处理

感性负载具有储能的作用，当控制触点断开时，电路中感性负载会产生高于电源电压数倍甚至数十倍的反电动势，触点吸合时，会因触点的抖动而产生电弧，从而对系统产生干扰。PLC 在输入、输出端有感性负载时，应在负载两端并联电容 C 和电阻 R，对于直流输入、输出信号，则并接续流二极管 VD，具体电路如图 10.14 所示。图 10.14（a）所示电路中的 C、R 的选择要适当，一般负载容量在 10VA 以下，选取 C 为 0.1μF，R 为 120Ω；负载容量在 10VA 以上时，选取 C 为 0.47μF，R 为 47Ω 较

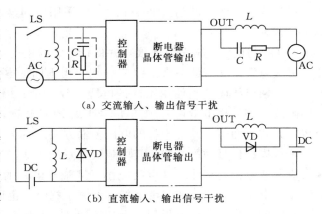

(a) 交流输入、输出信号干扰

(b) 直流输入、输出信号干扰

图 10.14　输入、输出处理电路

适宜。图 10.14（b）所示电路中二极管的额定电流选为 1A，反向耐压电压要大于电源电压的 3～4 倍。当 PLC 的输出驱动负载为电磁阀或交流接触器的线圈时，在输出与负载元件之间增加继电器进行隔离，其效果会更好。

通常交流接触器的触点在通断大容量负载电路时会产生电弧干扰，因此可在主触点两端连接由 C、R 组成的浪涌吸收器，如图 10.15（A）所示，若电动机或变压器开关干扰时，可在线间采用 C、R 浪涌吸收器，如图 10.15（B）所示。

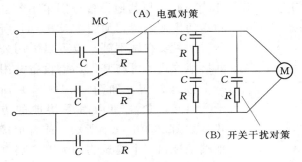

图 10.15　大容量负载电路的处理

10.3.4　安装与布线的注意事项

数字量信号一般对信号电缆无严格的要求，可选用一般电缆，信号传输距离较远时，可选用屏蔽电缆。模拟信号和高速信号线（如脉冲传感器、计数码盘等提供的信号）应选择屏蔽电缆。通信电缆对可靠性的要求高，有的通信电缆的信号频率很高（如不小于 10MHz），一般应选用专用电缆（如光纤电缆），在要求不高或信号频率较低时，也可以选用带屏蔽的多芯电缆或双绞线电缆。

PLC 应远离强干扰源，如大功率晶闸管装置、变频器、高频焊机和大型动力设备等。PLC 不能与高压电器安装在同一个开关柜内，在柜内 PLC 应远离动力线（二者之间的距离应大于 200mm）。与 PLC 装在同一个开关柜内的电感性元件，如继电器、接触器的线圈，应并联 RC 消弧电路。

信号线与功率线应分开走线，电力电缆应单独走线，不同类型的线应分别装入不同的电缆管或电缆槽中，并使其有尽可能大的空间距离，信号线应尽量靠近地线或接地的金属导体。

当数字量输入、输出线不能与动力线分开布线时，可用继电器来隔离输入/输出线上

的干扰。当信号线距离超过 300m 时，应采用中间继电器来转接信号，或使用 PLC 的远程 I/O 模块。

I/O 线与电源线应分开走线，并保持一定的距离。如不得已要在同一线槽中布线，应使用屏蔽电缆。交流线与直流线应分别使用不同的电缆，如 I/O 线的长度超过 300m 时，输入线与输出线应分别使用不同的电缆；数字量、模拟量 I/O 线应分开敷设，后者应采用屏蔽线。如果模拟量输入/输出信号距离 PLC 较远，应采用 4～20mA 或 0～10mA 的电流传输方式，而不是易受干扰的电压传输方式。

传送模拟信号的屏蔽线，其屏蔽层应一端接地，为了泄放高频干扰，数字信号线的屏蔽层应并联电位均衡线，其电阻应小于屏蔽层电阻的 1/10，并将屏蔽层两端接地。如果无法设置电位均衡线，或只考虑抑制低频干扰时，也可以一端接地。

不同的信号线最好不用同一个插接件转接，如必须用同一个插接件，要用备用端子或地线端子将它们分隔开，以减少相互干扰。

10.3.5　PLC 的接地

良好的接地是 PLC 安全可靠运行的重要条件，PLC 一般应与其他设备分别采用各自

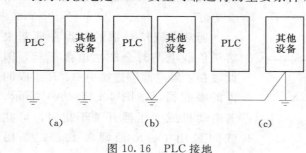

图 10.16　PLC 接地

独立的接地装置，如图 10.16（a）所示。如果实在做不到，也可以采用公共接地方式，可与其他弱电设备共用一个接地装置，如图 10.16（b）所示。但是，禁止使用串联接地的方式，如图 10.16（c）所示，或者把接地端子接到一个建筑物的大型金属框架上，因为这种接地方式会在各设备间产生电位差，可能会对 PLC 产生不利影响。PLC 接地导线的截面应大于 $2mm^2$，接地电阻应小于 100Ω。

10.3.6　冗余系统与热备用系统

某些过程控制系统，如化学、石油、造纸、冶金、核电站等工业部门中的某些系统，要求控制装置有极高的可靠性。如果控制系统出现故障，由此引起的停产或设备的损坏将造成极大的经济损失。某些复杂的大型生产系统，如汽车装配生产线，只要系统中一个地方出现问题，就会造成整个系统停产，损失可能高达每分钟数万元。仅仅通过提高控制系统的硬件可靠性来满足上述工业部门对可靠性的要求是不可能的。因为 PLC 本身的可靠性的提高有一定的限度，并且会使成本急剧增长。使用冗余（Redundancy）系统或热备用（Hot Back-up）系统能够有效地解决上述问题。

在冗余控制系统中，整个 PLC 控制系统（或系统中最重要的部分，如 CPU 模块）由两套完全相同的"双胞胎"组成。是否使用备用的 I/O 系统取决于系统对可靠性的要求。两块 CPU 模块使用相同的用户程序并行工作，其中一块是主 CPU，另一块是备用 CPU，后者的输出是被禁止的。当主 CPU 失效时，马上投入备用 CPU，这一切换过程是用冗余

处理单元，（Redundant Processing Unit，RPU）控制的，如图 10.17（a）所示。I/O 系统的切换也是用 RPU 完成的。在系统正常运行时，由主 CPU 控制系统的工作，备用 CPU 的 I/O 映像表和寄存器通过 RPU 被主 CPU 同步刷新。接到主 CPU 的故障信息后，RPU 在 13 个扫描周期内将控制功能切换到备用 CPU。

另一类系统没有 RPU。两台 CPU 用通信接口连在一起，如图 10.17（b）所示。当系统出现故障时，由主 CPU 通知备用 CPU，这一切换过程一般不是太快。这种结构较简单的系统叫做热备用系统。

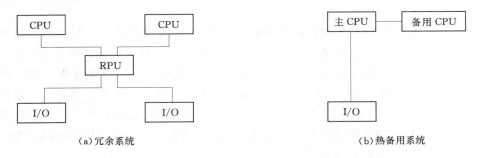

(a)冗余系统　　　　　　　　　　　(b)热备用系统

图 10.17　冗余系统与热备用系统

10.3.7　故障的检测与诊断

PLC 的可靠性很高，本身有很完善的自诊断功能，如果出现故障，借助自诊断程序可以方便地找到出现故障的部件，更换它后就可以恢复正常工作。

大量的工程实践表明，PLC 外部的输入、输出元件，如限位开关、电磁阀、接触器等的故障率远远高于 PLC 本身的故障率，而这些元件出现故障后，PLC 一般不能觉察出来，不会自动停机，可能使故障扩大，直至强电保护装置动作后停机，有时甚至会造成设备和人身事故。停机后，查找故障也要花费很多时间。为了及时发现故障，在没有酿成事故之前自动停机和报警，也为了方便查找故障，提高维修效率，可用梯形图程序实现故障的自诊断和自处理。

现代的 PLC 拥有大量的软件资源，如 S7 - 200 系列 CPU 有几百点存储器位、定时器和计数器，有相当大的余量。可以把这些资源利用起来，用于故障检测。

1. 超时检测

机械设备在各工步的动作所需的时间一般是不变的，即使变化也不会太大，因此可以这些时间为参考，在 PLC 发出输出信号，相应的外部执行机构开始动作时启动一个定时器定时，定时器的设定值比正常情况下该动作的持续时间长 20% 左右。例如，设某执行机构在正常情况下运行 10s 后，它驱动的部件使限位开关动作，发出动作结束信号。在该执行机构开始动作时启动设定值为 12s 的定时器定时，若 12s 后还没有接收到动作结束信号，由定时器的常开触点发出故障信号，该信号停止正常的程序，启动报警和故障显示程序，使操作人员和维修人员能迅速判别故障的种类，及时采取排除故障的措施。

2. 逻辑错误检测

在系统正常运行时，PLC 的输入、输出信号和内部的信号（如存储器位的状态）相互之间存在着确定的关系，如出现异常的逻辑信号，则说明出现了故障。因此，可以编制一些常见故障的异常逻辑关系，一旦异常逻辑关系为 ON 状态，就应按故障处理。例如，某机械运动过程中先后有两个限位开关动作，这两个信号不会同时为 ON。若它们同时为 ON，说明至少有一个限位开关被卡死，应停机进行处理。在梯形图中，用这两个限位开关对应的输入位的常开触点串联，来驱动一个表示限位开关故障的存储器位。

10.4　塔架起重机加装夹轨器后的大车行走控制系统的设计

STDQ1800/60 型单臂塔架起重机是我国 20 世纪 70 年代的产品，它主要由塔架、运行台车架、台车、转盘、人字架、机房、司机室、臂架、吊钩等组成。整个起重机运行机构主要分为 4 大部分，即起升机构、变幅机构、旋转机构、大车行走机构。在三峡大坝120 栈桥上施工的单臂塔架起重机有 4 台，由于三峡地区特殊的地理环境和施工条件，同时也由于 STDQ1800/60 型单臂塔架起重机施工时回转运动的惯性作用，产生了巨大的冲击力，常使台车联动轴扭断或减速器固定底盘脱裂。此外，为了增强塔机防风能力，为每台塔机设计并加装了 4 套夹轨器。

塔机加装了夹轨器后，原有设备大车运行系统的控制逻辑发生了变化，原有的继电—接触器控制系统已无法满足要求，综合可靠性和经济性等方面的考虑，采用 PLC 控制系统来替代原有的继电控制系统。

10.4.1　大车行走控制系统

塔架起重机系统的大车运行机构有 4 组独立的台车组件，分别安装在门架端梁的 4 个支承架下方。运行台车组的机构包括支承架、平衡梁、主动台车、从动台车等。

1. 塔机加装夹轨器前大车运行控制机构

（1）大车行走警声灯，它一共有 4 组，分别安装在塔机台车外侧显眼的地方，通过声音和灯光提醒大家注意安全。

（2）拖动大车的电动机及电力液压推杆制动器。拖动大车运行的是 8 台绕线式的异步电动机，采用串电抗器启动，制定采用液压推杆制动器，大车运行时启动液压电机，打开制动包扎，大车停止时由弹簧推动推杆进行制动。

（3）拖动电缆卷筒的力矩电动机，用于电缆的收放，由一台力矩电动机拖动。

（4）大车左、右运行设极限限位保护。

2. 塔机加装夹轨器后大车运行控制机构

经过精心设计和调试后的自动液压弹簧式夹轨器焊接在台车端部，与台车连成一个整体。大车运行控制系统就增加了一套液压控制系统，液压控制系统主要由液压泵站、控制夹轨器开钳与夹钳的 3 位四通电磁阀和开钳到位与夹钳到位限位开关组成。

3. 塔机大车行走控制技术要求和动作过程

大车行走控制的基本要求主要有以下几个。

（1）塔机大车的运行采用联动台（司机室内）和现场（控制柜门上）两种操作方式，联动台由主令控制器控制大车运行，现场由转换开关控制大车运行。现场操作时联动台的主令控制器应在零位，同时在两地设有紧急停车按钮。

（2）塔机在停机状态和施工作业阶段夹轨器应与固定轨道保持足够的连接，不会因大风和施工工作产生滑动；在大车需要行走时，夹轨器应可靠打开，以方便塔机在轨道上行走，而且不产生任何阻力，确保大车安全稳定地行走。

（3）大车需要行走时，液压电机启动，带动液压泵给液压油加压，为夹钳的运动提供条件。同时可考虑加装压力开关和进行延时补偿，以缓解压力管的压力和溢流阀的压力，延长设备的使用寿命。通过电磁阀选择液压油的流动方向，以决定夹轨器的开启。在夹轨器可靠地打开或关闭时应停止液压泵电机的工作，以免液压泵电机长时间运行，甚至超载运行烧坏电机。

（4）大车行走时，电力液压推杆制动器应可靠打开，停止行走时，电力液压推杆制动器应延时制动，延时时间不能过长，应根据具体情况而定。

（5）电缆卷筒拖动电机应和大车行走时同时启动，停止时适当延时，务求电缆完全收放，既不能收得太紧，也不能太松。

（6）大车行走警声灯在大车行走前应发出声光信号，提醒附近人员注意安全。

（7）大车控制系统应改为 PLC 控制系统，而且要和原来的控制系统匹配，不再增加司机室的控制主令电器，由于中心受电器的受电环预留有限，不能增加太多新的控制线路。

（8）所有电力及控制电缆必须穿管敷设，中间不能有接头和分支。

根据甲方要求及现场考察的实际情况，归纳并整理塔机大车运行控制技术要求，塔机动作功能描述如下。

（1）PLC 上电（包括停电后来电、电动机保护动作后恢复供电、上班送电等）。PLC自检夹钳限位开关的状态，如果检测不到夹轨器可靠夹钳到位信号，PLC 将自动启动警声灯和液压站，完成夹钳，这是为了可靠保证塔机和轨道始终连接；检测到夹钳到位信号，则保持夹钳。

（2）大车行走。大车行车指令到，警声灯发出声光信号，延时，液压站电机启动，延时，开钳（电磁阀）动作，夹轨器打开，开钳限位信号回 PLC，大车制动器动作，延时，大车电动机和电缆卷筒（力矩电动机）启动，大车行走，电缆卷筒自动收放电缆。

（3）停大车。无行车指令（大车已动），停大车电动机，延时，停大车制动器，延时，停电缆卷筒，夹钳动作，夹钳限位信号回 PLC，停液压站和警声灯，零位信号回联动台。

（4）启动过程中，无行车指令（即两地控制开关中途回零位），PLC 则根据实际的运行状态，按停车后必须可靠夹钳的原则执行停车过程。

（5）大车行程限位动作。大车按停车动作程序执行，主令控制开关同向操作时无效，反向操作则按行车动作程序执行。

（6）大车的操作应从零位状态下开始才有效。

10.4.2　现场控制柜盘面布置

现场控制柜安装在塔吊台车主横梁上方，与上行扶梯临近。图 10.18 所示为现场控制柜操作面板布置。

面板上面一排为信号灯。当工作人员上班时，按启动按钮，电源指示灯亮，现场控制柜通电，同时轴流风机启动，为 PLC 等通风降温（为了节省输入点，启动按钮信号不进入 PLC，这也是减少输入点的方法）；当司机室主令开关处于零位和大车电机保护正常时，零位指示灯亮；开钳、夹钳指示灯指示夹轨器工作状态。

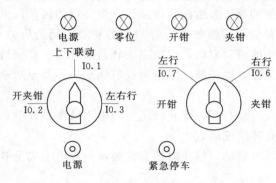

图 10.18　控制柜操作面板布置

I0.1 接通，司机室和现场都可以按正常程序操作，即完成左、右行走，正常工作过程。I0.2 接通，调试开夹钳工作状态，如果 I0.7 接通，开钳；如果 I0.6 接通，夹钳。I0.3 接通，调试大车运行工作状态，如果 I0.7 接通，大车左行；如果 I0.6 接通，大车右行。

控制柜面板下一排有两个按钮：一个为电源启动按钮，为了减少输入点，启动按钮直接接通控制柜电源，为现场操作提供条件；另一个是现场急停（紧急停车）

按钮，直接停止供电，所有工作过程结束。

10.4.3　PLC 外部接线图及输入/输出端子地址分配

大车行走控制系统所采用的 PLC 是德国西门子公司生产的 S7 - 200 CPU 224，图 10.19 是 S7 - 200 CPU 244 输入/输出端子地址分配图和接线图。该控制系统共使用了 14 个输入量，9 个输出量。其中需要说明的如下。

（1）I0.0 是 8 台行走电机的热继电器的常闭触点，在正常工作中，只要有一台电机过载，I0.0 的信号就进入 PLC，停止 PLC 的运行。现场有时根据需要也只开 4 台电机，由于塔吊自重超过 800t，启动时，电机基本上处于过载状态，使 PLC 无法运行。在这种情况下，可设延时电路躲过，或直接去掉该信号。

（2）I0.4、I0.5 分别是夹钳到位信号和开钳到位信号，它们常用的是常开触点的串联方式，只要有一个夹轨器夹钳或开钳不到位，PLC 都不会执行下一个动作。

（3）I0.6、I0.7 是现场控制柜控制大车右行或左行的控制主令开关信号。I1.3、I1.4 是由司机室通过中心受电环过来的控制大车右行或左行的控制主令开关信号。I1.5 是主令开关零位信号，任何操作都要从零位开始。

（4）I1.0 和 I1.1 是大车左、右行极限限位开关，是保护塔吊不出轨道的终极保护输入信号。

（5）I1.2 是由司机室通过中心受电环过来的急停按钮，现场的急停按钮直接切断控制柜的电源。

（6）零位信号、夹钳和开钳信号控制由变压器降压后的指示灯电路，显示其工作状态；夹钳和开钳（不仅在程序中互锁，而且在硬件电路也互锁）主要去控制 3 位四通的电磁阀，控制夹轨器的夹轨和打开。

（7）液压泵电机和电缆卷筒电机的热继电器信号不进 PLC，直接接入控制电路中，

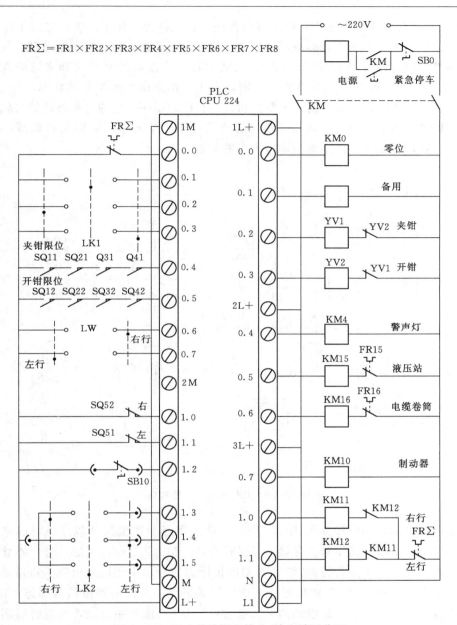

图 10.19　PLC 接线图和输入/输出端子分配

同样可以起到保护电机的作用。

（8）大车电机接触器的工作电流比较大，有时需要用中间继电器放大，本例没有做处理。热继电器的信号既进入了 PLC，也在控制回路中直接断开接触器，保护电机。不过在实际工作中，尤其是重载的情况下，这种电路不可取。

10.4.4　设计大车行走控制系统程序

设计大车行走控制整体程序如图 10.20 所示。它由 3 个部分组成，位于 JMP1 和

LBL1 之间的程序是大车正常工作时的运行程序，这里称为主程序，执行它的条件是 LK1置于零位、热继电器不动作，即现场柜处于司机室控制状态，行走电机不超载，同时现场调试程序都不执行；位于 JMP3 和 LBL3 之间的程序是现场控制开钳和夹钳的程序，当I0.2 闭合，由 I0.7 和 I0.6 决定开钳或夹钳，它主要用来调试夹轨器的状态；位于 JMP4和 LBL4 之间的程序是现场控制大车左行和大车右行的程序，它的前提条件是夹轨器已开启到位，I0.3 闭合，行走时，电缆卷筒和制动器打开，停止时，5s 后关制动器，8s 后停电缆卷筒。这段程序主要用来现场调整大车的位置。

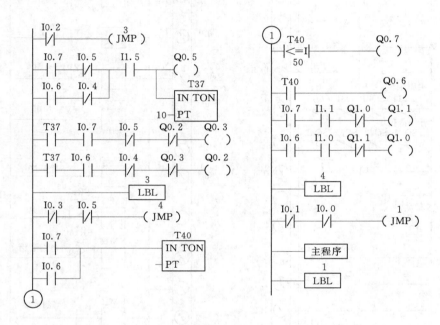

图 10.20　大车运行的整体程序

大车的司机室控制程序如图 10.21 所示。这是用经验法编制的程序，看起来比较复杂，其实层次很清晰。这里对位存储信号进行介绍。M0.1 是行车标志信号，不管是现场还是司机室、是左行还是右行；M0.4 是初始化标志信号，主要用来检测夹轨器是否夹钳到位，否则启动夹钳；M0.5 是在无行车信号的状态下，夹钳不到位信号标志；M0.6 是行车警声灯已得电，而液压站没动的标志信号；M0.7 是液压站已动，而延时时间没到的标志信号；M1.0 是正开钳，但是没开到位标志信号；M1.1 是开钳到位，而电缆卷筒没动的标志信号；M0.3 是夹钳到位标志信号；M0.2 是延时 5s 去控制大车制动的标志信号。知道这些信号的作用后，再去分析程序就简单多了。还有一个问题要注意的是，左、右限位等信号进入 PLC 是常闭触点信号，所以在程序中如果是常开触点的，程序运行时触点处于闭合状态，这是一个基本的概念。大车和电缆卷筒的制动，在这个程序中用的是通电延时定时器，而在整体程序中用的是断电延时定时器，其实用断电时间定时器更方便，更合乎实际。大车和电缆卷筒的制动用断电延时定时器是对断电延时定时器的最好诠释。

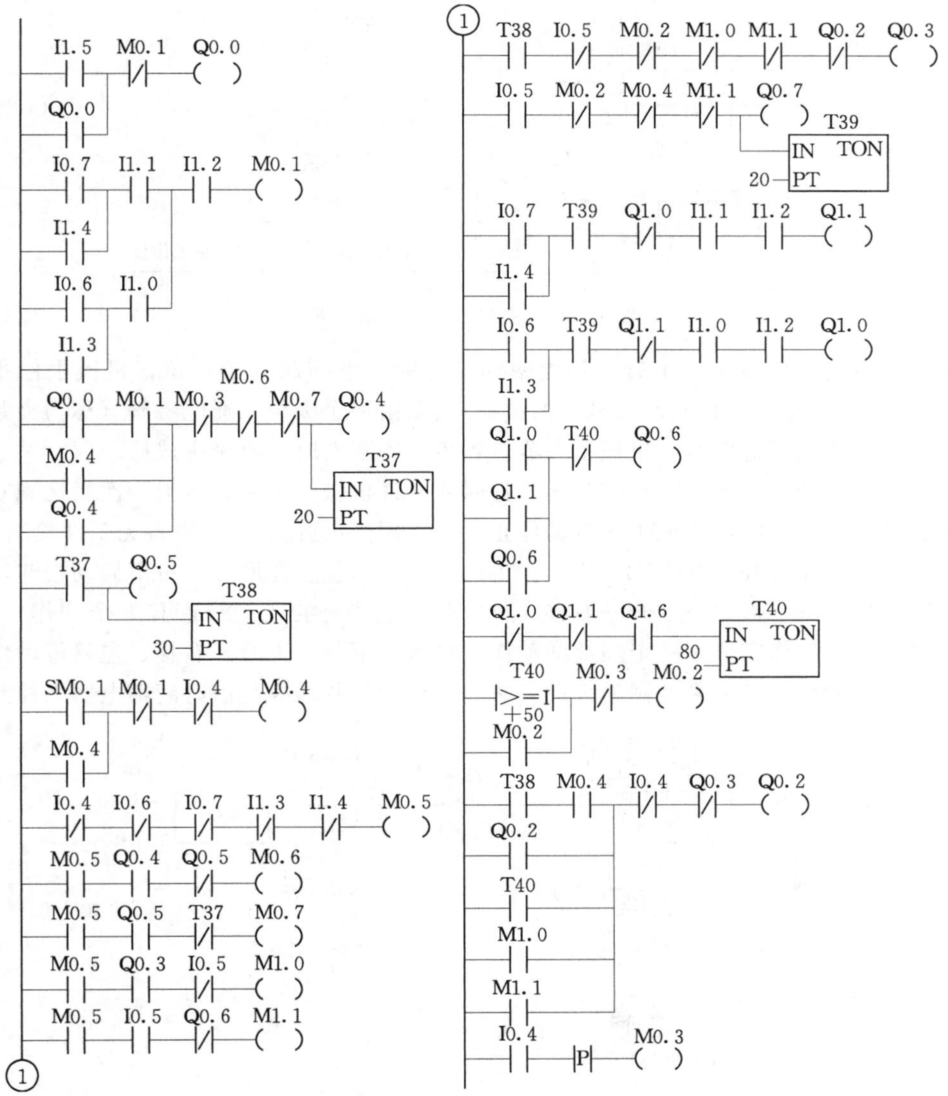

图 10.21 大车司机室控制梯形图程序

10.5 机械手控制系统的应用设计

10.5.1 机械手控制系统

机械手的动作示意图如图 10.22 所示，它是一个水平/垂直位移的机械设备，用来将工件由左工作台搬到右工作台。

机械手的全部动作均由液压驱动，而液压缸又由相应的电磁阀控制。其中，上升/下降和左移/右移分别由 3 位四通电磁阀控制。即当下降电磁阀通电时，机械手下降；当上

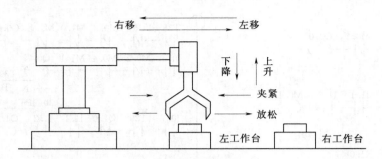

图 10.22　机械手的动作示意图

升电磁阀通电时，机械手才上升；当电磁阀断电时，电磁阀处于中位，机械手停止。同样，左移/右移控制原理相同。机械手的放松/夹紧由一个 2 位二通电磁阀（称为夹紧电磁阀）控制。当该线圈通电时，机械手夹紧；当该线圈断电时，机械手放松。

为了确保安全，必须在右工作台无工件时才允许机械手下降。若上一次搬运到右工作台上的工件尚未搬走时，机械手应自动停止下降，用光电开关 I0.5 进行无工件检测。

机械手的动作过程如图 10.23 所示。机械手的初始位置在原点，按下启动按钮，机械手将依次完成下降→夹紧→上升→右移→再下降→放松→再上升→左移 8 个动作。至此，机械手经过 8 步动作完成了一个周期的动作。机械手下降、上升、右移、左移等动作的转换，是由相应的限位开关来控制的，而夹紧、放松动作的转换是由时间继电器来控制的。

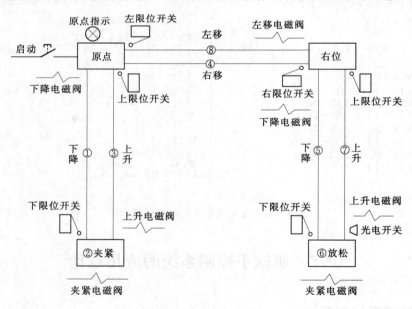

图 10.23　机械手的动作过程

机械手的操作方式分为手动操作方式和自动操作方式。自动操作方式又分为步进、单周期和连续操作方式。

（1）手动操作。就是用按钮操作对机械手的每一步运动单独进行控制。例如，当选择上/下运动时，按下启动按钮，机械手下降；按下停止按钮，机械手上升。当选择左/右运动时，按下启动按钮，机械手右移；按下停止按钮，机械手左移。当选择夹紧/放松运动时，按下启动按钮，机械手夹紧；按下停止按钮，机械手放松。

（2）步进操作。每按一次启动按钮，机械手完成一步动作后自动停止。

（3）单周期操作。机械手从原点开始，按一下启动按钮，机械手自动完成一个周期的动作后停止。

（4）连续操作。机械手从原点开始，按一下启动按钮，机械手的动作将自动地、连续不断地周期性循环。在工作中若按一下停止按钮，则机械手将继续完成一个周期的动作后，回到原点自动停止。

10.5.2　操作面板布置

图 10.24 所示为操作面板布置。

接通 I0.7 是单操作方式。按加载选择开关的位置，用启动/停止按钮选择加载操作，当加载选择开关打到"左/右"位置时，按下启动按钮，机械手右行；若按下停止按钮，机械手左行。用上述操作可使机械手停在原点。

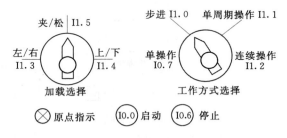

图 10.24　操作面板布置

接通 I1.0 是步进方式。机械手在原点时，按下启动按钮，向前操作一步；每按启动按钮一次，操作一步。接通 I1.1 是单周期操作方式。机械手在原点时，按下启动按钮，自动操作一个周期。接通 I1.2 是连续操作方式。机械手在原点时，按下启动按钮，连续执行自动周期操作，当按下停止按钮，机械手完成此周期动作后自动回到原点并不再动作。

10.5.3　输入/输出端子地址分配

机械手控制系统所采用的 PLC 是德国西门子公司生产的 S7-200 CPU 214，图 10.25 是 S7-200 CPU 214 输入/输出端子地址分配图。该机械手控制系统共使用了 14 个输入量，6 个输出量。

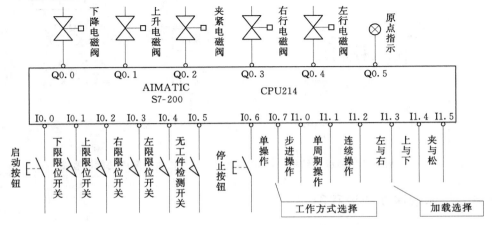

图 10.25　输入/输出端子分配

10.5.4　整体程序结构

机械手的整体程序结构如图 10.26 所示。若选择单操作工作方式，I0.7 断开，接着执行单操作程序。单操作程序可以独立于自动操作程序，可另行设计。

在单周期工作方式和连续操作方式下，可执行自动操作程序。在步进工作方式，执行步进操作程序，按一下启动按钮执行一个动作，并按规定顺序进行。

在需要自动操作方式时，中间继电器 M1.0 接通。步进工作方式、单操作工作方式和自动操作方式，都用同样的输出继电器。

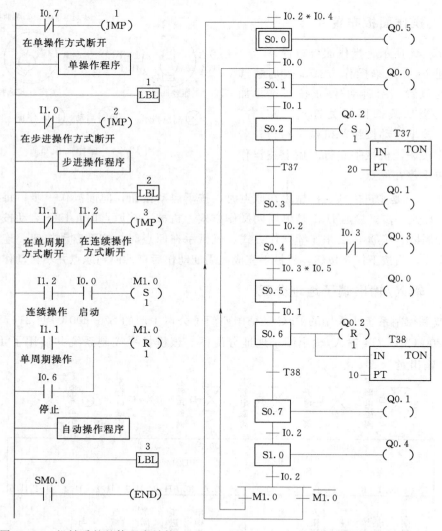

图 10.26　机械手的整体程序结构　　　图 10.27　机械手顺序功能流程图

10.5.5　整体顺序功能流程图

机械手的顺序功能流程图如图 10.27 所示。PLC 上电时，初始脉冲 SM0.1 对状态进行初始复位。当机械手在原点时，将状态继电器 S0.0 置 1，这是第一步。按下启动按钮后，置位状态继电器 S0.1，同时将原工作状态继电器 S0.0 清零，输出继电器 Q0.0 得电，Q0.5 复位，原点指示灯熄灭，执行下降动作。当下降到底碰到下限位开关时，I0.1 接通，将状态继电器 S0.2 置 1，同时将状态继电器 S0.1 清零，输出继电器 Q0.0 复位，Q0.2 置 1，于是机械手停止下降，执行夹紧动作；定时器 T37 开始计时，延时 2s 后，接通 T37 动合触点将状态继电器 S0.3 置 1，同时将状态继电器 S0.2 清零，而输出继电器 Q0.1 得电，执行上升动作。由于 Q0.2 已被置 1，夹紧动作继续执行。当上升到上限位时，I0.2 接通，将状态继电器 S0.4 置 1，同时将状态继电器 S0.3 清零，Q0.1 失电，不再上升，而 Q0.3 得电，执行右行动作。当右行至右限位时，I0.3 接通，Q0.3 失电，机械手停止右行，若此时 I0.5 接通，则将状态继电器 S0.5 置 1，同时将状态继电器 S0.4 清零，而 Q0.0 再次得电，执行下降动作，当下降到底碰到下限位开关时，I0.1 接通，将状态继电器 S0.6 置 1，同时将状态继电器 S0.5 清零，输出继电器 Q0.0 复位，Q0.2 被复位，于是机械手停止下降，执行松开动作；定时器 T38 开始计时，延时 1s 后，接通 T38 动合触点将状态继电器 S0.7 置 1，同时将状态继电器 S0.6 清零，而输出继电器 Q0.1 再次得电，执行上升动作。行至上限位置，I0.2 接通，将状态继电器 S1.0 置 1，同时将状态继电器 S0.7 清零，Q0.1 失电，停止上升，而 Q0.4 得电，执行左移动作。到达左限位，I0.4 接通，将状态继电器 S1.0 清零。如果此时为连续工作状态，M1.0 置 1，即将状态继电器 S0.1 置 1，重复执行自动程序。若为单周期操作方式，状态继电器 S0.0 置 1，则机械手停在原点。

在运行中，如按停止按钮，机械手的动作执行完当前一个周期后，回到原点自动停止。

在运行中，若 PLC 掉电，机械手动作停止。重新启动时，先用手动操作将机械手移回原点，再按启动按钮，便可重新开始自动操作。

10.5.6　实现单操作工作的程序

图 10.28 是实现单操作工作的梯形图程序。为避免发生误动作，插入了一些联锁电路。例如，将加载开关扳到"左右"挡，按下启动按钮，机械手向右行；按下停止按钮，机械手向左行。这两个动作只能当机械手处在上限位置时才能执行（即为安全起见，设上限安全联锁保护）。

将加载选择开关扳到"夹/松"挡，按启动按钮，执行夹紧动作；按停止按钮，松开。

将加载选择开关扳到"上/下"挡，按启动按钮，下降；按停止按钮，上升。

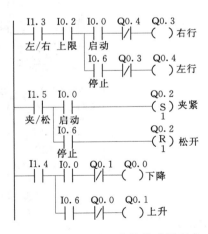

图 10.28　单操作工作的梯形图程序

10.5.7　自动顺序操作控制程序

根据机械手顺序工作流程图（或称功能图），用步进功能指令编制梯形图，如图 10.29 所示。需要说明以下几点。

（1）PLC 上电，用传送指令复位从 S0.0 开始的一个字，本例中，复位 S0.0～S1.0。

（2）点位置必须是机械手在上限位开关和左限位都闭合的位置，所有的操作必须从原

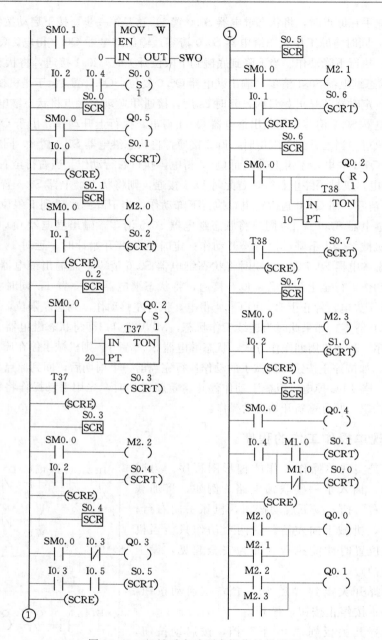

图 10.29　机械手自动顺序操作的梯形图

点位置开始。

（3）从顺序功能流程图上看，上升和下降在一个循环周期中出现两次，使用 S7 - 200 PLC 的顺控指令时不能有双线圈输出，所以在本例中用了位存储器 M2.0、M2.1 来控制 Q0.0 输出，用了位存储器 M2.2、M2.3 来控制 Q0.1 输出。

（4）右行到位后由右行限位开关断开右行，然后光电开关检测右工作台无工件时，才进入 S0.5，机械手开始下降，所以在右行控制梯级中串入了 I0.3 的常闭触点。

（5）由位存储器的状态来决定执行连续或单操作过程。

机械手自动顺序操作也可以用移位寄存器指令来编程，每一步的满足条件作为下一步的启动条件，顺序操作，这里不再列出程序，请读者自行设计。

10.5.8 机械手步进操作功能流程图

步进动作是指按下启动按钮一次，动作一次。步进动作功能图与图 10.27 相似，只是每步动作都需按一次启动按钮，如图 10.30 所示。步进操作所用的输出继电器、定时器与其他操作所用的输出继电器、定时器相同。

在步进操作功能图中，在每个活动步的后面都加了一个控制启动按钮 I0.0，由于 I0.0 是短信号，所以，如果是一般输出线圈，则与 I0.0 都并联了一个相应输出的线圈常开触点来自锁输出，如下降、上升、右行、左行；如果使用了置位，可以不与 I0.0 并联一个相应输出的线圈常开触点来自锁，但如果本支路带时间继电器，就必须与 I0.0 并联一个相应输出的线圈常开触点来自锁，为时间继电器提供能流，如夹紧；

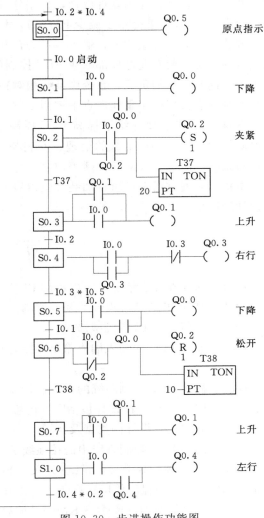

图 10.30 步进操作功能图

松开梯级由于是复位，所以并联了一个输出的常闭触点，为时间继电器提供能流。

步进操作功能图与自动顺序功能图相似，控制梯形图请参考图 10.29。

本 章 小 结

PLC 控制系统的应用设计是学习 PLC 的核心和目的，系统设计是应用设计的关键。本章 10.1 节主要介绍了以下内容。

（1）根据控制任务的特点，确定 PLC 控制系统的类型。

（2）PLC 控制系统的设计原则：根据控制任务，在最大限度地满足生产机械或生产工艺对电气控制要求的前提下，要求运行稳定、安全可靠、经济实用、操作简单、维护方便。

（3）PLC 控制系统的主要设计步骤：明确设计任务，制定设计方案，合理选择机型，可靠性分析和设计，应用软件设计，程序分段调试，交付使用。

本章 10.2 节主要介绍了减少 PLC 输入和输出点数的方法，常用的减少 PLC 输入点数的方法有：分时分组输入，输入触点的合并，将信号设置在 PLC 之外等。减少 PLC 输出点数的方法一般有通过外部的或 PLC 控制的转换开关的切换，由一个输出点控制两个或多个不同时工作的负载，系统中某些相对独立或比较简单的部分，可以直接用继电器电路来控制和直接用数字量输出点来控制多位 LED 七段显示器等。

本章 10.3 节主要介绍了提高 PLC 控制系统可靠性的措施，包括 PLC 的工作环境、对电源的处理、对感性负载的处理、安装与布线的注意事项、PLC 的接地、冗余系统与热备用系统、故障的检测与诊断等内容。

本章最后通过塔架起重机加装夹轨器后的大车行走控制机械手应用的实例对控制系统的设计加以说明。

习　题

10.1　简述在什么情况下可以采用 PLC 构成控制系统。

10.2　简述 PLC 系统设计的基本原则。

10.3　如何进行 PLC 机型选择？

10.4　如果 PLC 的输入端或输出端接有感性元件，应采取什么措施来保证 PLC 的正常运行？

10.5　简述 PLC 控制系统的一般设计步骤。

10.6　PLC 的可靠性设计包括哪些内容？

10.7　简述冗余设计的类型及作用。

10.8　简述 PLC 控制系统中的接地线及作用。

10.9　某控制系统有 8 个限位开关（SQ1～SQ8）供自动程序使用、有 6 个按钮（SB1～SB6）供手动程序使用、有 4 个限位开关（SQ9～SQ12）供自动和手动两个程序公用，有 5 个接触器线圈（KM1～KM5）。能否使用 CPU 224 型的 PLC？如果能，请画出相应的硬件接线图。

10.10　试比较各种输入扩展法的优点和缺点。

10.11　某锅炉的鼓风机和引风机的控制时序图如图 10.31 所示，要求鼓风机比引风机晚 10s 启动，引风机比鼓风机晚 18s 停机，请设计梯形图控制程序。

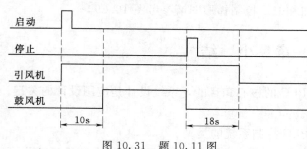

图 10.31　题 10.11 图

10.12　进行笼型电动机的可逆运行控制，要求如下。

（1）启动时，可根据需要选择旋转方向。

（2）可随时停车。

（3）需要反向旋转时，按反向启动按钮，但是必须等待 6s 后才能自动接通反向旋转的主电路。

10.13　如图 10.32 所示，试设计一个油循环控制系统，要求如下。

（1）按下启动按钮 SB1 后，泵 1、泵 2 通电运行，由泵 1 将油从循环槽打入淬火槽，经沉淀槽，再由泵 2 打入循环槽，运行 15min 后，泵 1、泵 2 停。

（2）在泵 1、泵 2 运行期间，如果沉淀槽的水位到达高水位，液位传感器 SL1 接通，此时泵 1 停，泵 2 继续运行 1min。

（3）在泵 1、泵 2 运行期间，如果沉淀槽的水位到达低水位，液位传感器 SL2 由接通变为断开，此时泵 2 停，泵 1 继续运行 1min。

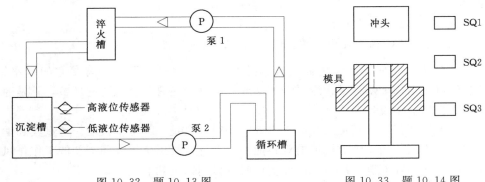

图 10.32　题 10.13 图　　　　　　图 10.33　题 10.14 图

（4）当按下停止按钮 SB2 时，泵 1、泵 2 同时停。

10.14　如图 10.33 所示，试设计一个粉末冶金制品压制机控制系统，要求如下。

装好粉末后，按下启动按钮 SB1，冲头下行，将粉末压紧后，压力继电器 KA 动作（其动合触点闭合），延时 5s 后，冲头上行，至 SQ1 处停止后，模具下行，至 SQ3 处停止；操作工人取走成品后，按下 SB2 按钮，模具上行至 SQ2 处停止，系统回到初始状态。

可随时按下紧急停止按钮 SB3，使系统停车。

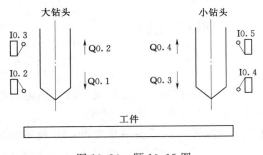

图 10.34　题 10.15 图

10.15　某专用钻床如图 10.34 所示。用来加工圆盘状零件上均匀分布的 6 个孔。操作人员放好工件后，按下启动按钮 I0.0，Q0.0 变为 ON，工件被夹紧，夹紧后压力继电器 I0.1 为 ON，Q0.1 和 Q0.3 两只钻头开始向下进给。大钻头钻到由限位开关 I0.2 设定的深度时，Q0.2 使它上升，升到由限位开关 I0.3 设定的起始位置时停止上行，小钻头钻到由限位开关 I0.4 设定的深度时，Q0.4 使它上升，升到由限位开关 I0.5 设定的起始位置时停止上行，同时设定值为 3 的计数器 C0 的当前值加 1。两个都到位后，Q0.5 使工件旋转 120°，旋转到位时 I0.6 为 ON，旋转结束后又开始钻第 2 对孔。3 对孔都钻完后，计数器的当前值等于设定值 3，转换条件 C0 满足。Q0.6 使工件松开，松开到位时，限位开关 I0.7 为 ON，系统返回初始状态。

附录A 实 训 项 目

主要内容

本附录有 5 个实训，即并励直流电动机正/反转控制实训、S7 - 200 PLC 编程软件使用实训、人行道按钮控制信号灯实训、五星彩灯与数码管控制实训和 S7 - 200 简单通信实训。

学习要求

1. 掌握 PLC 程序设计方法。

2. 能够完成 PLC 程序设计，并能调试程序，分析运行结果。

PLC 是专为工业环境下应用而设计的控制设备，通过学习，了解了它的基本组成，熟悉了它的数据结构，掌握了指令系统的功能和应用。还有一个重要的环节，就是通过实训来巩固和提高应用设计能力。

实训是掌握任何一种实用工具的基本训练手段，也是一种基本技能。通过实训学会正确无误的操作方法，培养细致严谨的观察能力，锻炼认真思考、大胆创新的工作作风，最终达到解决一切实际问题的能力。因此实训时要做到以下几点。

（1）精心准备。布置实训任务后，要认真了解实训指导书的相关内容，弄清实训的任务、条件、目标和要求，按要求做好准备工作，如编制好程序等。

（2）细心操作，认真观察，做好笔录。根据实训的工艺流程，完成正确的接线，编制程序并输入到 PLC 中，调试和修改程序，不断完善程序，并记录调试程序过程中的指令差别，为正确使用各类指令打好基础。

（3）认真总结。实训结束后，及时整理实训数据，写好实训报告，总结实训经验，巩固学习的知识，提高编程的方法和技巧，为更加接近实际应用打好坚实的基础。

项目 A.1　电热水壶控制回路设计

1. 电热壶控制系统及工作原理

电热水壶装入一定毫升的冷水，按下开关，电热水壶工作指示红灯亮，通过热电阻丝散发的热量将水加热到 100℃ 水沸腾，再利用温控开关使电热水壶自动断电。

工作原理：利用水沸腾时产生的水蒸气使蒸汽感温元件的双金属片变形，并利用变形通过杠杆原理推动电源开关，从而使电热水壶在水烧开后自动断电，断电后不可自复位，水壶不会自动再加热。

2. 设计要求

根据控制过程，绘制接线图。

3. 设计报告

报告内容包括设计思路和方案、器件的选择、绘制接线图。

项目 A.2　电钻控制回路设计

1. 电钻控制系统及工作过程

电钻工作过程是利用电磁旋转式或电磁往复式小容量电动机的电机转子做切割磁场运动，转子受力运转，通过转动机构驱动作业装置，带动齿轮加大钻头的动力，使钻头刮削物体表面，更好地洞穿物体，要求实现电钻的点动控制和正/反转控制。

2. 设计要求

根据控制过程，绘制接线图。

3. 设计报告

报告内容包括设计思路和方案、器件的选择、绘制接线图。

项目 A.3　并励直流电动机正/反转控制实训

1. 实训目的

(1) 熟悉常用低压电器的结构、原理和使用方法。

(2) 掌握并励直流电动机正/反转主回路的接线（参考第 2 章图 2.7）。

(3) 掌握 PLC 实现并励直流电动机正/反转过程的编程方法。

2. 实训内容

根据图 2.7，接好直流电动机正/反转主回路，并将控制按钮和控制回路线接入 PLC；在计算机上用 STEP 7 - Micro/Win 编程软件编写相应的梯形图程序，并通过 PC/PPI 电缆下传到 S7 - 200 PLC。

检查好接线，确认准确无误后按下启动按钮 SB2，电动机正转。若要反转，则需先按下 SB1，再按下反转按钮 SB3，使电枢电流反向，电动机反转。

3. 实训设备

计算机一台，S7 - 200 系列的 PLC 一台，PC/PPI 电缆一根，并励直流电动机一台，按钮 3 个，导线若干。

4. 实训报告要求

(1) 指出直流电动机正/反转控制线路中哪些触点起"自锁"作用？哪些触点起"联锁"作用？

(2) 写出电气控制线路各个电器的动作顺序过程。

(3) 整理出运行调试后的梯形图及相关的语句表程序。

(4) 写出程序的调试步骤和观察结果。

(5) 通过本实训，总结实训技能有何提高。

项目 A.4　S7 - 200 PLC 编程软件使用实训

1. 实训目的

(1) 熟悉 STEP 7 - Micro/Win V4.0 编程软件的使用。

（2）初步掌握编程软件的使用方法和调试程序的方法。

2．实训内容

（1）熟悉编程软件的菜单、工具条、指令输入和程序调试。

（2）参照第 7 章的基本指令应用实例的内容，编写一段简单程序。

（3）将程序写入 PLC，检查无误后运行该程序，并观察运行结果。

3．实训设备

计算机一台，S7‐200 系列的 PLC 一台，PC/PPI 电缆一根，实训演示板一块。

4．实训报告要求

整理出运行调试后的梯形图程序，写出该程序的调试步骤和观察结果。

项目 A.5 人行道按钮控制信号灯实训

1．实训目的

（1）进一步熟悉 PLC 的指令系统，重点是功能图的编程、定时器和计数器的应用。

（2）熟悉时序控制程序的设计和调试方法。

2．实训内容

某人行横道设有红、绿两盏信号灯，通常是红灯亮，路边设有按钮 SB，行人横穿街道时需按一下按钮，4s 后红灯灭，绿灯亮，过 5s 后，绿灯闪烁 5 次（0.5s 亮、0.5s 灭），然后红灯又亮，时序如附图 A.1 所示，街道人行横道红、绿两盏信号灯示意图如附图 A.2 所示。

从按下按钮 SB 后到下一次红灯亮之前这一段时间内按钮不起作用。根据时序要求设计出红灯、绿灯的控制电路。将设计的程序写入 PLC，检查无误后运行程序。用 I0.0 对应的开关模拟按钮的操作，用 Q0.0 和 Q0.1 分别代替红灯和绿灯的变化情况，观察 Q0.0 和 Q0.1 的变化，发现问题后及时修改程序。

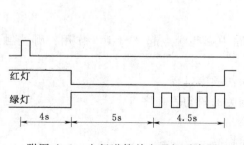

附图 A.1　人行道简单交通灯时序图

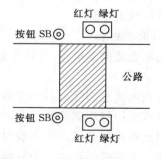

附图 A.2　人行道交通灯示意图

3．实训设备

计算机一台，S7‐200 系列的 PLC 一台，PC/PPI 电缆一根，实训演示板一块。

4．实训报告要求

整理出调试好的人行横道的梯形图程序，并写出调试过程及结果。

项目 A.6　五星彩灯和数码管控制实训

1. 实训目的

熟悉 PLC 的传送指令、移位指令等指令的编程，熟悉设计和调试程序的方法。

2. 实训内容

附图 A.3 是五星彩灯和数码管显示示意图。要求分别用传送指令、置位指令、移位指令等编制控制程序。按启动按钮，每隔 1s 数码管依次显示 0～9，同时五星彩灯依次点亮 L2、L5、L6、L10，L1、L4、L9、L10，L1、L3、L6、L7，L3、L5、L8、L9，L2、L4、L7、L8，全灭 1s，全亮，全灭 1s，全亮，全灭 1s，反复循环。按停止按钮停止循环。

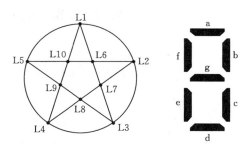

附图 A.3　五星彩灯和数码管显示示意图

3. 实训设备

计算机一台，S7 – 200 系列的 PLC 一台，PC/PPI 电缆一根，实训演示板一块。

4. 实训报告要求

写出调试程序时观察到的现象。

项目 A.7　S7 – 200 PLC 简单通信实训

1. 实训目的

(1) 熟悉 PLC 的通信功能指令。

(2) 熟悉几种常用通信方式处理的方法。

(3) 熟悉各种通信方式的设置及程序的编制。

2. 实训内容

两台 S7 – 200 PLC 与装有编程软件的计算机（PC）通过 RS – 485 通信接口组成通信网络。

(1) 建立 PLC 与 PC 之间的通信。PLC 与 PC 之间建立通信时，应将 PLC 的工作方式置为 STOP 状态。将 PC/PPL 电缆的 RS – 232C 端连接到计算机上，RS – 485 端分别连接到两台 PLC（如 S7 – 200CPU226 模块）的端口 1 上。通过编程软件的系统块分别将它们端口 0 的站地址设为 2 和 3，并将系统块参数和用户程序分别下载到各自的 CPU 模块中。

(2) 建立 PLC 与 PLC 之间的通信。PLC 与 PLC 之间建立通信时，应将 PLC 的工作方式置为 STOP 状态。用网络连接器将两台 PLC 的端口 0 连接起来。接在网络末端的连接器必须有终端匹配和偏置电阻，即将开关放在 ON 的位置上。连接器内有 4 个端子 A1，B1，A2，B2，用电缆连接时，请注意接线端子的连接。例如，分别将两个连接器的 A 端子和 A 端子连在一起，B 端子和 B 端子连在一起。

3. 实训设备

计算机一台，S7-200 PLC 两台，PC/PPI 编程电缆一根，模拟输入开关两套，模拟输出装置两套，连接导线若干。

4. 实训报告要求

要求写出实训过程和观察到的现象。

项目 A.8　送料小车控制系统的设计

1. 送料小车系统说明

送料车示意图如附图 A.4 所示。该车由电动机拖动，电动机正转，车子前进，电动机反转，车子后退。控制任务说明如下。

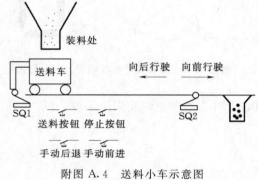

附图 A.4　送料小车示意图

（1）单周期工作。按动送料按钮，预先装满料的车子便自动前进。到达卸料处，SQ2 自动停止运行，开始卸料，经过 10s 时间后卸料完毕，送料车回到装料处（SQ1），装满料等待下一次送料。

（2）自动循环方式工作。要求送料车在装料处装料后，当按动送料按钮时，送料车开始送料，到达卸料处停 10s 进行卸料后，自动返回装料处装料，预设装料时间是 20s，

送料车在 20s 后自动到卸料处卸料，然后再返回装料，如此反复，自动运行。

（3）小车可以紧急停止，而且可以手动控制送料车的前进和后退。

2. 设计要求

根据送料小车系统说明，理清输入/输出信号的关系和状态，列出 I/O 分配表，绘制 PLC 硬件接线图和顺序功能图，设计控制梯形图程序或语句表。

3. 设计报告

报告内容包括设计思路和方案、器件的选择、I/O 地址分配表、功能图、梯形图、程序清单、调试过程和心得。

项目 A.9　压铸机控制系统的设计

1. 压铸机控制系统及工作过程

压铸机的结构如附图 A.5 所示，它由上模、下模及浇注机械手 3 个部分组成。工作过程如下。

（1）初始状态。机械手原位，SQ2 开关压合，上模抬起，SQ5 开关压合。下模平放，SQ7 开关压合。

（2）浇注。启动按钮 SB 按下后，机械手前进旋转，将铁水浇注到模内，碰到限位开关 SQ1 后退回，直到压合 SQ2 开关为止。由机械手浇注和退回两步组成。这里省略了机

械手如何取铁水再回原位的过程。

（3）压铸。上模快速压下，碰到限位开关 SQ3 后转为工进，碰到 SQ4 开关后停止工进，并保压 1min。然后工退至 SQ3 转为快退，直到碰到 SQ5 为止。这一过程由上模快进、上模工进、保压、工退和快退 5 步组成。

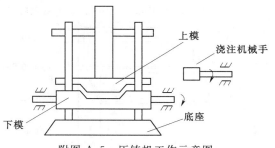

附图 A.5　压铸机工作示意图

（4）倒工件。上模回转将工件倒出，碰到 SQ6 后反向旋转，直到碰到 SQ7 停止。这一过程可分为下模回转和复位两步。

（5）工作方式。若连续工作开关 SA 闭合，就处于连续工作状态，自动进入下一循环，若为单周期工作状态，需再次按启动按钮，才进入第二周期循环。

整个系统用液压油缸推动。一个按钮开关作为启动信号，一个选择开关作为连续/单周期工作方式选择信号；7 个行程开关控制各工步的结束和下一工步的开始，执行元件为 8 个两位三通电磁阀。

2. 设计要求

根据压铸机的工作过程，理清输入/输出信号的关系和状态，列出 I/O 分配表，绘制 PLC 硬件接线图和顺序功能图，设计控制梯形图程序或语句表。

3. 设计报告

报告内容包括设计思路和方案、器件的选择、I/O 地址分配表、功能图、梯形图、程序清单、调试过程和心得。

项目 A.10　全自动洗衣机控制系统的设计

1. 全自动洗衣机系统说明及工艺过程

全自动洗衣机的洗衣桶（外桶）和脱水桶（内桶）是以同一中心安放的。外桶固定，作盛水用；内桶可以旋转，作脱水（甩干）用。内桶的周围有很多小孔，使内桶和外桶的水流相通。洗衣机的进水和排水分别由进水电磁阀和排水电磁阀来执行。进水时，通过控制系统将排水电磁阀打开，将水由外桶排到机外。洗涤正/反转由洗涤电机驱动波盘的正/反转来实现，此时脱水桶并不旋转。脱水时，控制系统将离合器合上，由洗涤电机带动内桶正转进行甩干。高、低水位控制开关分别用来检测高、低水位。启动按钮用来启动洗衣机工作，停止按钮用来实现手动停止进水、排水、脱水及报警，排水按钮用来实现手动排水。其示意图如附图 A.6 所示。

该全自动洗衣机的控制工艺过程：按下启动按钮后，洗衣机开始进水。水满时（即水位到达高水位，高水位开关由 OFF 变为 ON），PLC 停止进水，并开始洗涤正转，正转洗涤 15 s 后暂停，暂停 3 s 后开始洗涤反转，反洗 15 s 后暂停。暂停 3 s 后，若正/反洗未满 3 次，则返回从正洗开始的动作；若正/反洗满 3 次时，则开始排水。水位下降到低水位时（低水位开关由 ON 变为 OFF）开始脱水并继续排水。脱水 10 s 即完成一次从进水

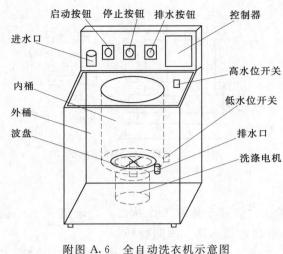

启动按钮 停止按钮 排水按钮 控制器

进水口

内桶

外桶

波盘

高水位开关

低水位开关

排水口

洗涤电机

附图 A.6 全自动洗衣机示意图

到脱水的大循环过程。若未完成 3 次大循环，则返回从进水开始的全部动作，进行下一次大循环；若完成了 3 次大循环，则进行洗完报警。报警 10s 后结束全部过程，自动停机。此外，还要求可以按排水按钮以实现手动排水；按停止按钮以实现手动停止进水、排水、脱水及报警。

2. 设计要求

根据洗衣机系统说明和工艺过程，理清输入/输出信号的关系和状态，列出 I/O 分配表，绘制 PLC 硬件接线图和顺序功能图，设计控制梯形图程序或语句表。

3. 设计报告

报告内容包括设计思路和方案、器件的选择、I/O 地址分配表、功能图、梯形图、程序清单、调试过程和心得。

项目 A.11 化学反应过程控制系统的设计

1. 化学反应工艺过程及要求

某化学反应过程由 4 个容器组成，如附图 A.7 所示。容器之间用泵连接，每个容器都装有检测容器空和满的传感器。1 号、2 号容器分别用泵 P1、P2 将碱和聚合物灌满，灌满后传感器发出信号，P1、P2 关闭。2 号容器开始加热，当温度达到 60℃ 时，温度传感器发出信号，关掉加热器。然后泵 P3、P4 分别将 1 号、2 号容器中

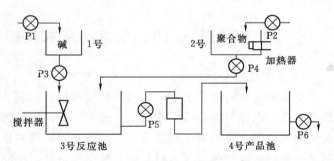

附图 A.7 化学反应过程控制示意图

的溶液输送到反应池 3 号中，同时搅拌器启动，搅拌时间为 2min。一旦 3 号满或 1 号、2 号空，则泵 P3、P4 停，等待。当搅拌时间到，P5 将混合液抽入产品池 4 号容器，直到 4 号满或 3 号空。产品用 P6 抽走，直到 4 号池空。这样就完成了一次循环，等待新的循环开始。

2. 设计要求

根据生产流程及工艺要求，绘制 PLC 硬件接线图、状态流程图。控制系统采用半自动工作方式，即系统每完成一次循环后，自动停止在初始状态，等待再次启动信号后，开

始下一次循环。

3. 设计报告

报告内容包括设计思路和方案、器件的选择、I/O 地址分配表、功能图、梯形图、程序清单、调试过程和心得。

项目 A.12　电镀生产线控制系统的设计

1. 工艺要求及控制流程

某电镀生产线有 3 个槽，工件由装有可升降吊钩的行车带动，经过电镀、镀液回收、清洗等工序，完成工件的电镀全过程。工艺要求为：工件放入镀槽中，电镀 5min 后提起，停放 30s，让镀液从工件上流回镀槽，然后放入回收液槽中浸 30s，提起后停 15s，接着放入清水槽中清洗 30s，最后提起停 15s，行车返回原位，一个工件的电镀过程结束。电镀生产线的示意图如附图 A.8 所示。

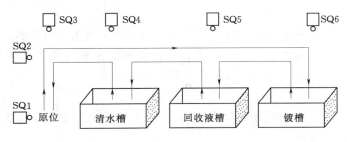

附图 A.8　电镀生产线的示意图

电镀生产线除装卸工件外，要求整个生产过程能自动进行，这主要体现在行车的控制上，同时还要求行车和吊钩的正/反向运行均能实现点动控制，以便对主要设备进行调整和检修。行车自动工作控制过程如下。

行车在原位，吊钩下降到最下方，限位开关 SQ1、SQ3 被压下，操作人员将要电镀的工件放在挂具上，即可开始电镀工作。按下启动按钮，吊钩上升，当碰到上限位开关 SQ2 后，吊钩上升停止；行车开始前进，行车前进至压下限位开关 SQ6，行车停止前进；同时吊钩下降，吊钩下降至下限位开关 SQ1 时，吊钩停止下降，同时开始电镀 5min；5min 后吊钩上升，吊钩上升至压下 SQ2 时，吊钩停止上升，工件停留 30s 滴液；30s 后，行车后退，后退至 SQ5，吊钩下降，吊钩下降至下限位开关 SQ1 时，吊钩停止下降，在回收液槽中浸 30s，提起后停 15s，后退至 SQ4，再下降，在清水槽中清洗 30s，最后提起停 15s，行车返回原位。最后行车退到原位上方，吊钩下放，机构回到原位。如果再按下启动按钮，则开始下一个工作循环。

2. 设计要求

根据电镀生产线的工艺要求和控制流程，理清输入/输出信号的关系和状态，列出 I/O 分配表，绘制 PLC 硬件接线图和顺序功能图，设计控制梯形图程序或语句表。

3. 设计报告

报告内容包括设计思路和方案、器件的选择、I/O 地址分配表、功能图、梯形图、程序清单、调试过程和心得。

项目 A.13 自动售货机控制系统的设计

1. 自动售货机的动作过程

（1）此自动售货机可以投入 1 元、5 元和 10 元代金硬币。

（2）自动售货机可售两种饮料，果汁每瓶 12 元，啤酒每瓶 15 元。

（3）当投入的硬币总值等于或超过 12 元时，果汁指示灯亮；当投入的硬币总值等于或超过 15 元时，果汁和啤酒指示灯都亮。

（4）当果汁指示灯亮时，按下果汁按钮，则售货机输出果汁。

（5）当啤酒指示灯亮时，按下果汁按钮，则售货机输出啤酒。

（6）若投入的硬币总值超过所选饮料的价值时，售货机计算出余额，并且以币值为一元的硬币按照余额退还给买者。

2. 设计要求

根据上述售货机的动作，可以想象售货机应该有投入硬币币值计算，确认可以购买的饮料种类，根据选择输出饮料，计算余额，根据余额输出硬币给买者等步骤，绘制 PLC 硬件接线图和顺序功能图，设计控制梯形图程序或语句表。

3. 设计报告

报告内容包括设计思路和方案、器件的选择、I/O 地址分配表、功能图、梯形图、程序清单、调试过程和心得。

项目 A.14 打乒乓球的模拟控制系统的设计

1. 打乒乓球控制要求

用 5 盏灯（球）左、右移动来模拟乒乓球的运动轨迹，即灯的依次点亮代表乒乓球的运动。再用两个按键模拟左、右两个球拍，键按下代表球拍击球。"左拍"按下可使灯从左到右依次点亮，如同乒乓球从左向右飞来；反之，"右拍"按下则可使灯从右向左依次点亮，代表乒乓球从右向左运动。乒乓球移动速度分"快"和"慢"两种，"快"为 0.5s 移动 1 位；"慢"为 1s 移动一位。移动速度的快慢由接球方接球的快慢来决定，如果接球方挥拍（按钮）时间在球到位后停留时间的 0.5s 以内，则球以高速返回；如果接球方挥拍（按钮）时间在球到后停留时间的后半段，则球以低速返回。

本游戏供两人玩耍，如果接球方提前或滞后击球，则接球方失误，对方得分。这时"乒乓球"灯熄灭，数码管显示双方比分；每局比赛采用 11 分（用 1、2、3、4、5、6、7、8、9、A、b 显示）。其中一方达到 11 分后，比分显示闪烁 3 次（3s）后，显示胜负局结果（如 3：2）。

用一个按键模拟裁判功能"开始"，按一次由甲方发球，按两次（1s 以内）由乙方发球，开始后双方依次轮流发球。

用一个按键来控制数码管的复位。按复位按钮复位显示，进入下一轮。

2. 设计要求

根据控制要求，绘制模拟乒乓球球台、比分显示系统、顺序功能图，设计控制梯形图程序。

3. 设计报告

报告内容包括设计思路和方案、器件的选择、I/O 地址分配表、功能图、梯形图、程序清单、调试过程和心得。

附录 B S7 – 200 的特殊存储器

特殊存储器的标志位提供了大量的 PLC 运行状态和控制功能，特殊存储器起到了 CPU 和用户程序之间交换信息的作用。特殊存储器的标志可能以位、字节、字和双字使用。

1. SMB0 字节（系统状态位）

SM0.0：PLC 运行时这一位始终为 1，是常 ON 继电器。

SM0.1：PLC 首次扫描时为 1，直接通一个扫描周期。用途之一是进行初始化。

SM0.2：若保持数据丢失，该位为 1，一个扫描周期。

SM0.3：开机进入 RUN 方式，将 ON 一个扫描周期。

SM0.4：该为提供了一个周期为 1min、占空比为 0.5 的时钟。

SM0.5：该位提供了一个周期为 1s、占空比为 0.5 的时钟。

SM0.6：该位为扫描时钟，本次扫描置 1，下次扫描置 0。可作为扫描计数器的输入。

SM0.7：该位指示 CPU 工作方式开关的位置，0 为 TERM 位置，1 为 RUN 位置。

2. SMB1 字节（系统状态位）

SM1.0：当执行某些指令时，其结果为 0 时，该位置 1。

SM1.1：当执行某些指令时，其结果溢出或出现非法数值时，该位置 1。

SM1.2：当执行数学运算时，其结果为负数时，该位置 1。

SM1.3：试图除以零时，该位置 1。

SM1.4：当执行 ATT（Add to Table）指令时，超出表范围时，该位置 1。

SM1.5：当执行 LIFO 或 FIFO，从空表中读数时，该位置 1。

SM1.6：当把一个非 BCD 数转换为二进制数时，该位置 1。

SM1.7：当 ASCII 不能转换成有效的十六进制数时，该位置 1。

3. SMB2 字节（自由口接收字符）

SMB2：自由口端口通信方式下，从 PLC 端口 0 或端口 1 接收到的每一个字符。

4. SMB3 字节（自由口奇偶校验）

SM3.0：端口 0 或端口 1 的奇偶校验出错时，该位置 1。

5. SMB4 字节（队列溢出）

SM4.0：当通信中断队列溢出时，该位置 1。

SM4.1：当输入中断队列溢出时，该位置 1。

SM4.2：当定时中断队列溢出时，该位置 1。

SM4.3：在运行时刻，发现编程问题时，该位置 1。

SM4.4：当全局中断允许时，该位置 1。

SM4.5：当（口 0）发送空闲时，该位置 1。

SM4.6：当（口 1）发送空闲时，该位置 1。

SM4.7：当发生强行置位时，该位置 1。

6. SMB5 字节 （I/O 状态）

SM5.0：有 I/O 错误时，该位置 1。

SM5.1：当 I/O 总线上接了过多的数字量 I/O 点时，该位置 1。

SM5.2：当 I/O 总线上接了过多的模拟量 I/O 点时，该位置 1。

SM5.7：当 DP 标准总线出现错误时，该位置 1。

7. SMB6 字节 （CPU 识别寄存器）

SM6.7～6.4＝0000 为 CPU212/CPU222。

SM6.7～6.4＝0010 为 CPU214/CPU224。

SM6.7～6.4＝0110 为 CPU221。

SM6.7～6.4＝1000 为 CPU215。

SM6.7～6.4＝1001 为 CPU216。

8. SMB8～ SMB21 字节 （I/O 模块识别和错误寄存器）

识别标志寄存器的各位功能见附表 B.1。

附表 B.1　　　　　　　　　　识别标志寄存器的各位功能

位号	7	6	5	4	3	2	1	0
标志符	M	T	T	A	I	I	Q	Q
	M＝0 模块已插入 M＝11 模块未插入	TT＝00 一般 I/O 模块 TT＝01 智能模块 TT＝10 保留 TT＝11 保留		A＝0 数字量 I/O A＝1 模拟量 I/O	II＝00 无输入 II＝01 2AI/8DI II＝10 4AI/16DI II＝11 8AI/32DI		QQ＝00 无输出 QQ＝01 2AO/8DO QQ＝10 4AO/16DO QQ＝11 8AO/32DO	

错误标志寄存器的各位功能见附表 B.2。

附表 B.2　　　　　　　　　　错误标志寄存器的各位功能

位号	7	6	5	4	3	2	1	0
标志符	c	ie	0	b	r	p	f	t
标志	c＝0 无错误 c＝1 组态错误	ie＝0 无错误 ie＝1 智能模块 错误		b＝0 无错误 b＝1 总线故障 或奇偶错	r＝0 无错误 r＝1 输出范围 错误	p＝0 无错误 p＝1 没有用户 电源错误	f＝0 无错误 f＝1 熔丝故障	t＝0 无错误 t＝1 终端故障

SMB8：模块 0 识别寄存器。

SMB9：模块 0 错误寄存器。

SMB10：模块 1 识别寄存器。

SMB11：模块 1 错误寄存器。

SMB12：模块 2 识别寄存器。

SMB13：模块 2 错误寄存器。

SMB14：模块 3 识别寄存器。

SMB15：模块 3 错误寄存器。

SMB16：模块 4 识别寄存器。

SMB17：模块 4 错误寄存器。

SMB18：模块 5 识别寄存器。

SMB19：模块 5 错误寄存器。

SMB20：模块 6 识别寄存器。

SMB21：模块 6 错误寄存器。

9. SMW22～SMW26（扫描时间）

SMW22：上次扫描时间。

SMW24：进入 RUN 方式后，所记录的最短扫描时间。

SMW26：进入 RUN 方式后，所记录的最长扫描时间。

10. SMB28 和 SMB29 字节（模拟电位器）

SMB28：存储模拟电位器 0 的输入值。

SMB29：存储模拟电位器 1 的输入值。

11. SMB30 和 SMB130 字节（自由端口控制寄存器）

自由端口控制寄存器标志见附表 B.3。

附表 B.3　　　　　　　　　　自由端口控制寄存器标志

位号	7　6	5	4　3　2	1　0
标志符	pp	d	bbb	mm
标志	pp=00 不校验 pp=01 奇校验 pp=10 不校验 pp=11 偶校验	d=0 每字符 8 位数据 d=1 每字符 7 位数据	bbb=000 38400bit bbb=001 19200 bit bbb=010 9600 bit bbb=011 4800 bit bbb=100 2400 bit bbb=101 1200 bit bbb=110 115200 bit bbb=111 57600 波特	mm=00 PPI/从站模式 mm=01 自由口协议 mm=10 PPI/主站模式 mm=11 保留

SMB30：控制自由端口 0 的通信方式。

SMB130：控制自由端口 1 的通信方式。

12. SMB31 字节和 SMW32 字节（EEPROM 写控制）

SMB31：存放 EEPROM 命令字。

SMW32：存放 EEPROM 中数据的地址。

13. SMB34 字节和 SMB35 字节（定时中断时间间隔寄存器）

SMB34：定义定时中断 0 的时间间隔（5～255ms，以 1ms 为增量）。

SMB35：定义定时中断 1 的时间间隔（5～255ms，以 1ms 为增量）。

14. SMB36～SMB65 字节（高速计数器 HSC0、HSC1 和 HSC2 寄存器）

（1）SMB36：（HSC0 当前状态寄存器）。

SM36.5：HSC0 当前计数方向位，1 为增计数。

SM36.6：HSC0 当前值等于预设值位，1 为等于。

SM36.7：HSC0 当前值大于预设值位，1 为大于。

（2）SMB37：（HSC0 控制寄存器）。

SM37.0：HSC0 复位操作的有效电平控制位，0 为高电平复位有效，1 为低位有效。

SM37.2：HSC0 正交计数器的计数速率选择，0 为 4 倍速率，1 为 1 倍速率。

SM37.3：HSC0 方向控制位，1 为增计数。

SM37.4：HSC0 更新方向位，1 为更新。

SM37.5：HSC0 更新预设值，1 为更新。

SM37.6：HSC0 更新当前值，1 为更新。

SM37.7：HSC0 允许位，1 为允许，0 为禁止。

（3）SMD38：HSC0 允许位，1 为允许，0 为禁止。

（4）SMD42：HSC0 新的当前值。

（5）SMB46：（HSC1 当前状态寄存器）

SM46.5：HSC1 当前计数方向位，1 为增计数。

SM46.6：HSC1 当前值等于预设值位，1 为等于。

SM46.7：HSC1 当前值大于预设值位，1 为大于。

（6）SMB47：（HSC1 控制寄存器）

SM47.0：HSC1 复位操作的有效电平控制位，0 为高电平复位有效，1 为低电平复位有效。

SM47.1：HSC1 启动有效电平控制位，0 为高电平复位有效，1 为低电平复位有效。

SM47.2：HSC1 正交计数器的计数速率选择，0 为 4 倍速率，1 为 1 倍速率。

SM47.3：HSC1 方向控制位，1 为增计数。

SM47.4：HSC1 更新方向位，1 为更新。

SM47.5：HSC1 更新预设值，1 为更新。

SM47.6：HSC1 更新当前值，1 为更新。

SM47.7：HSC1 允许位，1 为允许，0 为禁止。

（7）SMD48：HSC1 新的当前值。

（8）SMD52：HSC1 新的预置值。

（9）SMB56：（HSC2 当前状态寄存器）

SM56.5：HSC2 当前计数方向位，1 为增计数。

SM56.6：HSC2 当前值等于预设值位，1 为等于。

SM56.7：HSC2 当前值大于预设值位，1 为大于。

（10）SMB57：HSC2 控制寄存器。

SM57.0：HSC2 复位操作的有效电平控制位，0 为高电平复位有效，1 为低电平复位有效。

SM57.1：HSC2 启动有效电平控制位，0 为高电平启动有效，1 为低电平启动有效。

SM57.2：HSC2 正交计数器的计数速率选择，0 为 4 倍速率，1 为 1 倍速率。

SM57.3：HSC2 方向控制位，1 为增计数。

SM57.4：HSC2 更新方向位，1 为更新。

SM57.5：HSC2 更新预设值，1 为更新。

SM57.6：HSC2 更新当前值，1 为更新。

SM57.7：HSC2 允许位，1 为允许，0 为禁止。

（11）SMD58：HSC2 新的当前值。

（12）SMD62：HSC2 新的预设值。

15. SMB66～SMB85 字节（监控脉冲输出 PTO 和脉宽调制 PWM 功能）

（1）SMB66：（PTO0/PWM0 状态寄存器）。

SM66.4：PTO0 包络溢出，0 为无溢出，1 为有溢出（由于增量计算错误）。

SM66.5：PTO0 包络溢出，0 为不由用户命令终止，1 为由用户命令终止。

SM66.6：PTO0 管道溢出，0 为无溢出，1 为有溢出。

SM66.7：PTO0 空闲位，0 为忙，1 为空闲。

（2）SMB67：（PTO0/PWM0 控制寄存器）。

SM67.0：PTO0/PWM0 更新周期，1 为写新的周期值。

SM67.1：PWM0 更新脉冲宽度，1 为写新的脉冲宽度。

SM67.2：PTO0 更新脉冲量，1 为写入新的脉冲量。

SM67.3：PTO0/PWM0 基准时间，0 为 $1\mu s$，1 为 1ms。

SM67.4：同步更新 PWM0，0 为异步更新，1 为同步更新。

SM67.5：PTO0 操作，0 为单段操作，1 为多段操作（包络表存在 V 区）。

SM67.6：PTO0/PWM0 模式选择，0 为 PTO，1 为 PWM。

SM67.7：PTO0/PWM0 允许位，0 为禁止，1 为允许。

（3）SMW68：PTO0/PWM0 周期值（2～65535 倍的时间基准）。

（4）SMW70：PWM0 脉冲宽度值（0～65535 倍的时间基准）。

（5）SMD72：PTO0 脉冲计数值（1～$2^{32}-1$）。

（6）SMB76：（PTO1/PWM1 状态寄存器）。

SM76.4：PTO1 包络溢出，0 为无溢出，1 为有溢出（由于增量计算错误）。

SM76.5：PTO1 包络溢出，0 为不由用户命令终止，1 为由用户命令终止。

SM76.6：PTO1 管道溢出，0 为无溢出，1 为有溢出。

SM76.7：PTO1 空闲位，0 为忙，1 为空闲。

（7）SMB77：（PTO1/PWM1 控制寄存器）。

SM77.0：PTO1/PWM1 更新周期，1 为写新的周期值。

SM77.1：PWM1 更新脉冲宽度，1 为写新的脉冲宽度。

SM77.2：PTO1 更新脉冲量，1 为写入新的脉冲量。

SM77.3：PTO1/PWM1 基准时间，0 为 $1\mu s$，1 为 1ms。

SM77.4：同步更新 PWM1，0 为异步更新，1 为同步更新。

SM77.5：PTO1 操作，0 为单段操作，1 为多段操作。

SM77.6：PTO1/PWM1 模式选择，0 为 PTO，1 为 PWM。

SM77.7：PTO1/PWM1 允许位，0 为禁止，1 为允许。

（8）SMW78：PTO1/PWM1 周期值（2～65535 倍的时间基准）。

（9）SMW80：PWM1 脉冲宽度值（0～65535 倍的时间基准）。

（10）SMD82：PTO1 脉冲计数值（$1～2^{32}-1$）。

16. SMB86～SMB94、SMB186～SMB194 字节（接收信息控制）

（1）SMB86：（口 0 接收信息状态寄存器）。

SM86.0：由于奇偶校验出错而终止接收信息，1 为有效。

SM86.1：因已达到最大字符数而终止接收信息，1 为有效。

SM86.2：因已超过规定时间而终止接收信息，1 为有效。

SM86.5：收到信息的结束符。

SM86.6：由于输入参数错或缺少起始和结束条件而终止接收信息，1 为有效。

SM86.7：由于用户使用禁止命令而终止接收信息，1 为有效。

（2）SMB87：（口 0 接收信息控制寄存器）。

SM87.2：0 为与 SMW92 无关，1 为若超出 SMW92 确定的时间，终止接收信息。

SM87.3：0 为字符间定时器，1 为信息间定时器。

SM87.4：0 为与 SMW90 无关，1 为由 SMW90 中的值来检测空闲状态。

SM87.5：0 为与 SMB89 无关，1 为结束符由 SMB89 设定。

SM87.6：0 为与 SM B88 无关，1 为起始符由 SMB88 设定。

SM87.7：0 为与 SM B88 无关，1 为起始符由 SMB88 设定。

（3）SM B88：起始符。

（4）SMB89：结束符。

（5）SMW90：空闲时间间隔的毫秒数。

（6）SMW92：字符间/信息间定时器超时值（毫秒数）。

（7）SM B94：接收字符的最大数（1～255）。

（8）SM B186：（口 1 接收信息状态寄存器）。

SM186.0：由于奇偶校验出错而终止接收信息，1 为有效。

SM186.1：因已达到最大字符数而终止接收信息，1 为有效。

SM186.2：因已超过规定时间而终止接收信息，1 为有效。

SM186.5：0 为与 SMB89 无关，1 为结束符由 SMB89 设定。

SM186.6：0 为与 SM B88 无关，1 为起始符由 SMB88 设定。

SM186.7：0 为与 SM B88 无关，1 为起始符由 SMB88 设定。

（9）SMB187：（口 1 接收信息控制寄存器）。

SM187.2：0 为与 SMW92 无关，1 为若超出 SMW92 确定的时间而终止接收信息。

SM187.3：0 为字符间定时器，1 为信息间定时器。

SM187.4：0 为与 SMW90 无关，1 为由 SMW90 中的值来检测空闲状态。

SM187.5：0 为与 SMB89 无关，1 为结束符由 SMB89 设定。

SM187.6：0 为与 SM B88 无关，1 为起始符由 SMB88 设定。

SM187.7：0 为禁止接收信息，1 为允许接收信息。

（10）SM B188：起始符。

（11）SMB189：结束符。

（12）SMW190：空闲时间间隔的毫秒数。

（13）SMW192：字符间/信息间定时器超时值（毫秒数）。

（14）SM B194：接收字符的最大数（1～255）。

17. SMW98 字（有关扩展总线的错误号）

18. SMB131～SMB165 字节（高速计数器 HSC3、HSC4、HSC5 寄存器）

（1）SMB136：（HSC3 当前状态寄存器）。

SM136.5：HSC3 当前计数方向位，1 为增计数。

SM136.6：HSC3 当前值等于预设值位，1 为等于。

SM136.7：HSC3 当前值大于预设值位，1 为大于。

（2）SMB137：（HSC3 控制寄存器）。

SM137.0～SM137.2：保留。

SM137.3：HSC3 方向控制位，1 为增计数。

SM137.4：HSC3 更新方向位，1 为更新。

SM137.5：HSC3 更新预设值，1 为更新。

SM137.6：HSC3 更新当前值，1 为更新。

SM137.7：HSC3 允许位，1 为允许，0 为禁止。

（3）SMD138：HSC3 新的当前值。

（4）SMD142：HSC3 新的预置值。

（5）SMB146：（HSC4 当前状态寄存器）

SM146.5：HSC4 当前计数方向位，1 为增计数。

SM146.6：HSC4 当前值等于预设值位，1 为等于。

SM146.7：HSC4 当前值大于预设值位，1 为大于。

（6）SMB147：（HSC4 控制寄存器）。

SM147.0：HSC4 复位操作的有效电平控制位，0 为高电平复位有效，1 为低电平复位有效。

SM147.1：保留。

SM147.2：HSC4 正交计数器的计数速率选择，0 为 4 倍速率，1 为 1 倍速率。

SM147.3：HSC4 方向控制位，1 为增计数。

SM147.4：HSC4 更新方向位，1 为更新。

SM147.5：HSC4 更新预设值，1 为更新。

SM147.6：HSC4 更新当前值，1 为更新。

SM147.7：HSC4 允许位，1 为允许，0 为禁止。

（7）SMD148：HSC4 新的当前值。

（8）SMD152：HSC4 新的预置值。

（9）SMB156：（HSC5 当前状态寄存器）。

SM156.5：HSC5 当前计数方向位，1 为增计数。

SM156.6：HSC5 当前值等于预设值位，1 为等于。

SM156.7：HSC5 当前值大于预设值位，1 为大于。

（10）SMB157：（HSC5 控制寄存器）。

SM157.0～SM157.2：保留。

SM157.3：HSC5 方向控制位，1 为增计数。

SM157.4：HSC5 更新方向位，1 为更新。

SM157.5：HSC5 更新预设值，1 为更新。

SM157.6：HSC5 更新当前值，1 为更新。

SM157.7：HSC5 允许位，1 为允许，0 为禁止。

SMD158：HSC5 新的当前值。

SMD162：HSC5 新的预置值。

19. SMB166～SMB194（PTO0、PTO1 包络步数、包络表地址和 V 存储器地址）

（1）SMB166：PTO0 的包络步当前计数值。

（2）SMW168：PTO0 的包络表 V 存储地址（从 V0 开始的偏移量）。

（3）SMB176：PTO1 的包络步当前计数值。

（4）SMW178：PTO1 的包络表 V 存储地址（从 V0 开始的偏移量）。

附录 C S7 - 200 CPU 接线规范

1. CPU 输入和输出

CPU 输入和输出如附图 C.1 所示。

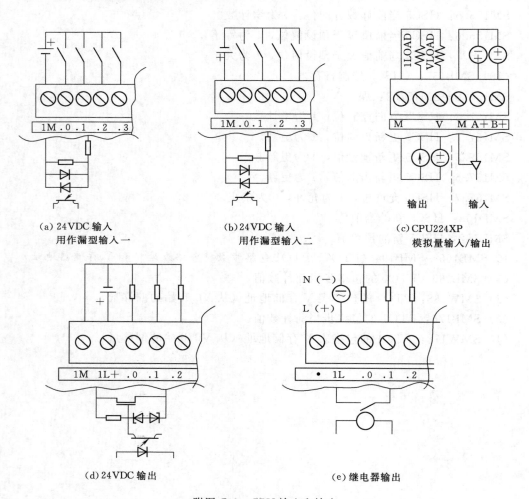

(a) 24VDC 输入
用作漏型输入一

(b) 24VDC 输入
用作漏型输入二

(c) CPU224XP
模拟量输入/输出

(d) 24VDC 输出

(e) 继电器输出

附图 C.1 CPU 输入和输出

2. CPU 接线

CPU 接线分别如附图 C.2~附图 C.6 所示。

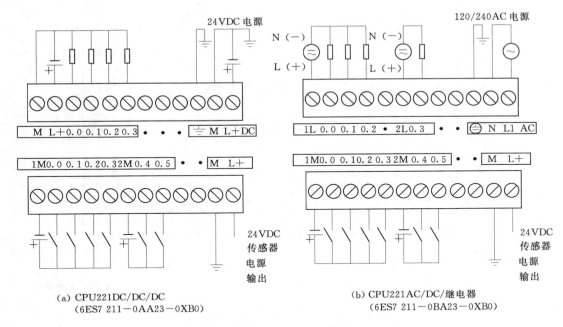

(a) CPU221DC/DC/DC
　　(6ES7 211-0AA23-0XB0)

(b) CPU221AC/DC/继电器
　　(6ES7 211-0BA23-0XB0)

附图 C.2　CPU 221 接线

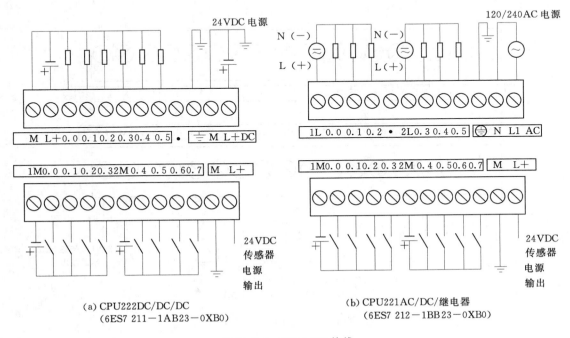

(a) CPU222DC/DC/DC
　　(6ES7 211-1AB23-0XB0)

(b) CPU221AC/DC/继电器
　　(6ES7 212-1BB23-0XB0)

附图 C.3　CPU 222 接线

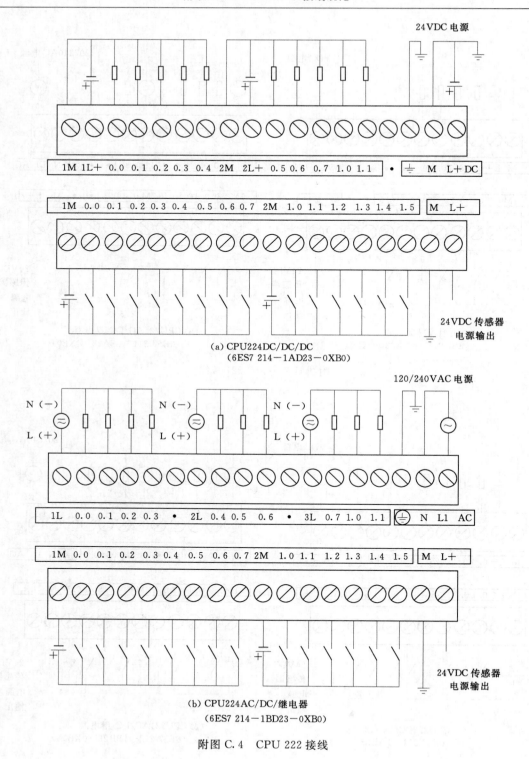

(a) CPU224DC/DC/DC
(6ES7 214－1AD23－0XB0)

(b) CPU224AC/DC/继电器
(6ES7 214－1BD23－0XB0)

附图 C.4　CPU 222 接线

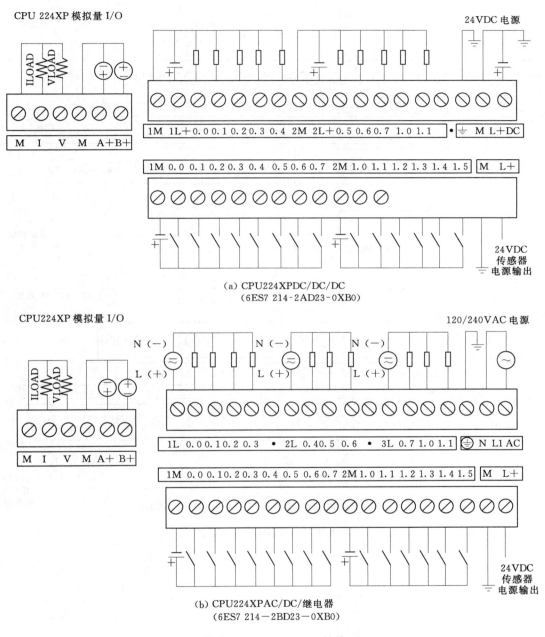

（a）CPU224XPDC/DC/DC
（6ES7 214-2AD23-0XB0）

（b）CPU224XPAC/DC/继电器
（6ES7 214-2BD23-0XB0）

附图 C.5　CPU 224XP 接线

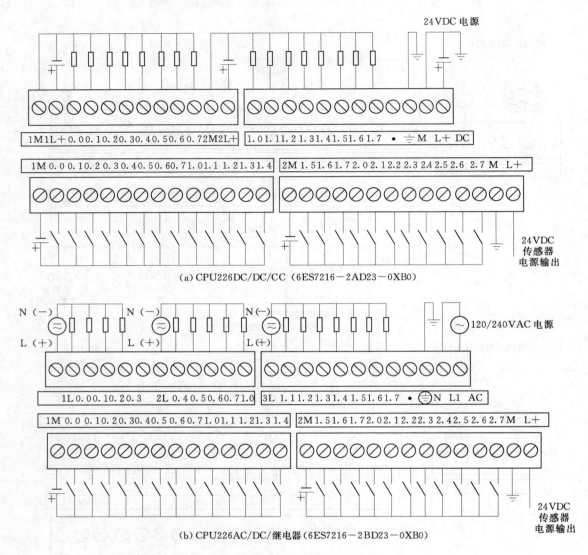

（a）CPU226DC/DC/CC（6ES7216-2AD23-0XB0）

（b）CPU226AC/DC/继电器（6ES7216-2BD23-0XB0）

附图 C.6　CPU 226 接线